普通高等教育能源化工类专业规划教材
“双一流”高校本科规划教材

工程流体力学

（第三版）

李伟锋　赵　辉　刘海峰　编著

U0952005

华东理工大学出版社
EAST CHINA UNIVERSITY OF SCIENCE AND TECHNOLOGY PRESS
·上海·

图书在版编目(CIP)数据

工程流体力学 / 李伟锋，赵辉，刘海峰编著. — 3 版. —上海：华东理工大学出版社，2023.10

ISBN 978-7-5628-7163-7

Ⅰ. ①工… Ⅱ. ①李… ②赵… ③刘… Ⅲ. ①工程力学-流体力学-高等学校-教材 Ⅳ. ①TB126

中国国家版本馆 CIP 数据核字(2023)第 191212 号

内 容 提 要

全书共 9 章，主要内容包括绪论、流体静力学、流体动力学基础、阻力损失及其计算、不可压缩流体流动、典型流体流动、流体输送机械、流体力学实验研究和测试方法、数值模拟方法及软件简介。

本书可作为高等院校化工、能源、储能和环境等专业本专科学生教材，也可作为相关领域科研人员参考用书。

项目统筹 / 韩　婷
责任编辑 / 韩　婷
责任校对 / 张　波
装帧设计 / 徐　蓉
出版发行 / 华东理工大学出版社有限公司
地址：上海市梅陇路 130 号，200237
电话：021-64250306
网址：www.ecustpress.cn
邮箱：zongbianban@ecustpress.cn
印　　刷 / 上海展强印刷有限公司
开　　本 / 787 mm×1092 mm　1/16
印　　张 / 13.75
字　　数 / 349 千字
版　　次 / 2009 年 2 月第 1 版
2016 年 2 月第 2 版
2023 年 10 月第 3 版
印　　次 / 2023 年 10 月第 1 次
定　　价 / 58.00 元

第三版前言

流体力学是化工、能源、储能和环境等专业十分重要的专业基础课。本书于 2009 年 2 月首次出版，2016 年 2 月出版第二版，本次再版为第三版。以本教材为重要成果，我校流体力学课程先后入选上海市精品课程、上海市一流本科课程以及上海市课程思政示范课程（示范团队）。

在本教材的使用过程中，收到了很多专家、同行和学生的意见和建议，同时根据教育部新工科和课程思政建设要求，决定对教材进行完善和修订。第三版教材除了更新部分内容并修订一些疏漏之外，重点补充了一定量的流体力学课程思政和工程案例。本书坚持理论联系实际，紧跟科技前沿，介绍了流体力学相关的进展和工程应用，使学生在获取专业知识的同时对流体力学科学、技术和工程问题有较深刻的认识，增强解决复杂流体力学问题和创新思维的能力。

本书的持续发展离不开广大读者的鼓励与支持，在此衷心感谢每一位读者！同时也非常感谢华东理工大学出版社的鼎力支持！由于编者水平所限，书中难免存在不少瑕疵和谬误之处，敬请专家和读者批评指正。

编　者

2023 年 8 月

第二版前言

第一版教材自2009年2月出版以来，已在华东理工大学热能与动力工程专业使用了7届，外校也有不少兄弟单位选用了本教材。另外，以本教材为重要成果，流体力学课程先后获得了华东理工大学和上海市精品课程称号。在本教材的使用过程中，得到了专家、同行和学生的许多建议，因此决定对第一版教材进行修订。

第二版教材在第一版的基础上，修订了一些文字疏漏和错误，更新和增补了部分内容，增加了部分例题、习题和简要答案。相比第一版，内容约增加了三分之一，具体改动和变化如下：

第一章增加了流体可压缩性、表面张力和流体力学新兴领域的介绍。第四章增加了可压缩流体管路计算的相关内容。第五章增加了无旋流动内容的介绍，强化了N-S方程和边界条件的介绍。第六章更新了绕流、射流和撞击流的相关知识，体现了本团队的新近研究成果。第七章增加了气体输送机械。第八章标题改为流体力学实验研究和测试方法，增加了流动相似性准则及分析方法，更新了部分实验方法和测试仪器的介绍，以期满足学科最新进展。第九章强化了湍流半经验公式的介绍。

第二版教材的出版得到了上海市和华东理工大学精品课程建设经费的支持和资助。在修订过程中，屠功毅博士、施浙航博士和钱文伟、魏艳等研究生参与了部分资料的搜集和整理工作，在此一并表示感谢。

由于编者水平所限，时间仓促，书中难免存在不足之处，敬请专家和读者批评指正。

编　者

2015年12月

第一版前言

流体力学是热能与动力工程专业的一门十分重要的专业基础课。但由于基本理论多、概念抽象、公式多且推导复杂，对本科学生有一定难度，因此选用一本合适的教材就显得很重要。在近几年给热能工程专业讲授流体力学的过程中，编者感觉现有的教材尽管内容丰富，但是课时偏多、重点不突出，并且没有反映流体力学的工程应用和流体力学的最新发展状况。在参考国内已有大量的流体力学教材过程中，发现或多或少存在上述问题。因此，编写一本课时合适、重点突出、理论和应用，并且体现流体力学学科最新发展的教材就显得尤为迫切。

本教材的特色如下。

一、内容的选取与组织上体现理论与应用并重

流体力学是一门理论性很强的学科，没有相关的理论，流体力学无从谈起，但是流体力学又有相当强的应用性，直接应用在工业生产的各个方面。因此，本教材将流体力学基本概念进一步浓缩、提炼，在内容上有所取舍：删减了流体力学中关于水利、航空方面的章节；压缩了泵与风机方面的篇幅；增加了诸如流体测量、流动显示以及流体力学数值模拟的相关内容；强化了典型流体流动的介绍。因此，本教材前五章为流体力学基础理论部分，后四章为流体力学知识的应用和进展。

二、内容上增加编者所在团队的研究成果

编者所在的华东理工大学洁净煤技术研究所(煤气化教育部重点实验室)，长期从事气流床煤气化过程研究，在射流和撞击流等学术领域有近 20 年的研究与积累，部分学术研究已有一定的影响，相关成果已经直接应用到了工业化装置上，取得了巨大的成功。因此，编者将“射流—受限射流—同轴射流—撞击流”的基本理论及工程应用在本教材中进行专门介绍，教材中一些图片及数据来自编者所在团队的最新学术研究成果，这是本书的最大特色之一。

本书第一章为绪论，主要介绍流体的物理性质、作用在流体上的力、流体力学模型及研究方法；第二章为流体静力学，主要介绍了压强及压力的特征和计算方法；第三章为流体动力学基础，介绍流体流动的基本概念、流动形态、伯努利方程；第四章为阻力损失及其计算，主要介绍了阻力损失及其计算；第五章为不可压缩流体流动，主要介绍流体微团运动、有旋运动及 N-S 方程的基本知识；第六章为典型流体流动过程，介绍绕流、射流(自由

射流、受限射流和同轴射流等)与撞击流的基本理论及其在工程中的应用;第七章为流体输送机械,主要介绍离心泵的工作原理及相关计算;第八章为流体力学实验研究和测试方法,讲述流场显示及流体测量仪器及方法;第九章为数值模拟方法及软件简介,介绍流体数值模拟方法及软件。讲授本书的全部内容约需要 60 学时,如果学时不够,后四章可适当略讲。

本书由李伟锋博士、刘海峰教授和龚欣教授合编。博士生姚天亮参与了大量资料搜集、整理以及习题演算工作,赵辉、孙志刚、周华辉和栗涛等研究生也参与了部分资料搜集和整理工作,国家 973 项目首席科学家王辅臣教授和于广锁教授对本教材进行了审定,在此一并表示感谢。

本书的顺利出版得到了“华东理工大学优秀教材出版基金”和国家 973 项目“大规模高效气流床煤气化技术的基础研究”的资助,在此表示衷心感谢。

由于编者水平所限,时间仓促,书中难免存在不少瑕疵和不当之处,敬请专家和读者批评指正。

编　者

2008 年 11 月

目　　录

第一章　绪论 …… 1
1.1　流体力学的范畴及其发展简史 …… 1
1.1.1　流体力学的范畴 …… 1
1.1.2　流体力学的发展简史 …… 2
1.2　作用在流体上的力 …… 4
1.2.1　质量力 …… 4
1.2.2　表面力 …… 5
1.3　流体的物理属性和力学特性 …… 5
1.3.1　易变形性 …… 5
1.3.2　密度和可压缩性 …… 6
1.3.3　黏性 …… 6
1.3.4　非牛顿流体 …… 9
1.3.5　表面张力 …… 11
1.4　流体力学模型 …… 15
1.4.1　连续介质模型 …… 15
1.4.2　理想流体模型 …… 16
1.4.3　不可压缩流体模型 …… 16
1.5　研究流体运动的基本方法 …… 17
1.5.1　理论分析法 …… 17
1.5.2　实验研究法 …… 17
1.5.3　数值计算法 …… 18
1.6　流体力学的新兴领域 …… 18
1.6.1　超临界流体 …… 18
1.6.2　超流体 …… 19
1.6.3　磁流体 …… 19
习题 …… 20
第二章　流体静力学 …… 21
2.1　压强及其性质 …… 21
2.2　压强的单位和计算 …… 22
2.2.1　压强的计算基准 …… 22
2.2.2　压强的单位 …… 23
2.2.3　液体静压强的计算 …… 23
2.3　作用于平面和曲面的液体压力 …… 25
2.3.1　作用于平面的液体压力 …… 25

2.3.2 作用于曲面的液体压力 …… 27
2.4 压强的测量 …… 30
2.4.1 液柱式测压计 …… 30
2.4.2 金属弹簧压力表 …… 32
2.4.3 压力传感器 …… 32
习题 …… 33
第三章 流体动力学基础 …… 35
3.1 流体运动的基本概念 …… 35
3.1.1 定常流动和非定常流动 …… 35
3.1.2 迹线和流线 …… 36
3.1.3 流管、流束和总流 …… 36
3.1.4 过流断面及水力半径 …… 37
3.1.5 过流断面的压强分布 …… 37
3.2 质量守恒 …… 38
3.3 动量守恒 …… 39
3.4 机械能守恒 …… 40
3.4.1 理想流体的机械能守恒 …… 40
3.4.2 实际流体管流的机械能衡算 …… 43
习题 …… 45
第四章 阻力损失及其计算 …… 47
4.1 沿程阻力损失和局部阻力损失 …… 47
4.2 流体流动形态 …… 48
4.2.1 层流和湍流 …… 48
4.2.2 雷诺数 …… 49
4.2.3 湍流研究进展简介 …… 50
4.3 湍流的基本特征 …… 51
4.3.1 脉动速度和时均速度 …… 51
4.3.2 湍流强度 …… 52
4.3.3 湍流尺度 …… 52
4.3.4 湍流黏度 …… 53
4.4 黏性流体在圆管中的层流运动 …… 53
4.5 黏性流体在圆管中的湍流流动 …… 56
4.5.1 边界层和黏性底层 …… 56
4.5.2 圆管湍流的速度分布 …… 57
4.6 沿程摩擦阻力系数计算 …… 58
4.6.1 沿程摩擦阻力系数计算公式 …… 58
4.6.2 摩擦系数曲线图 …… 59
4.6.3 非圆形管的当量直径 …… 59
4.7 局部阻力损失 …… 61
4.7.1 局部阻力损失的计算 …… 61

4.7.2 突然扩大与突然缩小 …… 61
4.8 管路计算 …… 64
4.8.1 简单管路 …… 64
4.8.2 复杂管路 …… 67
4.8.3 可压缩流体的管路计算 …… 70
习题 …… 74
第五章 不可压缩流体流动 …… 77
5.1 流体微团运动 …… 77
5.1.1 描述流体流动的两种方法 …… 77
5.1.2 流体微团运动 …… 78
5.2 连续性方程 …… 82
5.3 无旋流动 …… 83
5.4 有旋流动 …… 88
5.5 黏性流体的运动方程 …… 89
5.5.1 N-S方程的建立 …… 89
5.5.2 欧拉方程 …… 94
5.5.3 运动方程的定解条件 …… 94
5.5.4 N-S方程的求解 …… 95
习题 …… 99
第六章 典型流体流动 …… 101
6.1 绕流 …… 101
6.1.1 曲面边界层分离 …… 101
6.1.2 绕流阻力 …… 102
6.1.3 绕球体的流动 …… 103
6.1.4 圆柱绕流 …… 106
6.1.5 理想流体绕圆柱流动 …… 107
6.2 射流 …… 110
6.2.1 自由射流 …… 111
6.2.2 受限射流 …… 116
6.2.3 同轴射流 …… 117
6.3 撞击流 …… 119
6.3.1 撞击流基本原理 …… 119
6.3.2 撞击流的分类 …… 120
6.3.3 撞击流的工业应用 …… 123
习题 …… 127
第七章 流体输送机械 …… 128
7.1 泵与风机的类型 …… 128
7.1.1 叶片式泵与风机 …… 128
7.1.2 容积式泵与风机 …… 129
7.2 离心泵的主要构件及性能参数 …… 129

7.2.1 离心泵的主要构件 …… 129
7.2.2 离心泵的性能参数 …… 130
7.3 泵与风机的理论和实际特性曲线 …… 131
7.3.1 泵与风机的理论特性曲线 …… 131
7.3.2 泵与风机的损失与效率 …… 133
7.3.3 泵与风机的实际特性曲线 …… 134
7.4 泵的扬程与安装高度 …… 135
7.4.1 泵的扬程计算 …… 135
7.4.2 离心泵的安装高度 …… 137
7.5 离心泵的流量调节和组合操作 …… 141
7.5.1 离心泵的管路特性曲线 …… 141
7.5.2 离心泵的工作点 …… 142
7.5.3 流量调节 …… 142
7.6 泵的选择与安装 …… 144
7.6.1 泵的选型原则 …… 144
7.6.2 泵的选型 …… 145
7.7 气体输送机械 …… 147
7.7.1 通风机 …… 147
7.7.2 鼓风机 …… 149
7.7.3 压缩机 …… 149
7.7.4 真空泵 …… 152
习题 …… 153
第八章 流体力学实验研究和测试方法 …… 155
8.1 流动相似准则及其分析方法 …… 155
8.1.1 流动相似原理 …… 155
8.1.2 相似准则及其分析方法 …… 156
8.2 流动可视化技术 …… 159
8.2.1 氢气泡技术 …… 159
8.2.2 空气泡技术 …… 160
8.2.3 烟线技术 …… 161
8.2.4 高速摄像技术 …… 161
8.3 流量测量技术 …… 164
8.3.1 孔板流量计 …… 164
8.3.2 文丘里流量计 …… 165
8.3.3 转子流量计 …… 166
8.3.4 涡街流量计 …… 167
8.4 流速测量技术 …… 168
8.4.1 皮托管 …… 168
8.4.2 热线风速仪 …… 169
8.4.3 激光多普勒测速技术 …… 171

8.4.4 粒子图像测速技术 …… 171
8.4.5 激光诱导荧光技术 …… 173
习题 …… 175
第九章 数值模拟方法及软件简介 …… 176
9.1 计算流体力学概述 …… 176
9.2 数值计算方法 …… 177
9.3 湍流数值模拟 …… 178
9.3.1 湍流理论简介 …… 178
9.3.2 湍流模式理论 …… 179
9.4 CFD的求解过程 …… 182
9.5 常用的CFD商业软件应用示例 …… 184
9.5.1 冷热水混合案例 …… 184
9.5.2 煤气化湍流多相反应案例 …… 187
习题 …… 190
附录 …… 191
Ⅰ 水的物理性质 …… 191
Ⅱ 干空气的物理性质 …… 192
Ⅲ 压强国际单位与工程单位换算关系 …… 193
Ⅳ 工业管道的当量粗糙度 …… 193
Ⅴ 管件和阀件的局部阻力系数 …… 193
Ⅵ 某些流体在管道中的常用流速范围 …… 194
Ⅶ IS型单级单吸离心泵性能表 …… 194
Ⅷ 饱和水蒸气(以温度为准) …… 198
Ⅸ 饱和水蒸气(以压强为准) …… 199
Ⅹ $Re\approx10^5$时二元物体的总阻力系数 …… 201
Ⅺ 三维物体的总阻力系数 …… 202
Ⅻ 量纲分析方法 …… 202
ⅩⅢ 习题简要参考答案 …… 204
参考文献 …… 207

第一章 绪　论

液体和气体，统称为流体。流体力学(fluid mechanics)是力学的一个分支，它研究流体静止和运动的力学规律及其在工程技术中的应用。1738年伯努利(Bernoulli)在出版他的专著时，首先采用了水动力学(hydrodynamics)这个名词并作为书名；1880年前后出现了空气动力学(aerodynamics)这个名词；1935年以后，人们概括了这两方面的知识，建立了统一的体系，统称为流体力学。

本章重点讲述流体力学的范畴、流体的基本物理性质、流体力学的模型和流体力学的研究方法等。通过本章的学习，要重点领会流体不同于固体的性质，掌握流体的黏性。

1.1　流体力学的范畴及其发展简史

1.1.1　流体力学的范畴

在人们的生活和生产活动中随时随地都可遇到流体，所以流体力学是与人类日常生活和生产事业密切相关的。大气和水是最常见的两种流体，大气包围着整个地球，地球表面的70%是水面。大气运动、海水运动(包括波浪、潮汐、涡旋和环流等)乃至地球深处熔浆的流动都是流体力学的研究内容。除水和空气以外，流体还包括水蒸气、润滑油、地下石油、含泥沙的江水、血液，以及超高压作用下的金属和燃烧后产生成分复杂的气体与高温条件下的等离子体等。气象、水利的研究，船舶、飞行器、叶轮机械和核电站的设计及其运行，可燃气体或炸药的爆炸，以及天体物理的若干问题等，都广泛地应用到流体力学知识。许多现代科学技术所关心的问题既受流体力学的指导，同时也促进了它不断地发展。

20世纪初，世界上第一架飞机出现以后，飞机和其他各种飞行器得到迅速发展。20世纪50年代开始的航天飞行，使人类的活动范围扩展到其他星球和银河系。航空航天事业的蓬勃发展是同流体力学的分支学科——**空气动力学**和**气体动力学**的发展紧密相连的。这些学科是流体力学中最活跃、最富有成果的领域。

石油和天然气的开采，地下水的开发利用，要求人们了解流体在多孔或缝隙介质中的运动，这是流体力学分支之一——**渗流力学**研究的主要对象。渗流力学还涉及土壤盐碱化的防治，化工中的浓缩、分离和多孔过滤等技术问题。

燃烧离不开气体，这是有化学反应和热能变化的流体力学问题，是**物理-化学流体动力学**的内容之一。爆炸是猛烈的瞬间能量变化和传递过程，涉及气体动力学，从而形成了**爆炸力学**。

沙漠迁移、河流泥沙运动、管道中煤粉输送、化工中催化剂的运动等,都涉及流体中带有固体颗粒或液体中带有气泡等问题,这类问题是**多相流体力学**研究的范围。

等离子体是自由电子、带等量正电荷的离子以及中性粒子的集合体。等离子体在磁场作用下有特殊的运动规律。研究等离子体的运动规律的学科称为**等离子体动力学**和**电磁流体力学**,它们在受控热核反应、磁流体发电、宇宙气体运动等方面有广泛的应用。

风对建筑物、桥梁、电缆等的作用使它们承受载荷并激发振动;废气和废水的排放造成环境污染;河床冲刷迁移和海岸遭受侵蚀。研究这些流体本身的运动及其同人类、动植物间的相互作用的学科称为**环境流体力学**(其中包括环境空气动力学、建筑空气动力学)。这是一门涉及经典流体力学、气象学、海洋学、水力学、结构动力学等学科的新兴边缘学科。

生物流变学研究人体或其他动植物中有关的流体力学问题,例如血液在血管中的流动,心、肺、肾中的生理流体运动和植物中营养液的输送。此外,生物流变学还研究鸟类在空中的飞翔,动物在水中的游动等。

在热能工程领域,很多设备和过程中都涉及流体力学的知识。以华东理工大学开发的多喷嘴对置式水煤浆气流床煤气化技术为例,在水煤浆的制备工序中涉及了非牛顿流体和流体黏性的知识;在水煤浆的输送和计量时,涉及管道阻力计算、流量测量和流体输送机械的问题;在气化炉内物料的流动涉及射流和撞击流知识。可以说,流体力学问题在热能工程中应用几乎无处不在,并且往往是最核心和最重要的问题。

因此,流体力学既包含自然科学的基础理论,又涉及工程技术科学方面的应用。此外,如从流体作用力的角度来分,则可分为**流体静力学**、**流体运动学**和**流体动力学**;从对不同力学模型的研究来分,则有**理想流体动力学**、**黏性流体动力学**、**不可压缩流体动力学**、**可压缩流体动力学**和**非牛顿流体力学**等。

1.1.2 流体力学的发展简史

流体力学是在人类同自然界做斗争和在生产实践中逐步发展起来的。古时中国有大禹治水疏通江河的传说;战国时期李冰父子带领劳动人民修建的都江堰,至今还在发挥着作用;大约与此同时,古罗马人建成了大规模的供水管道系统等。

对流体力学学科的形成作出第一个贡献的是古希腊的阿基米德(Archimedes),他建立了包括物理浮力定律和浮体稳定性在内的液体平衡理论,奠定了流体静力学的基础。此后千余年间,流体力学没有重大发展。

直到15世纪,意大利达·芬奇(Da Vinci)的著作才谈到水波、管流、水力机械、鸟的飞翔原理等问题;17世纪,帕斯卡阐明了静止流体中压力的概念。但流体力学尤其是流体动力学作为一门严密的科学,却是随着经典力学建立了速度、加速度、力、流场等概念,以及质量守恒定律、动量守恒定律、能量守恒定律三个守恒定律奠定之后才逐步发展起来的。

17世纪,力学奠基人牛顿(Newton)研究了在流体中运动的物体所受到的阻力,得到阻力与流体密度、物体迎流截面积以及运动速度的平方成正比的关系。他针对黏性流体运动时的内摩擦力也提出了牛顿黏性定律。但是,牛顿还没有建立起流体动力学的理论基础,他提出的许多力学模型和结论同实际情形还有较大的差别。

之后,法国皮托(Pitot)发明了测量流速的皮托管;达朗贝尔(D'Alembert)对运河中船只的阻力进行了许多实验工作,证实了阻力与物体运动速度的平方成正比的关系;瑞士的欧拉

(Euler)采用了连续介质的概念,把静力学中压力的概念推广到运动流体中,建立了欧拉方程,正确地用微分方程组描述了无黏性流体的运动;伯努利从经典力学的能量守恒出发,研究供水管道中水的流动,精心地安排了实验并加以分析,得到了流体定常运动下的流速、压力、管道高程之间的关系——伯努利方程。

欧拉方程和伯努利方程的建立,是流体动力学作为一个分支学科建立的标志,从此开始了用微分方程和实验测量进行流体运动定量研究的阶段。从 18 世纪起,位势流理论有了很大进展,在水波、潮汐、涡旋运动、声学等方面都阐明了很多规律。法国拉格朗日(Lagrange)对于无旋运动,德国亥姆霍兹(Helmholtz)对于涡旋运动做了大量研究。在上述的研究中,流体的黏性并不起重要作用,即所考虑的是无黏性流体。这种理论当然阐明不了流体中黏性的效应。

19 世纪,工程师们为了解决许多工程问题,尤其是要解决带有黏性影响的问题,部分地运用流体力学基本理论,部分地采用归纳实验结果的半经验公式进行研究,这就形成了水力学,至今它仍与流体力学并行发展。1822 年,纳维(Navier)建立了黏性流体的基本运动方程;1845 年,斯托克斯(Stokes)又以更合理的基础导出了这个方程,并将其所涉及的宏观力学基本概念论证得令人信服。这组方程就是沿用至今的纳维-斯托克斯方程(简称 N-S 方程),它是流体动力学的理论基础。上面说到的欧拉方程正是 N-S 方程在黏度为零时的特例。1883 年,英国物理学家雷诺(Reynolds)发表了一篇重要经典文章《平行渠道中决定水的运动是直线还是曲线的情况以及阻力定律的实验研究》,提出了黏性流体存在层流和湍流两种流动状态,并且第一次明确地引进了一个特别重要的特征量——雷诺数,它在黏性流体中起着极其重要的作用。

普朗特(Prandtl)学派从 1904 年到 1921 年逐步将 N-S 方程作了简化,从推理、数学论证和实验测量等各个角度,建立了边界层理论,能实际计算简单情形下,边界层内流动状态和流体同固体间的黏性力。同时普朗克(Planck)又提出了许多新概念,并广泛地应用到飞机和汽轮机的设计中去。这一理论既明确了理想流体的适用范围,又能计算物体运动时遇到的摩擦阻力,使上述两种情况得到了统一。

20 世纪初,飞机的出现极大地促进了空气动力学的发展。航空事业的发展,期望能够揭示飞行器周围的压力分布、受力状况和阻力等问题,这就促进了流体力学在实验和理论分析方面的发展。20 世纪初,以普朗克等为代表的科学家,开创了以无黏不可压缩流体位势流理论为基础的机翼理论,阐明了机翼怎样会受到举力,从而空气能把很重的飞机托上天空。机翼理论的正确性,使人们重新认识无黏性流体的理论,肯定了它指导工程设计的重大意义。

机翼理论和边界层理论的建立和发展是流体力学的一次重大进展,它使无黏性流体理论同黏性流体的边界层理论很好地结合起来。随着汽轮机的完善和飞机飞行速度提高到每秒 50 米以上,从 19 世纪就开始的对空气密度变化效应的实验和理论研究又迅速得到了发展,为高速飞行提供了理论指导。20 世纪 40 年代以后,由于喷气推进和火箭技术的应用,飞行器速度超过声速,进而实现了航天飞行,使气体高速流动的研究进展迅速,形成了气体动力学、物理-化学流体动力学等分支学科。

以这些理论为基础,20 世纪 40 年代,关于炸药或天然气等介质中发生的爆轰波又形成了新的理论,如为了研究原子弹、炸药等起爆后激波在空气或水中的传播,而形成发展了爆炸波理论。此后,流体力学又发展了许多分支,如高超声速空气动力学、超音速空气动力学、稀薄空气动力学、电磁流体力学、计算流体力学和两相(气液或气固)流等。

这些巨大进展是和采用各种数学分析方法，以及建立大型、精密的实验设备和仪器等研究手段分不开的。从 20 世纪 50 年代起，电子计算机不断完善，使原来用分析方法难以进行研究的课题，可以用数值计算方法来进行，出现了计算流体力学这一新的分支学科。与此同时，由于民用和军用生产的需要，液体动力学等学科也有很大进展。

20 世纪 60 年代，根据结构力学和固体力学的需要，出现了计算弹性力学问题的有限元法。经过十多年的发展，有限元分析这项新的计算方法又开始在流体力学中应用，尤其是在处理低速流和流体边界形状甚为复杂的问题时，优越性更加显著。近年来又开始了用有限元方法研究高速流的问题，也出现了有限元方法和差分方法的互相渗透和融合。

从 20 世纪 60 年代起，流体力学开始和其他学科的互相交叉渗透，形成新的交叉学科或边缘学科，如物理-化学流体动力学、磁流体力学等；原来基本上只能定性描述的问题，逐步发展为能定量的研究，生物流变学就是一个例子。

从阿基米德时期到现在的两千多年，特别是从 20 世纪起，流体力学已发展成为基础科学体系的一部分，同时又在工业、农业、交通运输、天文学、地学、生物学、医学等方面得到广泛应用。今后，人们一方面将根据工程技术方面的需要进行流体力学应用性的研究；另一方面将更深入地开展基础研究以探求流体的复杂流动规律和机理，主要包括：通过湍流的理论和实验研究多相流动、流体和结构物的相互作用、边界层流动和分离、生物地学和环境流体流动等问题，以及各种更先进的流体力学实验设备和仪器的设计与开发等。

1.2 作用在流体上的力

研究流体运动规律，首先必须分析作用于流体上的力，力是使流体运动状态发生变化的外因。根据作用方式的不同，力可以分为质量力和表面力。

1.2.1 质量力

质量力(body force)是作用在流体的每一个质点(或微团)上的力。

设在流体中 M 点附近取质量为 $\mathrm{d}m$ 的微团，其体积为 $\mathrm{d}V$，作用于该微团的质量力为 $\mathrm{d}F$，则称极限

$$\lim_{\mathrm{d}V\to M}\frac{\mathrm{d}F}{\mathrm{d}m}=f$$

式中，f 为作用于 M 点的单位质量的质量力，简称**单位质量力**(unit body force)，用 f 或 (X, Y, Z) 表示。设 $\mathrm{d}F$ 在 x, y, z 坐标轴上的分量分别为 $\mathrm{d}F_x$, $\mathrm{d}F_y$, $\mathrm{d}F_z$，则单位质量力的轴向分力可表示为

$$\left.\begin{aligned}X&=\lim_{\mathrm{d}V\to M}\frac{\mathrm{d}F_x}{\mathrm{d}m}\\Y&=\lim_{\mathrm{d}V\to M}\frac{\mathrm{d}F_y}{\mathrm{d}m}\\Z&=\lim_{\mathrm{d}V\to M}\frac{\mathrm{d}F_z}{\mathrm{d}m}\end{aligned}\right\}\tag{1-1}$$

在国际单位制中，质量力的单位是牛顿(N)。单位质量力的单位是 N/kg，其量纲与加速度的量纲相同，是 LT^{-2}。通常流体所受的质量力只有重力，采用惯用的直角坐标系时，单位质量重力的轴向分力可写为 $(X, Y, Z) = (0, 0, -g)$。

1.2.2 表面力

作用在所考虑的流体(或称分离体)表面上的力称为**表面力**(surface force)。表面力常采用单位表面力的切向分力和法向分力来表示。设在流体的表面上，围绕任意点 A 取面积 ΔA，一般地，可将作用在该面上的表面力分为表面法线方向的分力 ΔP 和切线方向的分力 ΔT。因为流体内部不能承受拉力，所以表面法线方向的力只有沿内法线方向的压力。因此，表面应力可分为

$$\left.\begin{aligned}\bar{p} &= \frac{\Delta P}{\Delta A}\\ \bar{\tau} &= \frac{\Delta T}{\Delta A}\end{aligned}\right\} \tag{1-2}$$

式中，$\bar{p}$ 为面积 ΔA 上的平均法向应力或平均压强；$\bar{\tau}$ 为面积 ΔA 上的平均切应力。

如果令面积 ΔA 无限缩小至 A 点，则

$$\left.\begin{aligned}p &= \lim_{\Delta A \to A} \frac{\Delta P}{\Delta A}\\ \tau &= \lim_{\Delta A \to A} \frac{\Delta T}{\Delta A}\end{aligned}\right\} \tag{1-3}$$

式中，p 为 A 点的**压强**(pressure)或**法向应力**或**正应力**；τ 为 A 点的**剪切应力**(shear stress)。法向应力和切应力的量纲均为 $ML^{-1}T^{-2}$，在国际单位制中单位是帕斯卡，以 Pa 表示，$1\ \text{Pa} = 1\ \text{N/m}^2$。

1.3 流体的物理属性和力学特性

从力学的角度看，流体显著区别于固体的特点是：流体具有易变形性、可压缩性、黏性和表面张力特性。

1.3.1 易变形性

流体没有固定的形状，其形状取决于限制它的固体边界；流体在受到很小的切应力时，就要发生连续不断的变形，直到切应力消失为止，这就是流体的**易变形性**或者**流动性**。简言之，流动性即流体受到切应力作用发生连续变形的行为。流体中存在切应力是流体处于运动状态的充分必要条件。

固体存在抗拉、抗压和抗剪三方面的能力。而流体的抗拉能力极弱，抗剪切能力也很微小，静止时不能承受切力，只要受到切力作用，不管此切力怎样微小，流体都要发生不断变

形,各质点间发生不断的相对运动。

1.3.2 密度和可压缩性

密度(density)是表征流体最基本的物理量,定义为单位体积的质量。气体与液体的密度可以相差几个数量级,例如 4℃时水的密度 $\rho=1\,000\ \mathrm{kg/m^3}$,而空气在 4℃,101.3 kPa 时,其密度 $\rho=1.276\ \mathrm{kg/m^3}$。

在工程计算中常常碰到容重的概念,其定义为密度与重力加速度的乘积,用 γ 表示:

$$\gamma=\rho g$$

式中,γ 为流体的容重,$\mathrm{N/m^3}$;ρ 为流体的密度,$\mathrm{kg/m^3}$;g 为重力加速度,$\mathrm{m/s^2}$,其数值通常取 9.807。

流体密度除因流体种类不同外,还与温度、压力和物系组成有关。流体体积或密度随压力变化的性能称为**可压缩性**(compressibility)。液体和气体的主要差别就在于两者的可压缩性显著不同。一般说来,液体比气体的压缩性小得多。例如,水在温度不变的情况下,每增加一个大气压,它的体积比原来减小 0.005%左右,在相当大的压力范围内,液体的密度几乎是常数。因而可以认为液体是不可压缩的。

对于气体,其压缩性与压缩的热力学过程有关。例如,对于理想气体,其压缩过程中压力 p 与体积 V 的关系(即热力过程方程)的一般形式为

$$pV^n=\mathrm{const} \quad 或 \quad npV^{n-1}\mathrm{d}V+V^n\mathrm{d}p=0 \quad 或 \quad np=-V\frac{\mathrm{d}p}{\mathrm{d}V}$$

式中,n 为多变过程指数,$n=1$ 为等温过程,$n=k$ 为等熵过程(k 为绝热指数)。以空气($k=1.4$)的等熵压缩过程为例,在 $p=101.3$ kPa 条件下,将空气压力增大一倍,其体积减小率为 39%,远大于水的体积减小率。

理论上,所有流体都是可压缩的。对于液体,由于其压缩性很小,多数实际问题中液体压力变化引起的密度变化可忽略不计,所以通常将其视为不可压缩流体。气体通常视为可压缩流体,但对很多实际问题,如气速小于 100 m/s,气体压力的变幅度远小于其平均压力,由此导致的密度变化也相对较小,此时也可将气体近似为不可压缩流体来处理。

1.3.3 黏性

黏性(viscous)是流体所具有的重要属性,所谓黏性是指流体内部质点间或流层间因相对运动而产生内摩擦力以反抗相对运动的性质,此内摩擦力称为**黏性力**(viscous force)。黏性的作用表现为阻碍流体内部的相对滑动,从而阻碍流体的流动。这种阻碍作用只能延缓相对滑动的过程,而不能消除这种现象。必须注意,只有在流体流动时才会表现出黏性,静止流体不呈现黏性。

1686 年,牛顿通过大量的实验,总结出“牛顿黏性定律”。图 1-1 为两块水平放置的平行平板,间距为 h,两平板间充满某种液体。上板以速度 U 向右运动,下板保持不动。由于液体与板之间存在着附着力,故紧邻于上板的流体必以速度 U 随上板一同向右运动。而紧邻于下板的流体则依然附着于下板并静止不动。两板间的流体作平行于平板的流动,可以

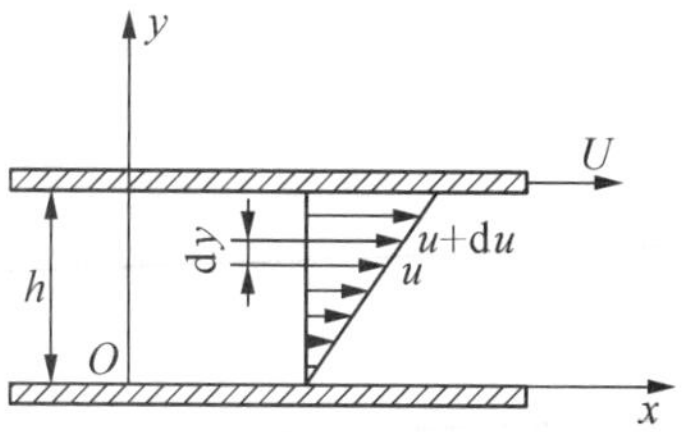

图 1-1 平板间液体流动示意图

看成是许许多多无限薄层的流体做平行运动，实际测得流体的速度为线性分布，如图 1-1 所示。而流体的黏性力就产生在这种有相对运动的薄层之间。

实验可知在二维平行直线运动中流层间的黏性力的大小与流体黏性有关，并与速度梯度 $\frac{\mathrm{d}u}{\mathrm{d}y}$ 以及接触面积 A 成正比关系，与接触面上的压力无关，即

$$F=\mu A\frac{\mathrm{d}u}{\mathrm{d}y} \tag{1-4}$$

式中，F 为黏性力，N。

单位面积上的黏性力，即切应力 τ 为

$$\tau=\frac{F}{A}=\mu\frac{\mathrm{d}u}{\mathrm{d}y} \tag{1-5}$$

式中，A 为接触面积，m^2；$\frac{\mathrm{d}u}{\mathrm{d}y}$ 为速度梯度；μ 为与流体性质有关的系数，称为**动力黏度系数**(dynamic viscosity coefficient)。

考虑到速度梯度的方向，为保证 τ 为正值，当 $\frac{\mathrm{d}u}{\mathrm{d}y}<0$ 时，式(1-5)应写为 $\tau=-\mu\frac{\mathrm{d}u}{\mathrm{d}y}$。式(1-4)和式(1-5)所表示的关系称为牛顿黏性定律，其物理意义为：流体黏性力的大小与流体的速度梯度和接触面积大小成正比，并且与流体的黏性有关。由式(1-4)可以看出，当 $\frac{\mathrm{d}u}{\mathrm{d}y}=0$ 时，$F=0$，即当流体薄层之间或流体微团之间没有速度差时，处于静止状态的流体之中不存在黏性力。

由牛顿黏性定律可以看出，流体与固体在摩擦规律上是截然不同的。流体中的摩擦力取决于流体间的相对运动，即其大小与速度梯度成正比关系；固体间的摩擦力与速度无关，与两固体之间所承受的正压力成正比关系。

流体的黏性通常以黏度来度量，黏度常用以下两种方法表示。

(1) 动力黏度

动力黏度也称为绝对黏度，以符号 μ 表示，它直接来自牛顿黏性定律。由式(1-5)得 $\mu=\frac{\tau}{\frac{\mathrm{d}u}{\mathrm{d}y}}$，显然，$\mu$ 表示单位速度梯度时切应力的大小。在 SI 制中，μ 的单位为 Pa·s。在 CGS 制(由公分、公克和秒为基本单位而构成的公分-公克-秒制称为 CGS 制)中，μ 的单位为 $\mathrm{dyn\cdot s/cm^2}$，称为泊，记为 P。工程中常用泊的百分之一来度量，称为厘泊，记为 cP。其换算关系为

$$1\ \mathrm{cP}=10^{-2}\ \mathrm{P}=10^{-3}\ \mathrm{Pa\cdot s}=1\ \mathrm{mPa\cdot s}$$

之所以称为动力黏度是因为在其量纲中存在动力学因素。

(2) 运动黏度(kinematical viscosity)

在理论分析和工程计算中,常用动力黏度 μ 和流体密度 ρ 的比值来度量流体的黏度,称为运动黏度,以符号 v 标记

$$v=\frac{\mu}{\rho} \tag{1-6}$$

在 SI 制中 v 的单位为 m^2/s。在 CGS 制中为 cm^2/s,称为斯,记为 St。常用斯的百分之一作为计量单位,称为厘斯,记为 cSt。

运动黏度没有明确的物理意义,不能像 μ 那样直接表示黏性切应力的大小。它的引入只是因为在理论分析和工程计算中常常出现 μ 与 ρ 的比值,引入 v 以后可使其分析、计算更简便而已。称其为运动黏度,是因为在量纲中仅有运动学因素。

在工程实际中,运动黏度也可以给出比较形象的黏度概念。我国现行的机油牌号数所表示的即以厘斯为单位的黏度值,确切地说,是指机油在 50℃时运动黏度的平均值。例如,20 号机油表示该种机油在 50℃时其运动黏度大致为 20 cSt。又因为蒸馏水在 20.2℃时,其运动黏度恰好为 1 cSt,所以机油的牌号数是代表其运动黏度与水运动黏度的比值,例如 20 号机油,运动黏度约为水运动黏度的 20 倍。

例 1-1 如图 1-2 所示,油缸尺寸为 $d=12$ cm, $l=14$ cm,间隙 $\delta=0.02$ cm,所充油的黏度 $\mu=0.65\times10^{-1}$ Pa·s。试求当活塞以速度 $u=0.5$ m/s 运动时,所需拉力 F 为多少?

解 由牛顿黏性定律知

$$F=\mu A\frac{du}{dy}=\mu A\frac{u}{\delta}$$

式中 $$A=\pi dl$$

由此得 $$F=\frac{\pi\mu dlu}{\delta}\approx 8.57\ \text{N}$$

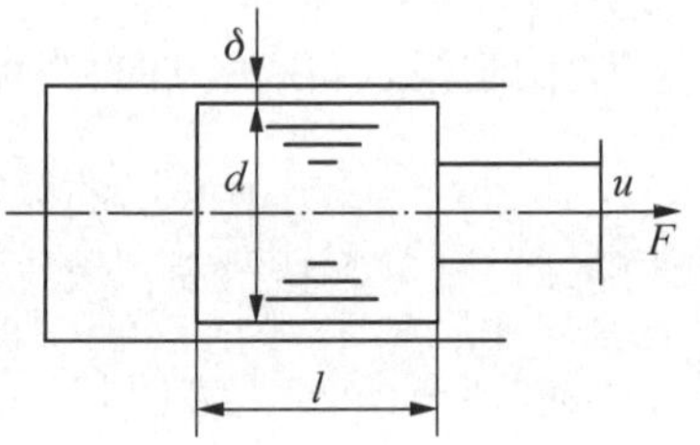

图 1-2 例 1-1 附图

黏性力产生的原因,必须从分子的微观运动来加以说明,概括地说,是由分子间的相互吸引力和分子不规则运动的动量交换产生的阻力组合而成。

① **分子间吸引力产生的阻力** 当相邻的两液层要产生相对运动时,必然要破坏原来分子间的平衡状态,引起相邻分子间距的加大。这种间距的加大使分子间的吸引力明显地表现出来,即快速运动的分子层拖动慢速的分子层使其加快运动,而慢速运动的分子层反过来阻滞快速层的运动,这种相互作用的结果,宏观表现为黏性力。

② **分子不规则运动的动量交换产生的阻力** 当流体定向或不定向流动时,由于分子总在不规则运动,总会有分子作层与层间的跳跃迁移。这种迁移的结果不可避免地导致动量交换。设某流体两相邻层的速度差为 du,分子的质量为 m,当快速层分子跃入慢速层时,将动量增量 $m du$ 带入慢速层。由于分子运动,必将撞击慢速层分子,结果将本身的动量增量交换给慢速层,使慢速层的分子加速。同理,当慢速层分子跃入快速层时,动量交换的结果将使快速层分子减速。这样,由于分子不规则运动所形成的动量交换也会形成彼此牵制的作用力,宏观表现就是黏性力。

由上述分析进一步得出,对于液体,由于分子间距小,不规则运动弱,因此黏性力的产生显然将主要取决于分子间的吸引力。而对于气体,由于分子间距大,吸引力很小,不规则运

动强烈，所以其黏性力产生的原因主要取决于分子不规则运动的动量交换。

当温度升高时，流体的分子间距增大，由前面的分析可知，液体的黏度将显著减小。对气体而言，当温度升高时，分子的不规则运动加剧，使动量交换更加频繁，因此，气体的黏度将随之增大。可见，当温度变化时，气体和液体的黏度变化规律是不同的。水和空气在不同温度下的黏度值见表 1-1，更多值可参见附录Ⅰ和附录Ⅱ，其他一些常见流体的黏度可在相应的设计手册中查得。由于压强变化对分子动量交换影响甚微，所以气体的黏度随压强变化很小。在低压下（通常指低于 100 个大气压），压强变化对液体黏度的影响很小，通常予以忽略。

表 1-1 水和空气在常压下的黏度

温度/℃	水 μ/mPa·s	空气 μ/mPa·s	温度/℃	水 μ/mPa·s	空气 μ/mPa·s
0	1.792 1	0.017 16	60	0.468 8	0.019 99
20	1.005 0	0.018 13	80	0.356 5	0.020 87
40	0.656 0	0.019 08	100	0.283 8	0.021 73

将在作纯剪切流动时满足牛顿黏性定律的流体称为**牛顿流体**（Newtonian fluid），如水和空气等，均为牛顿流体。将不满足该定律的流体称为**非牛顿流体**（non-Newtonian fluid）。

1.3.4 非牛顿流体

水煤浆、高分子熔体和溶液、表面活性剂溶液、石油、食品，以及含微细颗粒较多的悬浮体、分散体、乳浊液等流体，它们在层流流动时并不服从牛顿黏性定律，这些流体称为非牛顿流体。非牛顿流体的流动行为与管道输送、设备的设计和操作条件的选择以及产品的质量控制等有着密切关系。

在定态剪切流动时，非牛顿流体所受剪应力 τ 与产生的变形率（即剪切率）$\dfrac{du}{dy}$ 之间存在复杂的函数关系 $\tau=\tau_y+K\left(\dfrac{du}{dy}\right)^n$，式中，$K$ 为稠度系数，Pa·s^n；n 为流动行为指数，无量纲。图 1-3 所示为几种常见的情况。

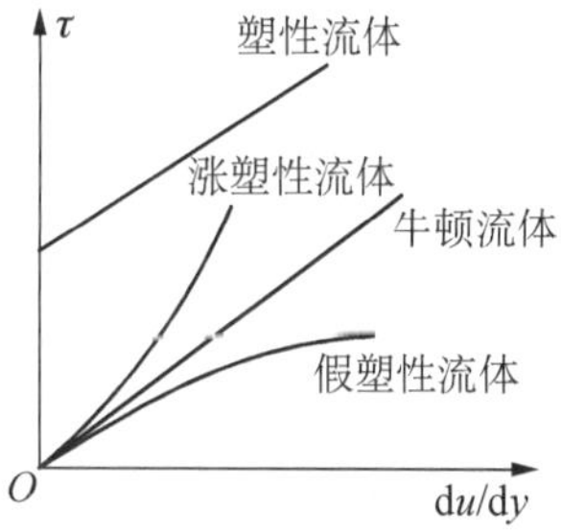

图 1-3 几种非牛顿流体的流动性质

从图中可以看出：

① 当 $\tau_y=0$，$n=1$ 时为**牛顿流体**；

② 当 $\tau_y=0$，$n>1$ 时为**涨塑性流体**；

③ 当 $\tau_y=0$，$n<1$ 时为**假塑性流体**；

④ 当 $\tau_y>0$，$n=1$ 时为**塑性流体**。

仿照牛顿流体那样，定义非牛顿流体的黏度为切应力 τ 与剪切率 du/dy 的比值，即 $\mu=\dfrac{\tau}{du/dy}=f\left(\dfrac{du}{dy}\right)$，对于假塑性流体，在剪切率很低的范围内，黏度为一常数，其值相对较大；而后随着剪切率增高，黏度下降，此现象称为**剪切稀化现象**。当剪切率很大时，黏度又趋于一常数，其值较低。在不同的剪切率范围内黏度的差异可达百倍以上。

水煤浆的流变特性 水煤浆（coal-water slurry，CWS）是由 60%～70%的煤、30%～

40%的水和约1%的化学添加剂通过物理加工得到的一种低污染、高效率可管道输送的代油煤基流体燃料,其具有良好的稳定性及流变性。水煤浆为非牛顿流体,究竟属于哪种非牛顿流体,目前说法不一。多数人为了使问题简单化,往往把它当成宾汉流体来处理。煤种不同、制浆工艺与粒度分布不同、添加剂类型及用量都对水煤浆的流变特性有着重要影响。一般情况下,水煤浆达到一定浓度后具有明显的结构化,从而使煤浆表现出一定程度的屈服应力,也可能具有某些黏弹性。

水煤浆成浆浓度是指在剪切速率为100 s^{-1},表观黏度达到(1 000±100)mPa·s时,煤质量占浆体质量的百分比。神府煤的成浆浓度曲线见图1-4。由图可知,在此条件下,神府煤的成浆浓度为62.5%,此时其表观黏度为975 mPa·s。图1-5为神府煤浆不同浓度下表观黏度随剪切速率的变化曲线。从图中可以看出,随着剪切速率的增大,不同浓度条件下的神府煤浆的表观黏度都呈现降低的趋势,表现为假塑性流体的特征。

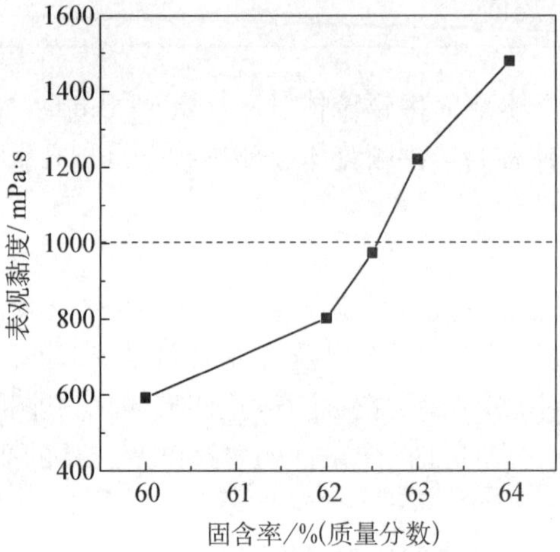

图1-4 神府煤的成浆浓度

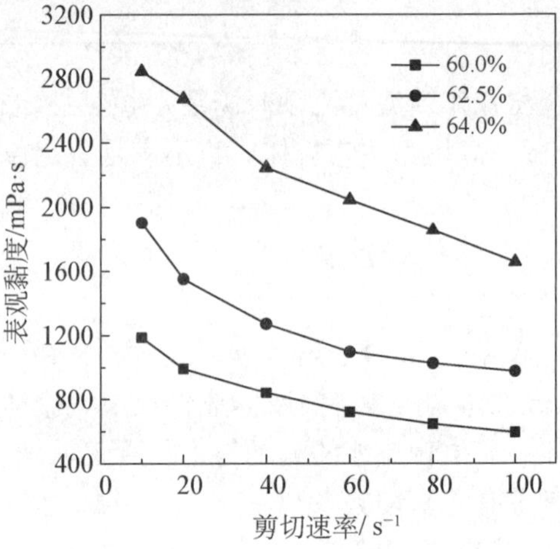

图1-5 水煤浆流变特性

多数非牛顿流体表现为剪切稀化的假塑性行为,但少数浓悬浮体(如淀粉水浆)在某一剪切率范围内表现出**剪切增稠**的涨塑性,即黏度随着剪切率的增大而升高。这类剪切增稠的非牛顿流体可用于军用防护装备和防护型运动装备等。

含固体量较多的悬浮体常表现出塑性的力学特征,即只有当施加的切应力大于某一临界值之后才开始流动,此临界值称为**屈服应力**。流动发生后,通常具有剪切稀化性质,也可能在某一剪切率范围内有剪切增稠现象。

不少非牛顿流体受力产生的 du/dy 还与剪应力 τ 的作用时间有关。随 τ 作用时间的延续,du/dy 增大,黏度变小。当一定的剪应力 τ 所作用的时间足够长后,黏度达到定态的平衡值,这一行为称为**触变性**。例如圆珠笔油、涂料等都被制成具有触变性,以达到涂写方便,静时不流的目的。反之,黏度随剪切力作用时间延长而增大的行为则称为**震凝性**。

许多流体不但有黏性,而且常表现出明显的弹性,蛋白等天然及合成高分子液体都具有**黏弹性**。图1-6表述了流体的三种弹性行为。微略的弹性往往不被人所注意,但它仍是构成某些特殊流动现象(如减阻)的重要原因。

值得注意的是,一种流体在不同条件下可表现出上述一种或多种不同的流动行为,这里强调的是流体可能表现的性质,而不是将流体归属于哪一种类型。

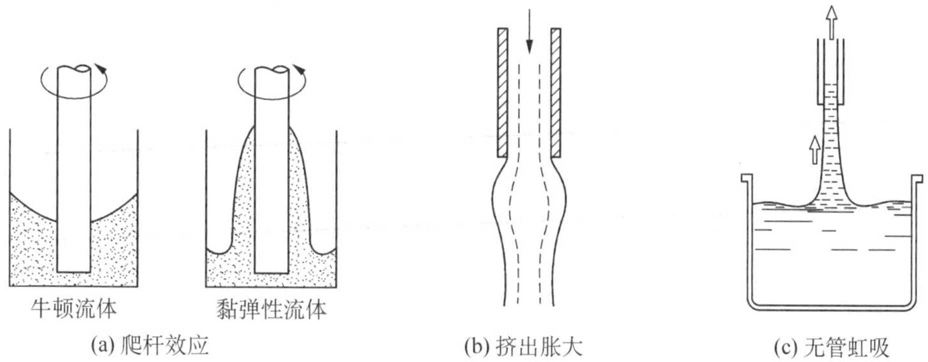

图 1-6 流体弹性的表现

1.3.5 表面张力

对于与气体接触的液体表面，由于表面两侧分子引力作用的不平衡，会使液体表面处于张紧状态，即液体表面承受拉伸力，液体表面承受的这种拉伸力称为**表面张力**。

由于表面张力的存在，液体表面总是取收缩的趋势，如空气中的自由液滴、肥皂泡等总是呈球形。表面张力不仅存在于与气体接触的液体表面，而且在互不相溶液体的接触界面上也存在表面张力。在一般的流体流动问题中表面张力的影响很小，可以忽略不计。但在研究诸如毛细现象、液滴与气滴的形成、某些具有自由液面的流动等问题时，表面张力就成为重要的影响因素。

液体表面单位长度流体线上的拉伸力称为**表面张力系数**，通常用希腊字母 σ 表示，其单位是 N/m。图 1-7 所示为置于容器中的静止液体，考察液面上连接 A、B 两点的流体线，由于表面张力的存在，该线段一侧所受拉伸力处处垂直于该线段且平行于液面，按表面张力系数 σ 的定义，若该流体线长度为 l，则垂直作用于该线段的总拉伸力 f 就可表示为

$$f=\sigma l \tag{1-7}$$

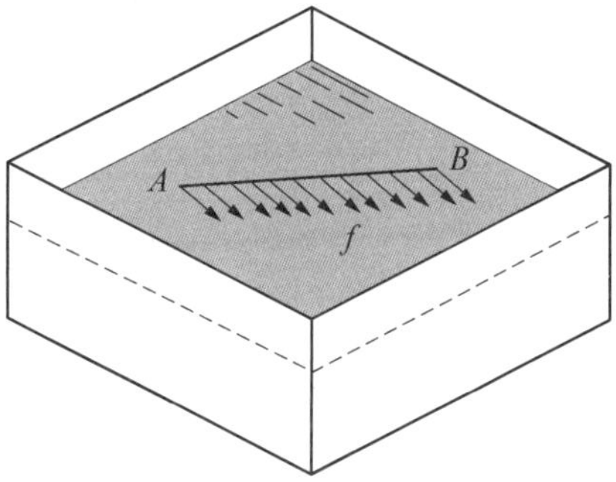

图 1-7 液体表面张力概念

表面张力系数 σ 属于液体的物性参数，但同一液体其表面接触的物质不同则有不同的表面张力系数。

不同液体具有不同的表面张力，如表 1-2 所示，常见的液体——水，它的表面张力颇大。

表 1-2 某些液体在 20℃ 下表面张力(与空气接触)

液 体 名 称	表面张力/(N/m)	液 体 名 称	表面张力/(N/m)
乙醇	0.022 3	润滑油	0.035 0～0.037 9
四氯化碳	0.026 7	水	0.073 1
煤油	0.022 3～0.032 1	汞	
苯	0.028 9	在空气中	0.513 7
原油	0.023 3～0.037 9	在水中	0.392 6
线性聚乙烯 ($M_w=6\,700$)	0.035 7	在真空中	0.485 7
无规聚丙烯 ($M_w=3\,000$)	0.028 3	聚对苯二甲酯 ($M_n=25\,000$)	0.044 6

表面张力系数随温度升高而降低，但不显著，如水从 0℃变化到 100℃，其与空气接触的表面张力系数 $\sigma = 0.0756 \sim 0.0589$ N/m，不同温度下水的表面张力系数列于附录I中。液体中溶有其他物质时，表面张力也将随物质及其浓度的不同而发生变化。例如，水中溶入醇、酸、醛、酮等有机物质时，可使表面张力减小；但溶入某些无机盐类时，则使表面张力略有增大。还发现，溶质的分散是不均匀的，即溶质在液体表面层中的浓度与在液体内部是不同的。这种溶质分散不均匀的现象称为吸附。使表面层浓度大于液体内部浓度的作用，称为正吸附；反之则称为负吸附。凡能被正吸附并因而能显著降低溶液表面张力的物质，称为表面活性物质。

对于液体表面为曲面的情况，表面张力的存在将使液体自由表面两侧产生附加压差，现分析如下。

如图 1－8 所示，在凸起的弯曲液面上任选一点 O，以 O 点法线 $\boldsymbol{n}$ 为交线作两个垂直相交平面，这两个平面与弯曲液面相交得到两条法切线 aa' 和 bb'，其对应的圆心角分别为 $\mathrm{d}\beta$ 和 $\mathrm{d}\alpha$，曲率半径分别为 R_1 和 R_2；然后分别平行于 aa'、bb' 作出四边形微元面 $aa'bb'$，如图 1－8 所示。其中，微元面上点 a、a'、b、b' 所在边的长度分别为

$$\mathrm{d}l_a = \mathrm{d}l_a' = R_2\mathrm{d}\alpha,\ \mathrm{d}l_b = \mathrm{d}l_b' = R_1\mathrm{d}\beta$$

微元面 $aa'bb'$ 的面积为

$$\mathrm{d}A = R_2R_1\mathrm{d}\beta\mathrm{d}\alpha$$

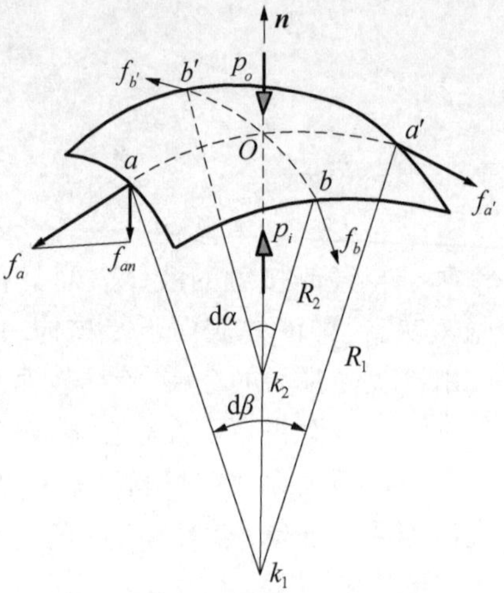

图 1－8　弯曲液面的附加压力差

现分析点 a 所在边上的表面张力，该边上表面张力 $f_a = \sigma\mathrm{d}l_a$ 且与液面相切，在法线 $\boldsymbol{n}$ 方向的投影为

$$f_{an} = -f_a\sin\frac{\mathrm{d}\beta}{2} = -\sigma\mathrm{d}l_a\sin\frac{\mathrm{d}\beta}{2} \approx -\frac{1}{2}\sigma R_2\mathrm{d}\alpha\mathrm{d}\beta = -\frac{1}{2}\frac{\sigma}{R_1}\mathrm{d}A$$

同理可得点 a'、b、b' 所在边上的表面张力在法线 $\boldsymbol{n}$ 方向的投影分别为

$$f_{a'n} = -\frac{1}{2}\frac{\sigma}{R_1}\mathrm{d}A,\ f_{bn} = f_{b'n} = -\frac{1}{2}\frac{\sigma}{R_2}\mathrm{d}A$$

于是，将上述 4 个表面张力分量相加，可得微元面 $\mathrm{d}A$ 上表面张力在法线方向上的合力

$$f_{an} + f_{a'n} + f_{bn} + f_{b'n} = -\sigma\left(\frac{1}{R_1} + \frac{1}{R_2}\right)\mathrm{d}A$$

设液面两侧压强分别为 p_o（凸出侧）和 p_i（凹陷侧），则静止液面所受法线方向的总力有如下平衡关系

$$p_i\mathrm{d}A - p_o\mathrm{d}A - \sigma\left(\frac{1}{R_1} + \frac{1}{R_2}\right)\mathrm{d}A = 0$$

由此得到

$$p_i - p_o = \sigma\left(\frac{1}{R_1} + \frac{1}{R_2}\right) \tag{1-8}$$

式(1－8)为计算弯曲液面附加压差的**拉普拉斯公式**。该式表明：由于表面张力的存在，弯曲液面两侧会产生附加压差，而且凹陷一侧的压强(p_i)总高于凸出一侧的压强(p_o)，对于凹形液面，同样如此；特别地，对于平直液面 $R_1=R_2=\infty$，所以 $p_i-p_o=0$，即没有附加压差现象；对于球形液面，因为 $R_1=R_2=R$，所以

$$p_i-p_o=\frac{2\sigma}{R} \tag{1-9}$$

此外，可以证明，通过曲面上一点的任意一对正交法切线的曲率半径倒数之和 $\left(\frac{1}{R_1}+\frac{1}{R_2}\right)$ 都相等，所以实践中只要能找到其中一对正交法切线的曲率半径即可。例如对于圆柱面，母线与圆周线就是一对正交法切线，其曲率半径分别为 ∞ 和 R，所以 $(1/R_1+1/R_2)=1/R$。

例 1－2 球形液膜的内外压差

图 1－9 所示是一个球形液膜(如肥皂泡等)，其表面张力系数为 σ；因为液膜很薄，内外表面半径均视为 R。试求液膜内外的压差。

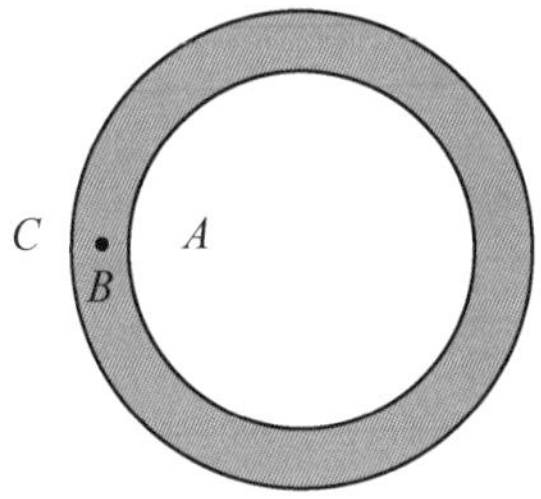

图 1－9 例 1－2 附图

解 考查液膜外侧点 C、内侧点 A 和液膜中点 B 之间的压差。由于液膜有内外两个液面，所以根据拉普拉斯公式，表面张力在 A 和 B 点之间造成的压差为

$$p_A-p_B=\sigma\left(\frac{1}{R}+\frac{1}{R}\right)=\frac{2\sigma}{R}$$

而 B 和 C 之间的压差为 $$p_B-p_C=\sigma\left(\frac{1}{R}+\frac{1}{R}\right)=\frac{2\sigma}{R}$$

由上两式相加消去 p_B 则得 $$p_A-p_C=\frac{4\sigma}{R}$$

这表明球形液膜内侧的压强较外侧的压强高 $4\sigma/R$。

观察发现，如果将直径很小的两支玻璃管分别插在水和水银两种液体中，管内外的液位将有明显的高度差，如图 1－10 所示，这种现象称为**毛细现象**。毛细现象是由液体对固体表面的润湿效应和液体表面张力所决定的一种现象。事实上，液体不仅对图 1－10

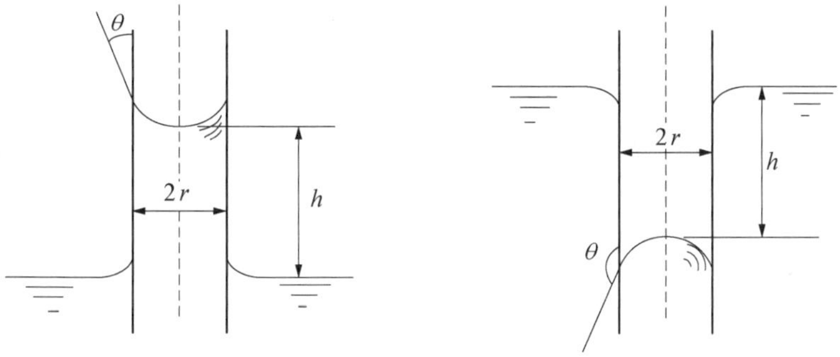

(a) 玻璃管插入水中　　(b) 玻璃管插入水银中

图 1－10 毛细现象

中的细玻璃管有毛细现象，对狭窄的缝隙和纤维及粉体物料构成的多孔介质也有毛细现象，与所接触的液体一起产生毛细现象的固体壁面可以通称为毛细管。毛细现象是微细血管内血液流动、植物根茎内营养和水分输送、多孔介质流体流动的基本研究对象之一。

润湿效应即液体和固体相互接触时的一种界面现象。润湿是指液体与固体接触时，前者要在后者表面上四散扩张；不润湿则是指液体在固体表面不扩张而收缩成团。液体对固体表面的润湿性可用液体与固体界面之间的接触角θ来表征，如图1-11所示。液体能润湿管壁时，θ为锐角；反之为钝角。例如，水和水银与洁净玻璃壁面接触，其接触角θ分别为0°和140°，故水在洁净玻璃表面能四散扩张润湿玻璃，而水银则收缩成球形不能润湿玻璃。液体对固体的润湿与否在毛细现象中的表现是：润湿则毛细管中液位高于管外液位，且自由液面形成的弯月面是凹陷的；不润湿则毛细管中液位低于管外液位，且自由液面形成的弯月面是凸出的，如图1-10所示。

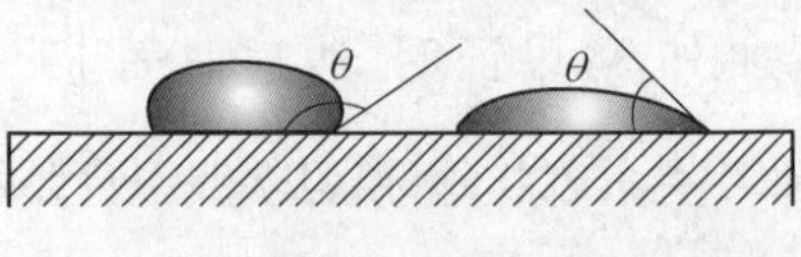

图1-11　液体与固体表面的接触角

荷叶润湿与超疏水材料　在显微镜下，荷叶表面布满密密麻麻的微米级乳突。这些突状结构之间充斥着空气，形成了一层极薄的空气膜，再加上荷叶自身分泌的、表面能低的植物蜡质，共同造就了荷叶的超疏水和自清洁效应，如图1-12所示。超疏水材料通过模拟荷叶表面的微纳结构，是一类对水极端排斥的材料，通常由特殊的表面微纳粗糙结构和低表面能化学物质构成，接触角一般大于150°。

毛细现象和润湿效应都是由相互接触的液体和固体分子之间的吸引力决定的。液体分子间的引力作用使液体表现出内聚和附着两种效应。内聚使液体具有抵抗拉应力的能力，附着使液体能黏附在物体表面，且这两种效应与液体所接触的物体表面性质密切相关。液体与物体表面接触时，如内聚效应占优，液体将趋于收缩并产生毛细抑制现象；如附着效应占优，则液体将润湿物体表面并产生毛细爬升现象。

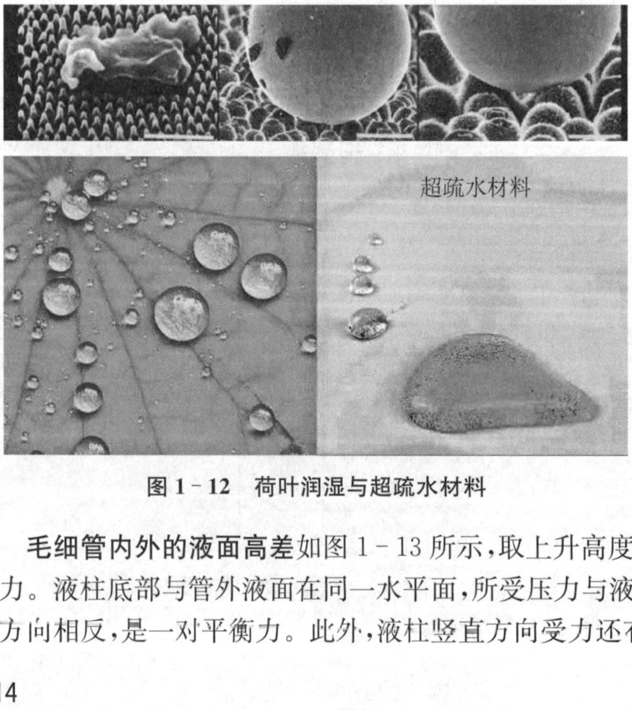

图1-12　荷叶润湿与超疏水材料

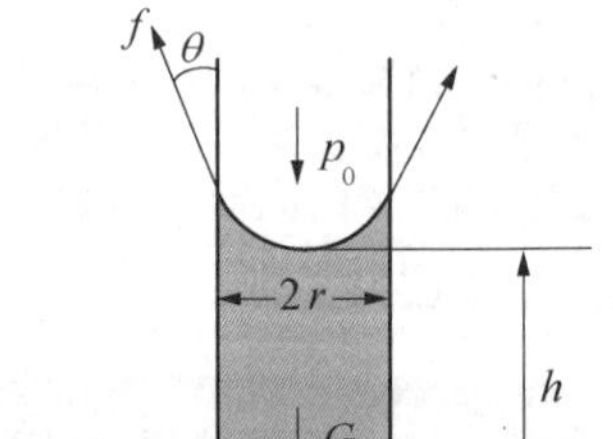

图1-13　毛细升高液柱受力分析

毛细管内外的液面高差如图1-13所示，取上升高度h段内的液体，分析其竖直方向的受力。液柱底部与管外液面在同一水平面，所受压力与液柱上表面压力相同，均为大气压力但方向相反，是一对平衡力。此外，液柱竖直方向受力还有液柱重力G和弯月面与管壁接触

周边表面张力 f 的竖直分量。

忽略弯月面中心以上部分液体重力，液柱所受到的重力为

$$G=\pi r^2 h\rho g$$

液柱弯月面与毛细管接触周边的表面张力 $f=2\pi r\sigma$，其竖直方向的分量为

$$f_z=2\pi r\sigma\cos\theta$$

由 $G=f_z$ 可得

$$h=\frac{2\sigma\cos\theta}{\rho g r} \tag{1-10}$$

应用式(1-10)时需要说明的是：

① 对于 θ 为钝角的情况，h 为负值，表明管内液面低于管外液面；

② 因忽略了弯月面中心以上部分液体重力，由式(1-10)计算的 h 值略高于实际值，且这种差别随 r 增加而增大；

③ 当管直径大于 12 mm 时毛细效应可忽略不计。

式(1-10)反映了毛细管中液面爬升高度 h 与液体表面张力系数 σ、液体与固体界面之间的接触角 θ 以及毛细管半径 r 之间的关系，在实践中可用于测定液体的表面张力系数。

例 1-3 水在毛细管中的爬升高度

内径为 2 mm 的毛细管，与水的接触角 $\theta=20°$。水在空气中的表面张力系数 $\sigma=0.073\,0$ N/m。若取水的密度为 $\rho=1\,000$ kg/m^3，试求水在毛细管中的爬升高度。

解 用式(1-10)进行计算

$$h=\frac{2\sigma\cos\theta}{\rho g r}=\frac{2\times0.073\times\cos20°}{1\,000\times9.81\times0.001}=0.013\,99(\text{m})=13.99(\text{mm})$$

1.4 流体力学模型

客观上存在的实际流体，物质结构和物理性质非常复杂。如果我们全面考虑它的所有因素，将很难得到它的力学关系式。为此，我们在分析考虑流体力学问题时，根据抓住主要矛盾的观点，建立力学模型，对流体加以科学的抽象，简化流体的物质结构和物理性质，以便于列出流体运动规律的数学方程式。这种研究问题的方法，在固体力学中也常采用，例如刚体、弹性体等，所以，力学模型的概念具有普遍意义。流体力学中最常用的基本模型有：连续介质、牛顿流体、不可压缩流体、理想流体、平面流动等，下面介绍几种经典的流体力学模型。

1.4.1 连续介质模型

不论是液体或气体，总是由无数的分子所组成的，分子之间有一定的间隙，也就是说，流体实质上是不连续的。

尽管流体的质量在空间和时间上的分布是不连续的，而且具有随机性，但在流体力学中研究流体的运动规律时，考察的是大量分子所组成的流体质点的宏观运动规律，不着眼于个别分子的微观运动状况，注重的是整个设备(流场)范围内的变化，而不是分子平均自由程那样微小距离上的差异。于是采用一种简化的物理模型——流体是连续介质来代替流体的真实结构。把流体看作充满所在空间、内部无任何空隙的连续体，流体质点的尺寸远小于放置在流体中的实物或流体所处空间的尺寸，但远大于分子自由程。它含有足够多的分子，因此能用统计平均的方法，求出宏观的特征量(如压力、密度、宏观速度等)，从而可以对这些宏观量的变化进行考察。通俗地说，流体微团具有"**宏观无限小，微观无限大**"的性质。这种"**连续介质**"模型，是对流体物质结构的简化，使我们在分析问题时得到两大方便：第一，它使我们不考虑复杂的微观分子运动，只考虑在外力作用下的宏观机械运动；第二，能运用数学分析的连续函数工具。因此，本课程分析时均采用"连续介质"这个模型。

采用连续介质假定之后，位于任一点的流体及其运动的各种特性如密度、速度、温度等都有了确定的定义，这就能大大简化对于流体平衡及其运动的研究，并可利用基于连续函数的数学工具。应用这一假定所导出的方程及其计算结果，与实验结果是相吻合的，从而表明连续介质模型是合理的。当然，连续介质假定并不适用于所有情况。例如，在高空或真空下，气体稀薄，分子间距已与考察物体的尺寸相当，这时的气体就不能再看作是连续介质了。

1.4.2 理想流体模型

一切流体都具有黏性，提出无黏性流体，是对流体物理性质的简化。因为在某些问题中，黏性不起作用或不起主要作用。这种不考虑黏性作用的流体，称为**无黏性流体**(或**理想流体**)。如果在某些问题中，黏性影响不能忽略时我们也采用"两步走"的办法，即先当作无黏性流体分析，得出主要结论，然后采用试验的方法考虑黏性的影响，加以补充或修正。这种考虑黏性影响的流体，称为**黏性流体**(或**实际流体**)。

1.4.3 不可压缩流体模型

不可压缩流体模型是不计压缩性和热胀性而对流体物理性质的简化。液体的压缩性和热胀性均很小，密度可视为常数，通常用不可压缩流体模型。气体在大多数情况下，也可采用不可压缩流体模型。气体虽然是可以压缩和热胀的，但是，具体问题也要具体分析。我们在分析任何一种具体流动时，主要关心的问题是压缩性是否起显著的作用，或者问题研究所要求的近似程度。对于气体速度较低，小于声速(常温常压下空气中声速为 340 m/s)的情况，在流动过程中压强和温度的变化较小，密度仍然可以看作常数，这种气体称为**不可压缩气体**。反之，对于气体速度较高(接近或超过声速)的情况，在流动过程中其密度的变化很大，密度已经不能视为常数的气体，称为**可压缩气体**。

在通常情况下，所遇到的大多数气体流动，速度远小于声速，其密度变化不大。例如，当速度等于 68 m/s 时，密度变化为 1%；当速度等于 150 m/s 时，密度的变化也只有 10%，可当作不可压缩流体看待。也就是说，可以将空气认为和水一样是不可压缩流体。

1.5 研究流体运动的基本方法

在热能工程专业，流体力学应用非常广泛，如物料输送、热的供应、空气的调节、煤气的输配和除尘降温等，都是以流体作为工作介质，通过流体的各种物理作用，对流体的流动有效地加以组织来实现的。学好流体力学才能对本专业范围内的流体力学现象作出合理的定性判断，进行足够精确的定量估计，正确地解决专业范围内与流体力学相关的设计和计算问题。一般来说，研究流体力学主要有**理论分析法**（theoretical analysis method）、**实验研究法**（experimental research method）和**数值计算法**（numerical calculation method）三种。

1.5.1 理论分析法

理论分析是根据流体运动的普遍规律，如质量守恒、动量守恒、能量守恒等，利用数学分析的手段，研究流体的运动，解释已知的现象，预测可能发生的结果。理论分析的步骤大致如下。

首先是建立“力学模型”，即针对实际流体的力学问题，分析其中的各种矛盾并抓住主要方面，对问题进行简化而建立反映问题本质的“力学模型”。

其次是针对流体运动的特点，用数学语言将质量守恒、动量守恒、能量守恒等定律表达出来，从而得到连续性方程、动量方程和能量方程。此外，还要加上某些联系流动参量的关系式（例如状态方程），或者其他方程。这些方程合在一起称为流体力学基本方程组。

求出方程组的解后，结合具体流动，解释这些解的物理含义和流动机理。通常还要将这些理论结果同实验结果进行比较，以确定所得解的准确程度和力学模型的适用范围。

从基本概念到基本方程的一系列定量研究，都涉及很深的数学问题，所以流体力学的发展是以数学的发展为前提的。反过来，那些经过了实验和工程实践考验过的流体力学理论，又检验和丰富了数学理论，它所提出的一些未解决的难题，也是进行数学研究、发展数学理论的好课题。

由于实际问题通常比较复杂，单纯应用理论解析方法困难较大。这种困难不仅在于流体运动方程的非线性，还在于难以规定适当的边界条件。总之，目前的数学发展水平限制了这种方法的使用范围。

1.5.2 实验研究法

实验是研究流体流动问题最基本的方法。通过实验可以验证理论计算的结果，也可以探索新的流动现象。同物理学、化学等学科一样，流体力学离不开实验，尤其是对新的流体运动现象的研究。实验能显示运动特点及其主要趋势，有助于形成概念，检验理论的正确性。两百多年来流体力学发展史中每一项重大进展都离不开实验。

模型实验在流体力学中占有重要地位，这里所说的模型是指根据理论指导，把研究对象的尺度改变（放大或缩小）以便能安排实验。有些流动现象难以靠理论计算解决，有的则不可能做原型实验（成本太高或规模太大）。这时，根据模型实验所得的数据可以用像换算单位制那样的简单算法求出原型的数据。为了正确模拟，模型的现象和原型的现象当然应属同类,并可应用同一基本微分方程组描述,而且定解条件相似、模型与原型几何相似、各物理参数相应成比例、对应截面上相似准数相等。

1.5.3 数值计算法

数学的发展、计算机的不断进步以及流体力学各种计算方法(如有限差分法、有限元法和有限体积法等)的发明,使许多原来无法用理论分析求解的复杂流体力学问题有了求得数值解的可能性,这又促进了流体力学计算方法的发展,并形成了"计算流体力学"。

从20世纪60年代起,在飞行器和其他涉及流体运动的课题中,经常采用电子计算机做数值模拟,这可以和物理实验相辅相成。数值模拟和实验模拟相互配合,使科学技术的研究和工程设计的速度加快,并节省开支。数值计算方法最近发展很快,其重要性与日俱增。数值计算法作为一种与理论解析、实验观测并列的研究方法,在解决诸如飞机外形、发动机喷嘴设计,气象预报,环境污染预报,油田开发的动态模拟,以及水利工程中的各种水流问题等方面,已经取得了显著成效。

数值计算方法比理论解析法更能适应复杂工程问题的需要,和实验方法相比,无需设备和测试仪器,能够节省费用和时间,当实验难以进行时,则可应用计算机做数值试验,有些情况下可以获得较为详细的局部信息。热能工程领域中各种反应器和设备内的流动通常很复杂,并且多为高温、高压环境。因此,数值法的优点对于热能工程来讲更为突出。

解决流体力学问题时,理论分析、实验研究和数值计算几方面是相辅相成的。实验需要理论指导,才能从分散的、表面上无联系的现象和实验数据中得出规律性的结论;反之,理论分析和数值计算也要依靠现场观测和实验室模拟给出物理图案或数据,以建立流动的力学模型和数学模式;为判断计算程度的可靠程度,应与实验结果或解析法的结果进行比较,来进行验证,还须依靠实验来检验这些模型和模式的完善程度。此外,实际流动往往异常复杂(例如湍流),理论分析和数值计算会遇到巨大的数学和计算方面的困难,得不到具体结果,只能通过现场观测和实验室模拟进行研究。

1.6 流体力学的新兴领域

1.6.1 超临界流体

纯净物质要根据温度和压力的不同,呈现出液体、气体、固体等状态变化。在温度高于某一数值时,任何大的压力均不能使该纯物质由气相转化为液相,此时的温度即被称为临界温度 T_c。而在临界温度下,气体能被液化的最低压力称为临界压力 p_c。在临界点附近,会出现流体的密度、黏度、溶解度、热容量、介电常数等所有流体的物性发生急剧变化的现象。

当物质所处的温度高于临界温度,压力大于临界压力时,该物质的温度及压力均处于临界点以上的液体称为超临界流体(supercritical fluid, SCF)。例如:当水的温度和压强达到临界点($t=374.3$℃,$p=22.05$ MPa)以上时,就处于一种既不同于气态,也不同于液态和固态的新的流体态——超临界态,该状态的水即称为超临界水。很多物质都有超临界流体区,但由于CO_2的临界温度比较低(31.06℃),临界压力也不高(7.38 MPa),且无毒、无臭、无公害，所以在实际操作中常使用CO_2超临界流体。

超临界流体由于液体与气体分界消失，是即使提高压力也不液化的非凝聚性气体。超临界流体的物性兼具液体性质与气体性质。它基本上仍是一种气态，但又不同于一般气体，是一种稠密的气态。其密度比一般气体要大两个数量级，与液体相近。它的黏度比液体小，但扩散速度比液体快（约两个数量级），所以有较好的流动性和传递性能。它的介电常数随压力而急剧变化（如介电常数增大有利于溶解一些极性大的物质）。另外，根据压力和温度的不同，这种物性会发生变化。

超临界流体是处于临界温度和临界压力以上，介于气体和液体之间的流体，兼有气体、液体的双重性质和优点，近年来在不同领域得到了广泛的应用。如超临界流体萃取（supercritical fluid extraction，SFE）、超临界水氧化技术、超临界流体干燥、超临界流体染色、超临界流体制备超细微粒、超临界流体色谱和超临界流体中的化学反应等，其中以超临界流体萃取应用得最为广泛。

1.6.2 超流体

超流体是超低温下具有奇特性质的理想流体，即流体内部完全没有黏滞。超流体所需温度比超导还低，它们都是超低温现象，室温超导违背自然规律，也是永动机式的幻想。氦有两种同位素，即由 2 个质子和 2 个中子组成的氦 4 和由 2 个质子和 1 个中子组成的氦 3。液态氦 4 在冷却到 2 K 以下时，开始出现超流体特征，20 世纪 30 年代末，苏联科学家彼得·卡皮察首先观测到液态氦 4 的超流体特性。他因此获得 1978 年诺贝尔物理学奖。这一现象很快被苏联科学家列夫·郎道用凝聚态理论成功解释。不过，科学家直到 20 世纪 70 年代末才观测到氦 3 的超流体现象，因为使氦 3 出现超流体现象的温度只有氦 4 的千分之一。爱因斯坦曾预言，原子气体冷却到非常低的温度，所有原子会以最低能态凝聚，物质的这一状态就被称为玻色-爱因斯坦凝聚。玻爱凝聚态物质就是超导体和超流体，它实际是半量子态，在半量子态下，费米子像玻色子一样可以在狭小空间内大量凝聚。外地核就是玻爱凝聚态的超流体物质，内地核则由中微子构成，都是高密度、大质量形态。

1.6.3 磁流体

磁流体，又称磁性液体、铁磁流体或磁液，是一种新型的功能材料，它既具有液体的流动性又具有固体磁性材料的磁性。磁流体是由直径为纳米量级（10 nm 以下）的磁性固体颗粒、基载液（也叫媒体），以及表面活性剂三者混合而成的一种稳定的胶状液体。该液体在静态时无磁性吸引力，当外加磁场作用时，才表现出磁性，正因如此，它才在实际中有着广泛的应用，在理论上具有很高的学术价值。由于磁流体具有液体的流动性和固体的磁性，使得磁流体呈现出许多特殊的磁、光、电现象，如法拉第效应、双折射效应和线二向色性等。这些性质在光调制、光开关、光隔离器和传感器等领域有着重要的应用前景，可广泛应用于各种苛刻条件的磁性流体密封、减震、医疗器械、声音调节、光显示、磁流体选矿等领域。

磁流体力学是结合经典流体力学和电动力学的方法，研究导电流体和磁场相互作用的学科，它包括磁流体静力学和磁流体动力学两个分支。磁流体静力学研究导电流体在磁场力作用于静平衡的问题；磁流体动力学研究导电流体与磁场相互作用的动力学或运动规律。

磁流体力学通常指磁流体动力学，而磁流体静力学则被看作磁流体动力学的特殊情形。

习　题

1-1　按连续介质的概念，流体微团(质点)是指(　　)。

A. 流体的分子

B. 流体内的固体颗粒

C. 几何的点

D. 几何尺寸同流动空间相比是极小量，又含有大量分子的微元体

1-2　单位质量力的国际单位是(　　)。

A. N　　B. m/s　　C. m/s^2

1-3　与牛顿黏性定律直接有关的因素是(　　)。

A. 切应力和压强　　B. 切应力和剪切变形速度

C. 切应力和剪切变形　　D. 切应力和流速

1-4　水的动力黏度随温度的升高而(　　)。

A. 增大　　B. 减小　　C. 不变　　D. 不定

1-5　理想流体的特征是(　　)。

A. 黏度是常数　　B. 不可压缩　　C. 无黏性　　D. 符合 $pV = RT$

1-6　什么是流体的黏性？动力黏度 μ 和运动黏度 ν 有何区别及联系？

1-7　图 1-14 所示为一水平方向运动的木板，其速度为 1 m/s，平板浮在油面上，$\delta = 10$ mm，油的黏度 $\mu = 0.098\,07$ Pa·s，求作用于平板单位面积上的平均阻力。

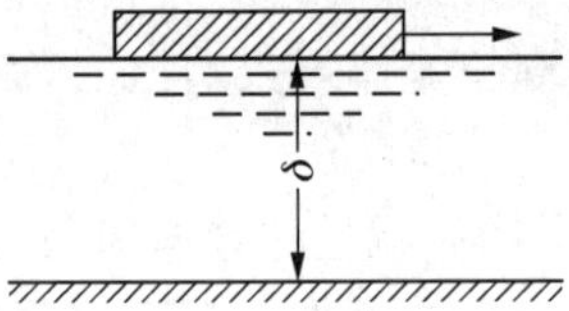

图 1-14　题 1-7 图

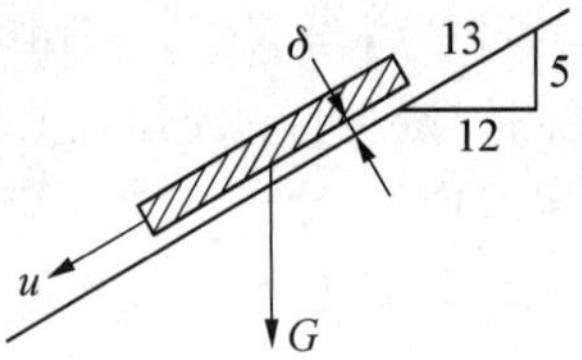

图 1-15　题 1-8 图

1-8　如图 1-15 所示，一底面积为 40 cm×45 cm，高为 1 cm 的木块质量为 5 kg，沿着涂有润滑油的斜面匀速向下运动，已知 $u = 1$ m/s，$\delta = 1$ mm，求润滑油的动力黏度系数。

1-9　空气中水滴直径为 0.3 mm 时，其内部压强比外部大多少？

1-10　图 1-16 所示为插入水银中的两平行玻璃板，板间距 $\delta = 1$ mm，水银在空气中的表面张力 $\sigma = 0.514$ N/m，与玻璃的接触角 $\theta = 140°$，水银密度 $\rho = 13\,600$ kg/m^3。试求玻璃板内外水银液面的高度差 h。

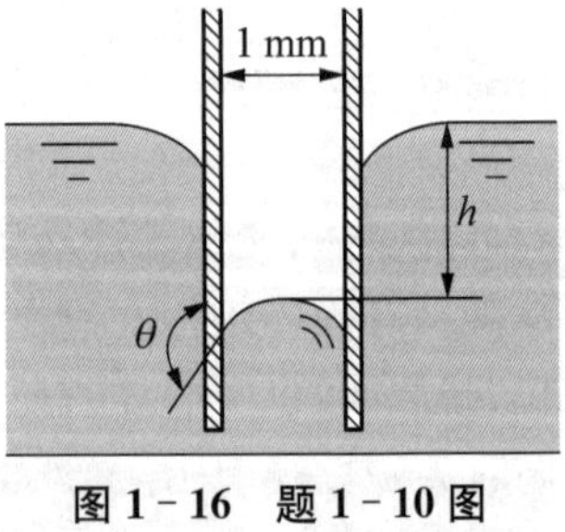

图 1-16　题 1-10 图

第二章

流 体 静 力 学

流体静力学(hydrostatics)是流体力学的一个部分，它主要研究以下基本问题：静止液体内的压力(压强)分布，压力对器壁的作用，分布在平面或曲面上的压力的合力及其作用点，物体受到的浮力和浮力的作用点等。人们在航空飞行，设计水坝、闸门等水工结构以及液压驱动装置和高压容器时，都需要应用流体静力学的知识。当流体处于静止或相对静止时，各质点之间均不产生相对运动，因而流体的黏性不起作用，此时流体要考虑的一个重要参数就是流体的压强。本章重点讲述流体压强的定义、单位、计算方法和测量方法等，需要熟练掌握和应用。

2.1 压强及其性质

作用于流体单位面积上的压力称为**压强**。在平衡的流体微团表面取一微元面 ΔA，设作用在 ΔA 上的压力为 ΔP，则 $\bar{p}=\dfrac{\Delta P}{\Delta A}$ 称为 ΔA 面上的平均压强，当 ΔA 缩小为一点时

$$p=\lim_{\Delta A\to 0}\left(\frac{\Delta P}{\Delta A}\right)=\frac{\mathrm{d}P}{\mathrm{d}A} \tag{2-1}$$

称为该点上的**流体静压强**。由于流体静止时不能承受拉力和切力，所以流体静压强的方向必然沿着作用面的**内法线方向**，这是流体压强的一个重要特征。

如图 2-1 所示，在绝对静止的流体内的任一点 $(x,\ y)$ 取出一单位宽度的微小楔形分离体，因为该分离体没有切力的作用，只有重力和垂直作用于各个表面上的压力，所以沿 x 和 z 方向的平衡方程为

$$\begin{cases}\sum F_x=p_x\,\delta z-p_s\,\delta s\sin\theta=0\\ \sum F_z=p_z\,\delta x-p_s\,\delta s\cos\theta-\gamma\,\dfrac{\delta x\delta z}{2}=0\end{cases} \tag{2-2}$$

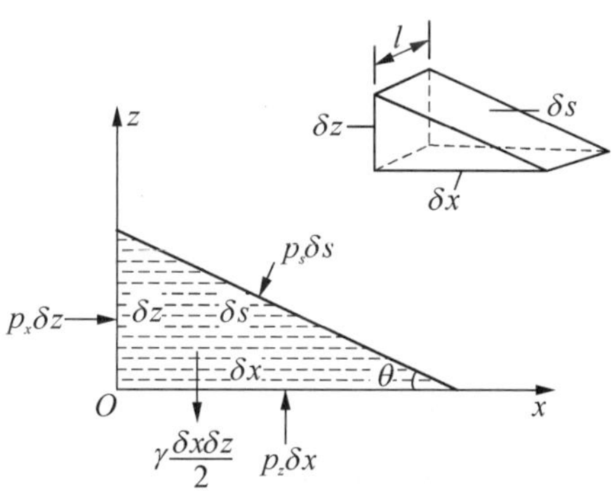

图 2-1 微小四面体平衡

式中，p_x、p_z 及 p_s 分别是三个面上的平均压强，γ 是流体的容重。

根据几何关系 $\begin{cases}\delta s\cdot\sin\theta=\delta z\\ \delta s\cdot\cos\theta=\delta x\end{cases}$

上述方程组(2-2)可化简为

$$
\begin{cases}
p_x \delta z - p_s \delta z = 0 \\
p_z \delta x - p_s \delta x - \gamma \dfrac{\delta x \delta z}{2} = 0
\end{cases}
\tag{2-3}
$$

忽略高阶无穷小量 $\dfrac{\delta x \delta z}{2}$ 可得

$$
p_x = p_z = p_s \tag{2-4}
$$

因为 θ 是任意角,所以式(2-4)就证明了在静止流体内任一点上的静压强在各方向相同。对于由三个坐标面和一个任意斜面构成的微小四面体的三维情况,利用平衡方程,同样可证明

$$
p_x = p_y = p_z = p_s \tag{2-5}
$$

可见压强的大小与作用面的方位无关,静止流体内部任一点上的压强沿各个方向相等,这是流体静压强第二个重要特征。

2.2 压强的单位和计算

2.2.1 压强的计算基准

类似于温度,压强的大小可以从不同的基准(即起算点)起算,因而有不同的表示方法,常用的有绝对基准和相对基准。绝对基准是以设想没有气体的完全真空,压强等于零时为起算点,这样算得的压强值称为**绝对压强**(absolute pressure)。相对基准是以当地大气压强为起算点,这样算得的压强值称为**相对压强**(relative pressure)。

在工程实践中,气体或液体内某点的绝对压强可能比当地大气压大或小。当绝对压强比当地大气压强大时,相对压强为正值,称为**表压**(gauge pressure);相反,当绝对压强小于当地大气压强,相对压强为负值,此时说该点具有真空,而真空的程度用**真空度**(vacuum)来表示。它定义为当绝对压强小于当地大气压强时,大气压强与绝对压强的差。

综上所述,如果以 p' 表示绝对压强,p 表示表压,p_v 表示真空度,则它们之间的关系可以用下列公式表示,即

$$
p = p' - p_a \quad (p' > p_a)
$$

$$
p_v = p_a - p' \quad (p' < p_a)
$$

式中,p_a 为当地的大气压强。

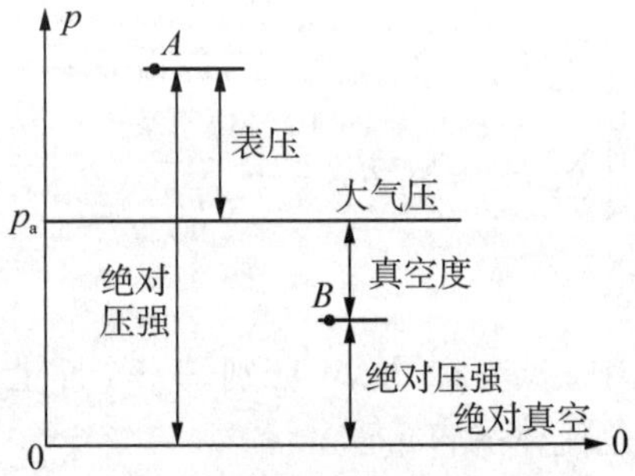

图 2-2 绝对压强、表压和真空度之间的关系

绝对压强、表压及真空度三者之间的关系也可以用如图 2-2 所示的关系表示出来。今后,在不引起混淆的情况下,也可以用 p 表示绝对压强。

2.2.2 压强的单位

压强的国际单位为帕斯卡，单位为 N/m^2，以符号 Pa 表示，工程单位为 kgf/m^2 或 kgf/cm^2。

通常也用大气压的倍数来表示压强。国际上规定**标准大气压**(温度为0℃时海平面上的压强，即 760 mmHg)为 101.325 kPa，用符号 atm 表示，即 1 atm=101.325 kPa。工程单位中规定**工程大气压**用符号 at 表示(相当于海拔 200 m 处大气压)，单位为 kgf/cm^2，换算关系为 $1\ at=1\ kgf/cm^2$。压强的单位国际上通常用到 bar(巴)，换算关系为 $1\ bar=10^5\ Pa$；工程上压强的单位还常用到 MPa(兆帕)，换算关系为 $1\ MPa=10^6\ Pa$。

压强的单位还可以用液柱高度来表示，常用水柱高度或汞柱高度，其单位为 mH_2O 或 mmHg，这种单位可从式 $p=\gamma h$ 改写成

$$h=p/\gamma$$

只要知道液体容重 γ，h 和 p 的关系就可以通过上式表现出来。因此，液柱高度也可以表示压强。

压强各种单位之间的换算关系可参见附录Ⅲ。

2.2.3 液体静压强的计算

如图 2-3 所示，在静止液体中，任意取出一倾斜放置的微小圆柱体，微小圆柱体长为 l，端面积为 dA，并垂直于柱轴线。

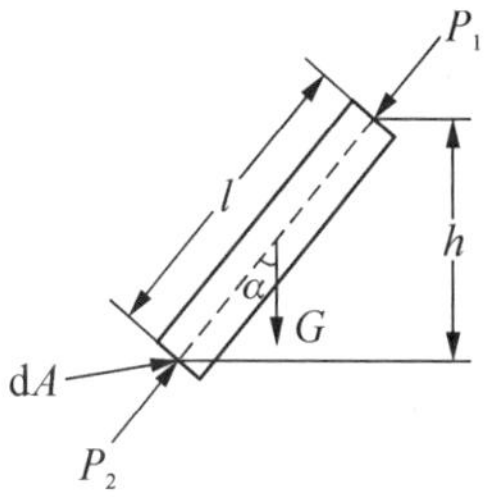

图 2-3 液体内微小圆柱的受力平衡

周围的静止液体对圆柱体作用的表面力有侧面压力及两端面的压力。根据流体静压强沿作用面内法线分布的特性，侧面压力与轴向正交，沿轴向没有分力，柱的两端面沿轴向从相反的方向作用的压力为 P_1和 P_2。

静止液体受到的质量力只有重力，而重力是铅直向下作用的，它与轴线的夹角为 α，可以分解为平行于轴向的 $G\cdot\cos\alpha$ 和垂直于轴向的 $G\cdot\sin\alpha$ 两个分力。

因此，倾斜微小圆柱体轴向力的平衡，就是两端压力 P_1、P_2及重力的轴向分力 $G\cdot\cos\alpha$ 三个力作用下的平衡，即

$$P_2-P_1-G\cdot\cos\alpha=0$$

由于微小圆柱体断面积 dA 极小，断面上各点压强的变化可以忽略不计，即可以认为断面上各点压强是相等的。设圆柱上端面的压强为 p_1，下端面的压强为 p_2，则两端面的压力为 $P_1=p_1dA$，及 $P_2=p_2dA$，而圆柱体受到的重力为液体的容重 γ 乘以 $l\cdot dA$，即 $G=\gamma\cdot l\cdot dA$，代入上式得

$$p_2dA-p_1dA-\gamma\cdot l dA\cos\alpha=0$$

消去 dA，并由于 $l\cdot\cos\alpha=h$，经过整理得

$$p_2 - p_1 = \gamma h \tag{2-6}$$

式(2-6)表示对液体密度均一的静止液体压强随深度按线性规律变化。容器中任意一点压强的大小只与深度 h 有关,与容器的形状无关,深度相同的各点,压强也相同,这些深度相同的点所组成的平面是一个水平面,因此**水平面是等压面**,静压强的作用方向总是垂直于作用面的切平面且指向受力物质系统表面的内法向。

如图 2-4 所示,水中 1、2 两点到任选基准面 0-0 的高度分别为 Z_1 及 Z_2,压强分别为 p_1 及 p_2,高度差为 h,由式(2-6)得

$$p_2 = p_1 + \gamma h$$

两边加上 γZ_2 得

$$p_2 + \gamma Z_2 = p_1 + \gamma h + \gamma Z_2 = p_1 + \gamma Z_1$$

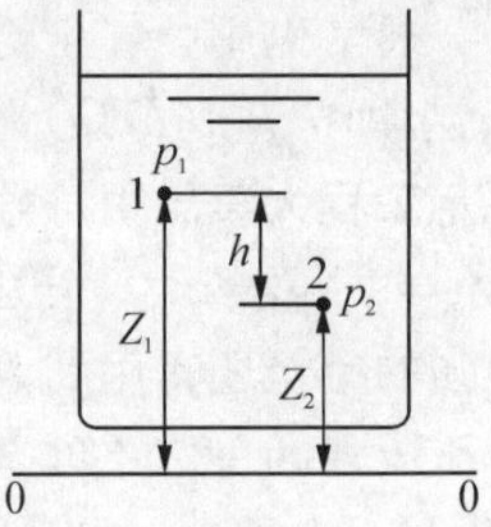

图 2-4　液体所受静压强示意图

由于水中 1、2 两点是任选的,故可将上述关系式推广到整个液体,得出具有普遍意义的规律,即

$$Z + p/\gamma = C\ (\text{常数}) \tag{2-7}$$

式(2-7)就是液体静力学基本方程式,它表示在同一种静止液体中,不论哪一点的 $(Z + p/\gamma)$ 总是一个常数,反映了静止流体中的一种最简单的能量守恒关系。式中:

① Z 为该点的位置相对于基准面的高度,称为**位置水头**。

② p/γ 是该点在压强作用下沿测压管所能上升的高度,称为**压强水头**。

③ $(Z + p/\gamma)$ 称为**测压管水头**,它表示测压管水面相对于基准面的高度。

两水头相加等于常数 $(Z + p/\gamma = C)$,表示同一容器的静止液体中,所有各点的测压管水头均相等。所谓测压管是一端和大气相通,另一端和液体中某一点相接的管子。因此,在同一容器的静止液体中,所有各点的测压管水面必然在同一水平面上,如图 2-5 所示。需要注意的是,**测压管水头中的压强 p 必须采用相对压强表示**。

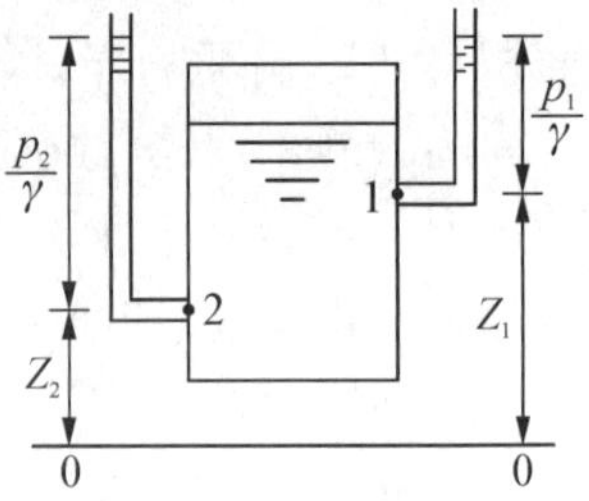

图 2-5　测压管水头

深海鱼与载人潜水器　科学家发现深海并非人们想象的荒芜寂寥。在深海极端压力下,仍然存在着一个充满生机的生命世界。压力与深度成正比,深海鱼类为何能在万米深海下存活?原来,深海鱼类为适应环境,身体的生理机能已经发生了很大变化。这些变化反映在深海鱼的肌肉和骨骼上。由于深海环境的巨大水压作用,鱼的骨骼变得非常薄,而且容易弯曲;肌肉组织变得特别柔韧,纤维组织变得出奇的细密。更有趣的是,鱼皮组织变得仅仅是一层非常薄的膜,它能使鱼体内的生理组织充满水分,保持体内外压力的平衡。这就是深海鱼类为什么在如此巨大的压力条件下,也不会被压扁的原因。

2020 年 11 月 10 日,太平洋马里亚纳海沟 10 909 米深的海底迎来了中国自主研制的载人潜水器——“奋斗者”号,这标志着我国从此拥有了进入世界海洋最深处开展科学探索和研究的能力,如图 2-6 所示。奋斗者号核心区域是一个球壳,球壳结构受到垂直于表面的水压后,在其内部形成互相挤压的挤压力,这可以充分发挥出球壳材料的力学性能,以最轻的结构实现最大的受力;同时,采用中国自主研制的新型钛合金,其具有强度高、韧性好的特点,可以承受住巨大的海底压力,从而安全载人潜入万米深海。

图 2-6 深海鱼和“奋斗者”号

例 2-1 用如图 2-7 所示测压计测量容器 A 中水的压强为 p，已知 $h=0.5$ m，$h_1=0.2$ m，$h_2=0.25$ m，$h_3=0.22$ m，酒精相对密度 $d_{al}=0.8$，水银相对密度 $d_{me}=13.6$，真空表读数 $p_0=0.25\times10^5$ Pa。求 p 的大小。

解 在静止条件下，对均质连续介质，由 1-2，3-4 和 5-6 等压面关系，有

$$p_1=p_2,\ p_3=p_4,\ p_5=p_6$$

由重力作用下静止液体中压强分布公式，得如下关系式

$$p_6=p_0+\rho_{me}gh_3$$
$$p_4=p_5-\rho_{al}gh_2$$
$$p_2=p_3+\rho_{me}gh_1$$
$$p=p_1-\rho_w gh$$

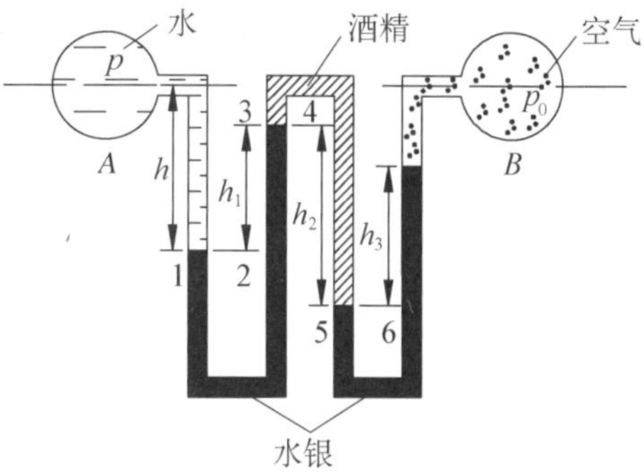

图 2-7 例 2-1 附图

这里不计空气的重量，联立上述各式，整理得

$$p=p_0+\rho_{me}g(h_3+h_1)-\rho_{al}gh_2-\rho_w gh=24\,167.72(\text{Pa})$$

2.3 作用于平面和曲面的液体压力

本节主要研究作用于平面或者曲面上的液体静压力，包括它的大小、方向和作用点。

2.3.1 作用于平面的液体压力

在工程实践中，不仅需要我们掌握静止流体的压强分布规律及任一点处压强的计算这些问题，而且有时也需要解决作用在结构物表面上的流体静压力问题。例如气罐、锅炉、水池等盛装流体的结构物，在进行结构设计的时候，需要计算作用于结构物表面上的液体静压力。

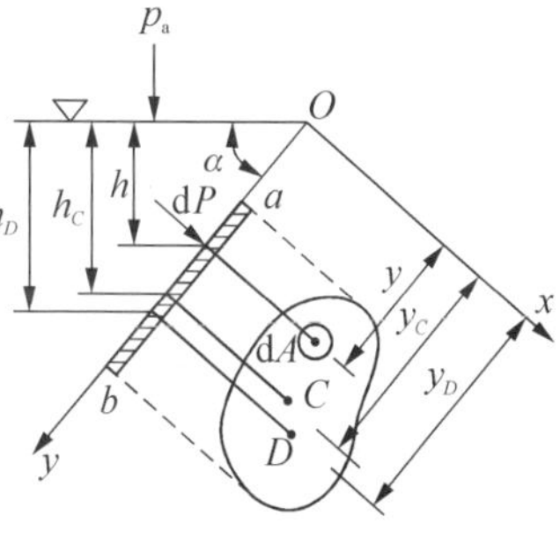

图 2-8 平面液体压力

设有一与水平面成 α 夹角的倾斜平面 ab，如图 2-8 所示，其左侧受水压力，水面大气压强为 p_a，把平面绕 Oy 轴转

90°，受压平面图形就在 xy 平面上清楚地表现出来。而受压面的延长面与液面的交线，即是 x 轴，现对 xy 坐标来分析受力问题。

由于流体静压强的方向沿着作用面的内法线方向，所以，作用在平面上各点的水静压强的方向相同，其合力可按平行力系求和的原理解决。设在受压平面上任取一微小面积 dA，其中心点在液面下的深度为 h，采用相对压强计算，$\mathrm{d}A$ 上的压强 $p=\gamma h$，则作用在微小面积上的水静压力为

$$\mathrm{d}P = p\mathrm{d}A = \gamma h \mathrm{d}A$$

整个受压面作用着一系列的同向平行力，根据平行力系求和原理，将各微小压力 $\mathrm{d}P$ 沿受压面进行积分，则得到作用在受压平面上的水静压力

$$P = \int \mathrm{d}P = \int_A p\mathrm{d}A = \int_A \gamma h \mathrm{d}A = \gamma \sin\alpha \int_A y\mathrm{d}A$$

式中，$\int_A y\mathrm{d}A$ 为受压面积 A 对 x 轴的静面矩，它等于受压面积 A 与其形心(平面的几何中心)y_C的乘积，因此

$$P = \gamma \sin\alpha\, y_C A$$

但

$$h_C = \sin\alpha\, y_C$$

故

$$P = \gamma h_C A = p_C A \tag{2-8}$$

式中，h_C ——受压面形心在水面下的淹没深度；

p_C ——受压面形心的静压强；

A——受压面积。

从式(2-8)知，**作用在任意位置、任意形状平面上的水静压力值等于受压面面积与其形心点所受水静压强的乘积**，它只与受压面积 A、液体容重 γ 及形心的淹没深度 h_C 有关，而与容器的形状无关。

由于压强与水深成直线变化，深度较大的地方压强较大，所以，**水静压力的作用点(也称压力中心) D 在 y 轴上的位置必然低于形心** C。D 点的位置可以利用各微小面积 $\mathrm{d}A$ 上的水静压力 $\mathrm{d}P$ 对 x 轴的力矩之总和等于整个受压面上的水静压力 P 对 x 轴的力矩这一原理求得。

微小压力 $\mathrm{d}P$ 对 x 轴的力矩为

$$\mathrm{d}P y = \gamma h \mathrm{d}A y = \gamma y^2 \sin\alpha \mathrm{d}A$$

各微小力矩的总和为

$$\int_A \gamma y^2 \sin\alpha \mathrm{d}A = \gamma \sin\alpha \int_A y^2 \mathrm{d}A = \gamma \cdot \sin\alpha \cdot J_x$$

式中，$J_x = \int_A y^2 \mathrm{d}A$ 为受压面的面积 A 对 x 轴的惯性矩。

水静压力 P 对 x 轴的力矩为

$$P y_D = \gamma h_C A y_D = \gamma y_C \sin\alpha A y_D$$

由于合力对某轴之矩等于各分力对同轴力矩之和。因此

$$\gamma y_C \cdot \sin\alpha \cdot A y_D = \gamma \sin\alpha \cdot J_x$$

因为 $J_x = J_C + y_C{}^2 A$，代入上式简化得

$$y_D = \frac{J_x}{y_C \cdot A} = \frac{J_C + y_C^2 A}{y_C A} = y_C + \frac{J_C}{y_C \cdot A} \tag{2-9}$$

或

$$y_e = y_D - y_C = \frac{J_C}{y_C \cdot A} \tag{2-10}$$

式中　y_e——压力中心沿 y 轴方向至受压面形心的距离；
y_D——压力中心沿 y 轴方向至液面交线的距离；
y_C——受压面形心沿 y 轴方向至液面交线的距离；
J_C——受压面对通过形心且平行于 x 轴的惯性矩；
A——受压面受压部分面积。

矩形截面对过形心水平轴惯性矩计算公式为 $b \cdot h^3/12$，b 为矩形宽度，h 为矩形高度；圆形截面惯性矩计算公式为 $\pi \cdot d^4/64$，d 为直径。

由于 $J_C/(y_C \cdot A)$ 总是正值，故 $y_D > y_C$，说明压力中心 D 点总是低于形心 C。

例 2-2　一铅直矩形闸门，如图 2-9 所示，顶边呈水平方向，所在水深 $h_1 = 1$ m，闸门高 $h = 2$ m，宽 $b = 1.5$ m，试求水静压力 P 的大小及作用点。

解　引用式 $P = \gamma h_C A$。其中：水的容重 $\gamma = 9.807(\text{kN/m}^3)$，$h_C = h_1 + h/2 = 1 + \frac{2}{2} = 2(\text{m})$，$A = bh = 1.5 \times 2 = 3(\text{m}^2)$，代入式中得

$$P = 9.807 \times 2 \times 3 = 58.84(\text{kN})$$

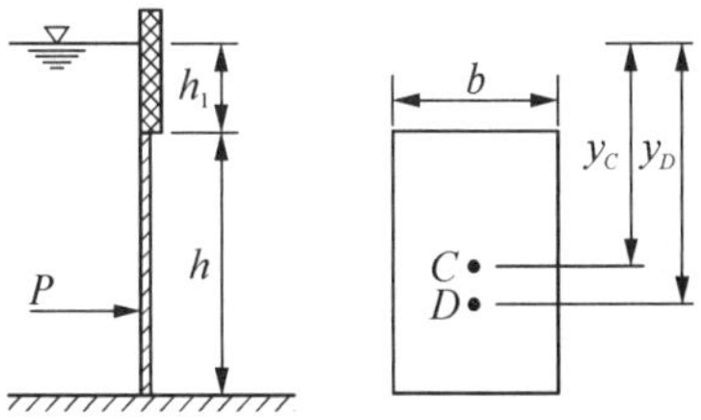

图 2-9　作用于铅直平面闸门的压力

压力中心的位置 $y_D = y_C + J_C / y_C A$。其中：$y_C = h_C = 2$ m，$J_C = \frac{1}{12} bh^3 = \frac{1}{12} \times 1.5 \times 2^3 = 1(\text{m}^4)$，代入式中得

$$y_D = 2 + \frac{1}{2 \times 1.5 \times 2} = 2 + \frac{1}{6} = 2.17(\text{m})$$

2.3.2　作用于曲面的液体压力

作用于曲面任意点的流体静压强都沿其作用面的内法线方向垂直于作用面，但曲面各处的内法线方向不同，彼此互不平行，也不一定交于一点。因此，求曲面上的水压力时，一般将其分为水平方向和铅直方向的分力分别进行计算。本节主要研究工程中常见的柱体曲面，然后将结论推广到空间曲面。

图 2-10 所示为垂直于纸面的柱体，其长度为 l，受压曲面在纸上的投影为 AB，其左侧承受水静压力。

设在曲面 AB 上，水深 h 处取一微小面积 $\mathrm{d}A$，作用在 $\mathrm{d}A$ 上的水静压力为

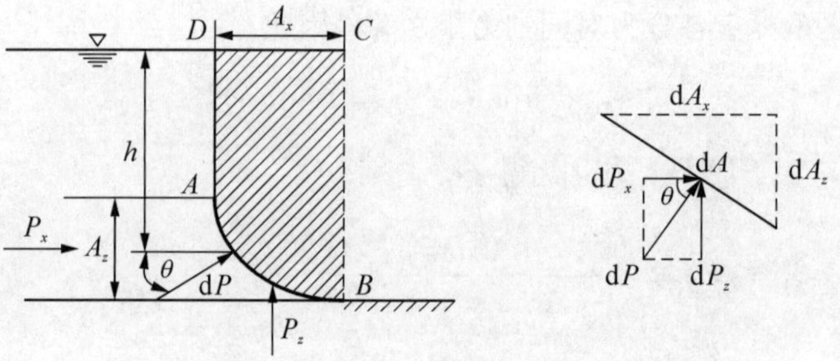

图 2-10 作用于柱体曲面的压力

$$dP = p\,dA = \gamma h\,dA$$

该力垂直于面积 dA，并与水平面成夹角 θ，此力可分解为水平和铅直两个分力。

水平分力为

$$dP_x = dP\cos\theta = \gamma h\,dA\cos\theta$$

铅直分力为

$$dP_z = dP\sin\theta = \gamma h\,dA\sin\theta$$

因为 $dA\cos\theta$ 和 $dA\sin\theta$ 分别等于微小面积 dA 在铅直面上和水平面上的投影，令 $dA_z = dA\cos\theta$，$dA_x = dA\sin\theta$，所以

$$dP_x = \gamma h\,dA_z$$

$$dP_z = \gamma h\,dA_x$$

对上述两式分别积分得

$$P_x = \int dP_x = \int_{A_z} \gamma h\,dA_z = \gamma \int_{A_z} h\,dA_z \tag{2-11}$$

$$P_z = \int dP_z = \int_{A_x} \gamma h\,dA_x = \gamma \int_{A_x} h\,dA_x \tag{2-12}$$

式(2-11)右边的积分等于曲面 AB 在铅直平面上的投影面积 A_z 对水面的水平轴 y 的静矩(截面对某个轴的静矩等于截面内各微面积乘以微面积至该轴的距离在整个截面上的积分)。设 h_C 为 A_z 的形心在水面下的淹没深度，则 $\int_{A_z} h\,dA_z = h_C A_z$。因此

$$P_x = \gamma h_C A_z \tag{2-13}$$

可见，**作用于曲面上的水静压力 P 的水平分力 P_x 等于该曲面的铅直投影面上的水静压力**。因此，可以引用平面水静压力的方法求解曲面上水静压力的水平分力。

式(2-12)右边的 $h\,dA_x$，是以 dA_x 为底面积，水深 h 为高的柱体体积。所以，$\int_{A_x} h\,dA_x$ 即为受压曲面 AB 与其在自由面上的投影面积 CD 这两个面之间的柱体 $ABCD$ 的体积，称为**压力体**，以 V 表示。压力体一般是三种面所封闭的体积：即底面是受压曲面，顶面是受压曲面边界线封闭的面积在自由面或者其延长面上的投影面，中间是通过受压曲面边界线所作的铅直投射面。所以

$$P_z = \gamma \int_{A_x} h\,dA_x = \gamma V \tag{2-14}$$

这就是说，**作用于曲面上的水静压力 P 的铅直分力 P_z 等于其压力体内的水重**。

P_z 的方向取决于受压曲面和液体的相对位置和曲面所受相对压强的正负，可根据具体情况容易地加以判断。但是，不论 P_z 的方向如何，它的大小都等于压力体内的液体重量，其作用线均通过压力体形心。

在求出 P_x 和 P_z 后，可进一步求出合力 P，即

$$P=\sqrt{P_x^2+P_z^2} \tag{2-15}$$

合力 P 的作用线与水平线的夹角 θ 为

$$\theta=\tan^{-1}\frac{P_z}{P_x} \tag{2-16}$$

例 2-3 图 2-11 所示一水箱，左端为一半球形端盖，右端为一平板端盖。水箱上部有一加水管，已知 $h=600\ \text{mm}$，$R=150\ \text{mm}$。试求两端盖所受的总压力及其方向。

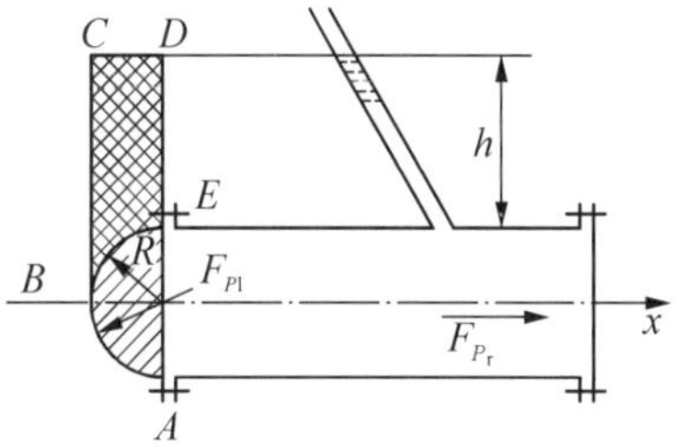

图 2-11 例 2-3 附图

解 (1) 右端盖是一个铅垂的圆平面，只有 x 方向作用力，其面积为

$$A_r=\pi R^2$$

其上作用的总压力为

$$F_{Pr}=\rho g(h+R)A_r=520(\text{N})$$

方向垂直于端盖，水平向右。

(2) 左端盖为一半球面。由曲面上总压力的求法，将 F_P 分解成三个方向分量 F_{Px}，F_{Py}，F_{Pz}。

$$\begin{aligned}F_{Px}&=\rho g(h+R)A_x\\&=\rho g(h+R)\pi R^2\\&=520(\text{N})\end{aligned}$$

方向水平向左。

由于半球面关于 y 轴对称，故有

$$F_{Py}=0$$

z 方向总压力由压力体来求。将半球面分成 AB、BE 两部分，AB 部分的压力体为 $ABCDEA$，记为 V_{ABCDEA}，它为实压力体，方向向下；BE 部分压力体为 $BCDEB$，记为 V_{BCDEB}，为虚压力体，方向向上。因此总压力体为它们的代数和

$$V=V_{ABCDEA}-V_{BCDEB}=V_{ABEA}$$

这正好为半球的体积。所以

$$V=\frac{1}{2}\times\frac{4}{3}\pi R^3$$

因此

$$F_{Pz}=\rho g V=\rho g\times\frac{2}{3}\pi R^3=69.3(\mathrm{N})$$

方向垂直向下。

所以,总作用力为

$$F_{P1}=\sqrt{F_{Px}^2+F_{Py}^2+F_{Pz}^2}=524.6(\mathrm{N})$$

合力方向与水平方向夹角为

$$\alpha=\arctan\frac{F_{Pz}}{F_{Px}}=7.6^\circ$$

2.4 压强的测量

常见的测量压力的仪器有液柱式测压计、金属弹簧压力表和压力传感器等。

2.4.1 液柱式测压计

液柱式测压计的测压原理是以流体静力学基本方程式为依据的。

测压管是一种最简单的液柱式测压计。它是一根直径均匀的玻璃管,直接接在需要测量压力的容器上,如图 2-12 所示。为了减小毛细作用的影响,玻璃管的直径一般不小于 10 mm。图 2-12(a)所示为测量容器中 A 点处的液体的表压力,即

$$p_{\mathrm{g}}=\rho g h$$

图 2-12(b)所示为测量容器中气体的真空,即

$$p_{\mathrm{v}}=\rho g h$$

这种测压管的优点是结构简单、测量准确,缺点是测量范围较小。

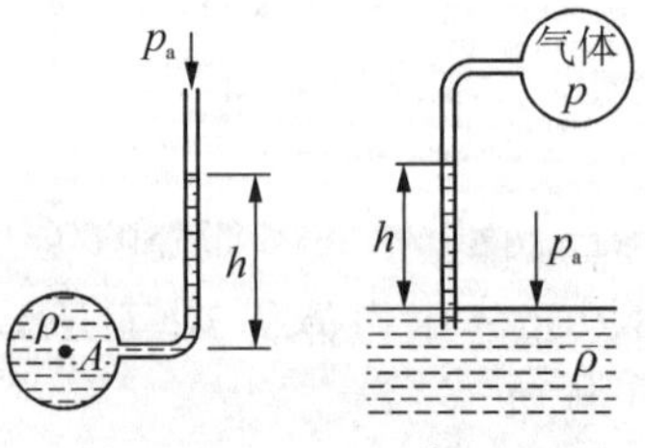

(a) $p>p_a$　(b) $p<p_a$

图 2-12　测压管

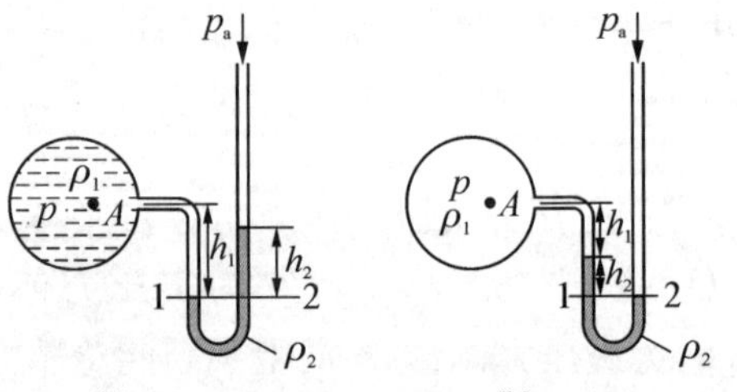

(a) $p>p_a$　(b) $p<p_a$

图 2-13　U 形管测压计

当被测流体的压力较大时,采用 U 形管测压计,如图 2-13 所示。它的一端连接到所要测量压力的点,另一端与大气相通。U 形管测压计的测量范围比测压管大,它测量容器中的绝对压力可以高于人气压力,也可以低于大气压力。

图 2-13(a)所示为测量压力高于大气压力的情况。在被测流体与 U 形管中液体交界面作水平面 1-2,则 1-2 为等压面。故 U 形管左右两管中的点 1 和点 2 的静压力相等,即 $p_1=p_2$。根据静压力计算公式 $p=p_0+\gamma h$ 得

$$p_1=p+\gamma_1 h_1$$

$$p_2=p_a+\gamma_2 h_2$$

由两式相等得

$$p=p_a+\gamma_2 h_2-\gamma_1 h_1 \qquad (2-17)$$

表压力为

$$p_g=\gamma_2 h_2-\gamma_1 h_1 \qquad (2-18)$$

图 2-13(b)所示为测量压力低于大气压力的情况,即测量真空值。其计算方法与上述相似,求得绝对压力为

$$p=p_a-\gamma_2 h_2-\gamma_1 h_1 \qquad (2-19)$$

真空值为

$$p_v=p_a-p=\gamma_2 h_2+\gamma_1 h_1 \qquad (2-20)$$

当被测流体是气体时,由于气体密度小,可以忽略以上各式中的 $\gamma_1 h_1$ 项。

U 形管差压计是用来测量两处压力差值的。如图 2-14 所示,为测定 A、B 两点的压力差,将 U 形管差压计分别与 A、B 两点接通,在 U 形管中取等压面 1-2,即 $p_1=p_2$,其中

$$p_1=p_A+\gamma_A(h_1+h)$$

$$p_2=p_B+\gamma_B h_2+\gamma h$$

则 $$p_A+\gamma_A(h_1+h)=p_B+\gamma_B h_2+\gamma h$$

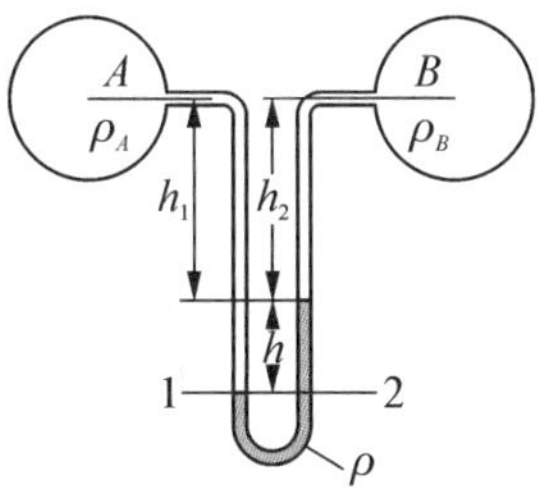

图 2-14　U 形管差压计

A、B 两点的压力差为

$$\Delta p=p_A-p_B=\gamma_B h_2+\gamma h-\gamma_A(h_1+h) \qquad (2-21)$$

若两容器中都为气体,由于气体密度小,上式可简化为

$$\Delta p=p_A-p_B=\gamma h \qquad (2-22)$$

当测量较小的流体压力时,为了提高测量精度,往往采用**倾斜微压计**。如图 2-15 所示,横断面积为 A_1 的容器内盛有密度为 ρ 的工作液体(工程上常采用纯度为 95%的酒精,$\rho=809.8\ \text{kg/m}^3$)。截面积为 A_2、倾斜角为 α 可调的玻璃管与之相连通。微压计在未测压之前,容器和斜管中液面在同一水平面上。若微压计与被测点相连后,容器中工作液面下降高度为 h_1,同时工作液体沿斜管上升 l 长度,斜管中液面上升的高度为 $h_2=l\cdot\sin\alpha$。由于容器中流体下降的体积与斜管中液体上升的体积相等,所以 $h_1=l\dfrac{A_2}{A_1}$。微压计中

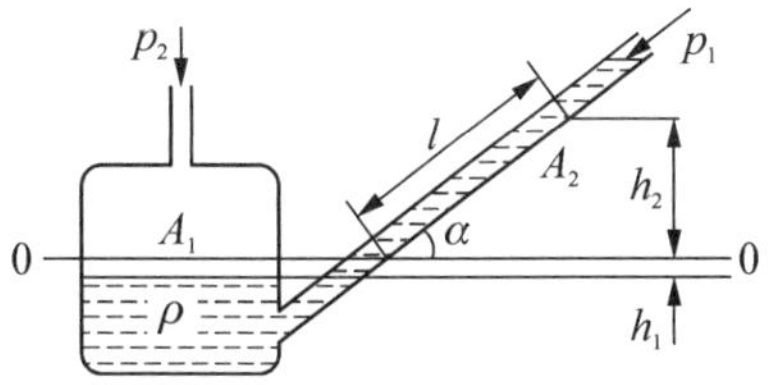

图 2-15　倾斜式微压计

工作液体液面的高度差为

$$h=h_1+h_2=l\left(\sin\alpha+\frac{A_2}{A_1}\right)$$

被测压力差为

$$\Delta p=p_2-p_1=\gamma h=\gamma l\left(\sin\alpha+\frac{A_2}{A_1}\right)=Kl \tag{2-23}$$

式中，$K=\gamma\left(\sin\alpha+\frac{A_2}{A_1}\right)$ 为微压计系数，不同的 α 角对应不同的 K 值。倾斜管微压计系数 K 一般有 0.2、0.3、0.4、0.6、0.8 五个数据，刻在微压计的弧形支架上。

当倾斜管开口通大气时，测得的 p_2 为表压力；当容器开口通大气时，测得的 p_1 为真空值。

2.4.2 金属弹簧压力表

金属弹簧压力表在工业生产中应用甚广，是一种以弹簧为测量元件的高精度压力测量仪表，如图 2-16 所示。当被测介质通过接口部件进入弹性敏感元件(弹簧管)内腔时，弹性敏感元件在被测介质压力的作用下其自由端会产生相应的位移，相应的位移则通过齿轮传动放大机构和杆机构转换为对应的转角位移，与转角位移同步的仪表指针就会在示数装置的度盘刻线上指示出被测介质的压力。

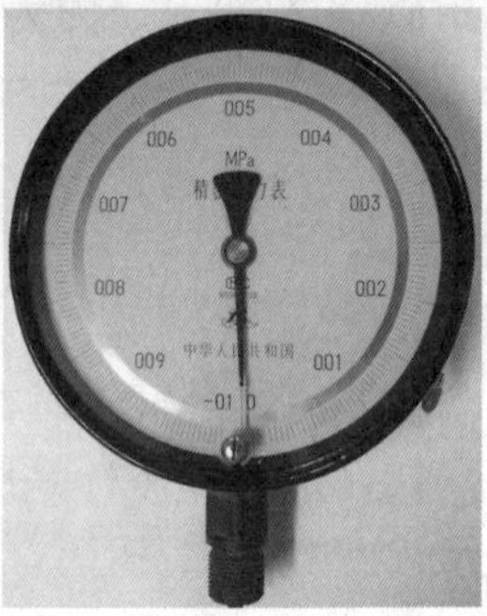

图 2-16　金属弹簧压力表

2.4.3 压力传感器

压力传感器是用于测量液体与气体压强的传感器，工作时将压力转换为电信号输出，是工业生产中最为常用的一种传感器。常见的型式有应变式、压阻式、电容式、压电式、振频式、光电式、光纤式、超声式压力传感器等，如图 2-17 所示。压力传感器通常由压力敏感元件和信号处理单元组成。按不同的测试压力类型，压力传感器可分为表压传感器、差压传感器和绝压传感器。

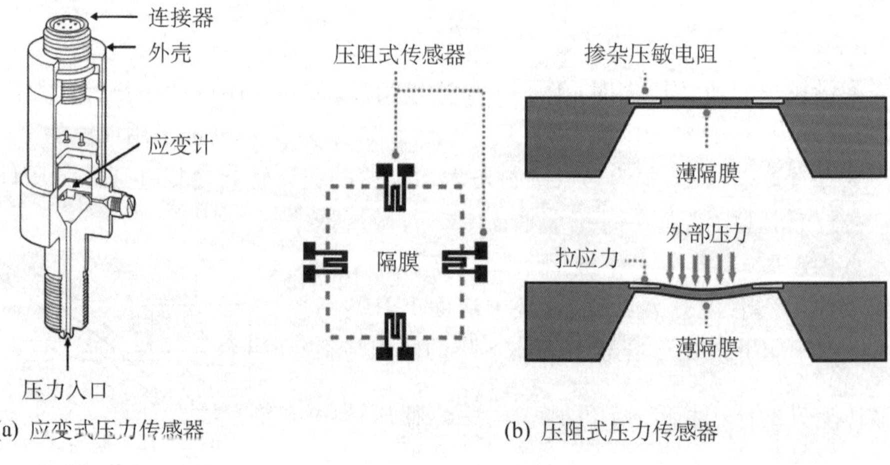

(a) 应变式压力传感器　　(b) 压阻式压力传感器

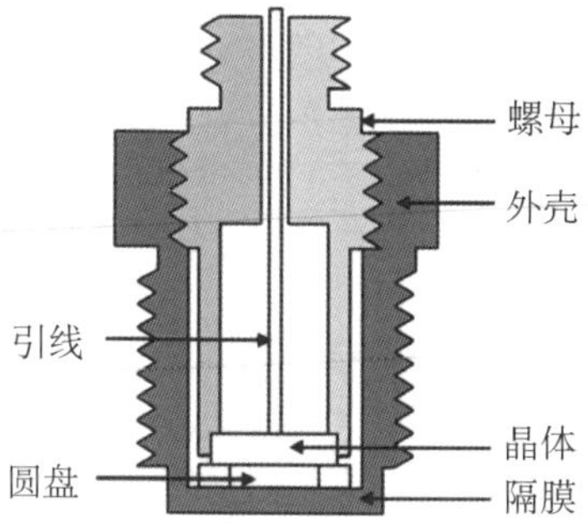

(c) 压电式压力传感器

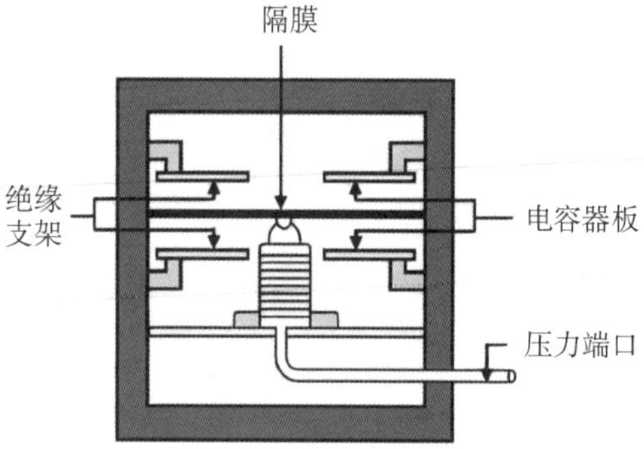

(d) 电容式压力传感器

图 2-17　压力传感器示意图

习　题

2-1　某点的真空度为 65 000 Pa，大气压为 0.1 MPa，该点的绝对压强为(　　)。

A. 65 000 Pa　　B. 35 000 Pa　　C. 165 000 Pa

2-2　绝对压强 p' 与相对压强 p、真空度 p_v、当地大气压 p_a 之间的关系是(　　)。

A. $p' = p + p_v$　　B. $p = p' + p_a$　　C. $p_v = p_a - p'$

2-3　在密闭容器上装有 U 形水银测压计，其中 1、2、3 三点位于同一水平面上，如图 2-18 所示，其压强关系为(　　)。

A. $p_1 = p_2 = p_3$　　B. $p_1 > p_2 > p_3$　　C. $p_1 < p_2 < p_3$

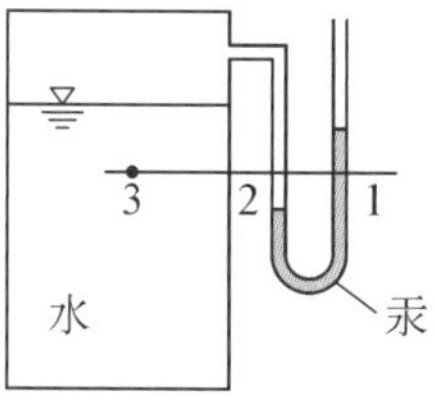

图 2-18　题 2-3 图

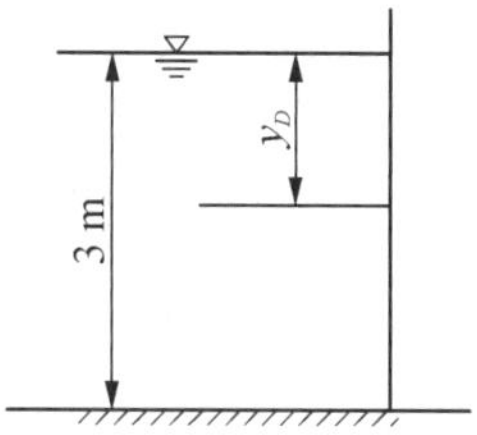

图 2-19　题 2-4 图

2-4　如图 2-19 所示，垂直放置的矩形平板挡水，水深 3 m，静水总压力 F_P 的作用点到水面的距离 y_D 为(　　)。

A. 1.25 m　　B. 1.5 m　　C. 2 m　　D. 2.5 m

2-5　如图 2-20 所示，在盛有空气的球形密封容器上连接了两根玻璃管，一根与水杯相通，另一根装有水银，若 $h_1 = 0.3$ m，求 h_2 为多少？

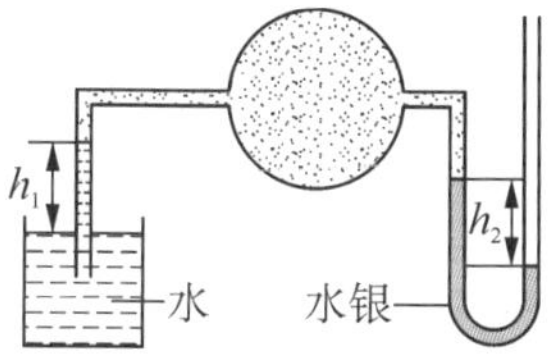

图 2-20　题 2-5 图

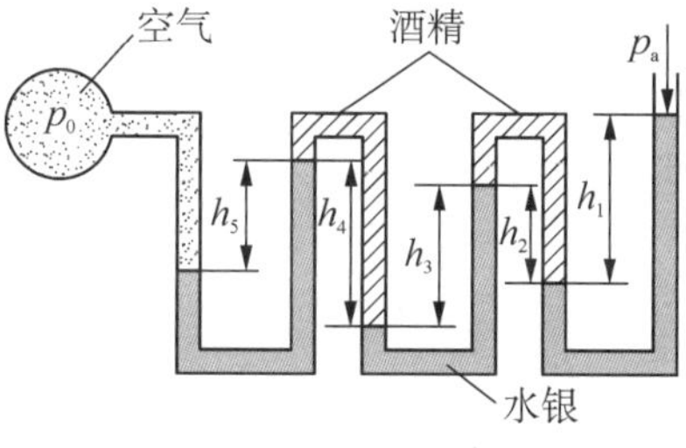

图 2-21　题 2-6 图

2-6　为了测得较大的压强且便于观察，有时利用如图 2-21 所示的测压管组。若 $h_1 = 0.7\,\text{m}$，$h_2 = 0.65\,\text{m}$，$h_3 = 0.68\,\text{m}$，$h_4 = 0.72\,\text{m}$，$h_5 = 0.66\,\text{m}$，$\rho_{水银} = 13\,600\,\text{kg/m}^3$，$\rho_{酒精} = 800\,\text{kg/m}^3$，若不计空气质量，求空气室内相对压强 p_0。若仅用一个 U 形管，当注满水银后测量同样的压强 p_0，则需多长的测压管？

2-7　如图 2-22 所示，已知倒 U 形测压管中的读数为 $h_1 = 2\,\text{m}$，$h_2 = 0.4\,\text{m}$，求封闭容器中 A 点的相对压强。

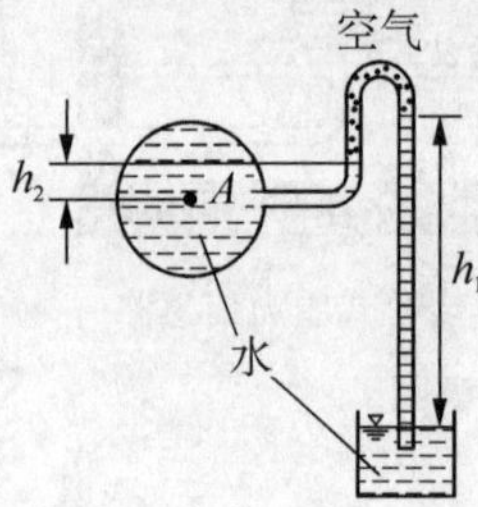

图 2-22　题 2-7 图

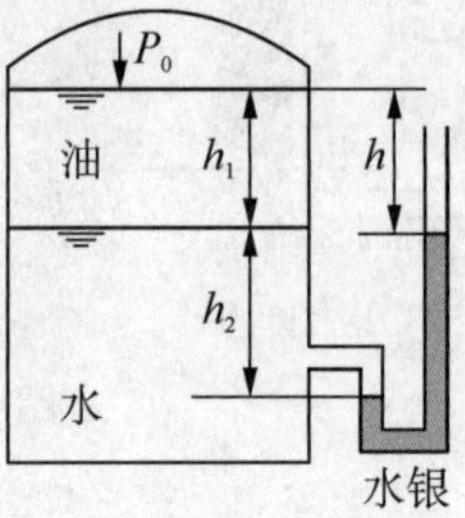

图 2-23　题 2-8 图

2-8　一封闭容器内盛有油和水，如图 2-23 所示，$\rho_{油} = 890\,\text{kg/m}^3$，$h_1 = 0.3\,\text{m}$，$h_2 = 0.5\,\text{m}$，$h = 0.4\,\text{m}$，试求油面上的表压强。

2-9　如图 2-24 所示，有一矩形底孔阀门，高 $h = 3\,\text{m}$，宽 $b = 2\,\text{m}$，上游水深 $h_1 = 6\,\text{m}$，下游水深 $h_2 = 5\,\text{m}$。试求作用于阀门上的水静压力及作用点。

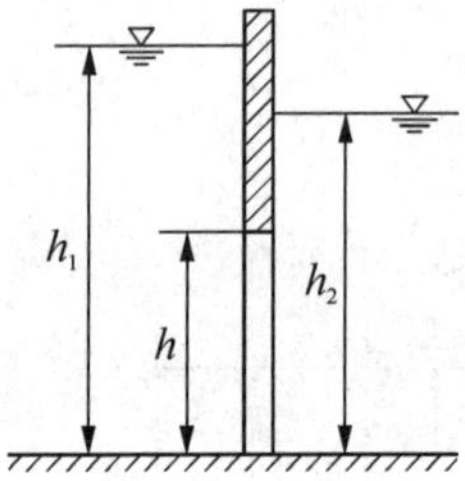

图 2-24　题 2-9 附图

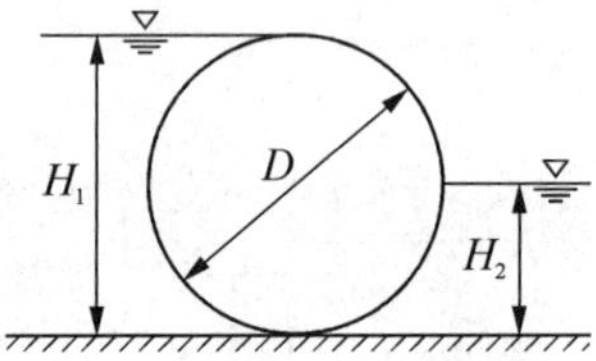

图 2-25　题 2-10 图

2-10　如图 2-25 所示，有一圆滚门，长度 $l = 10\,\text{m}$，直径 $D = 4\,\text{m}$，上游水深 $H_1 = 4\,\text{m}$，下游水深 $H_2 = 2\,\text{m}$，求作用于圆滚门上的水平和铅直分压力。

第三章 流体动力学基础

自然界或工程实际中，流体的静止总是相对的，运动才是绝对的。流体最基本的特征就是它的流动性，因此，进一步研究流体的运动规律便具有更重要、更普遍的意义。

流体动力学研究的主要问题是流速和压强在空间的分布，两者之中，流速又更加重要。这不仅因为流速是流动情况的数学描述，还因为流体流动时，在破坏压力和质量力平衡的同时，出现了和流速密切相关的惯性力和黏性力。其中，惯性力是由质点本身流速变化所产生的，而黏性力是由于流层与流层之间，质点与质点间存在着流速差异所引起的。这样，流体由静到动所产生的两种力，是由流速在空间的分布和随时间的变化所决定的。因此，流体动力学的基本问题是流速问题，有关流动的一系列概念和分类，也都是围绕着流速而提出的。

本章重点讲述流体运动的基本概念（如流场、流线和迹线以及定常流动和非定常流动等）和理想流体流动的守恒定律（包括质量守恒、动量守恒和机械能守恒），其中描述不可压缩的理想流体的伯努利方程需要熟练掌握。

3.1 流体运动的基本概念

流体运动一般是在固体壁面所限制的空间内、外进行，通常把流体流动占据的空间称为**流场**(flow field)。流体力学的主要任务，就是研究流场中的流动。

3.1.1 定常流动和非定常流动

根据流体的物理参数（如速度、压强、密度、温度等）是否随时间变化，流体的流动可分为定常流动和非定常流动。当物理参数不随时间变化时为**定常流动**(steady flow)，否则为**非定常流动**(non-steady flow)。

对定常流动有

$$\frac{\partial \boldsymbol{u}}{\partial t}=\frac{\partial p}{\partial t}=\frac{\partial \rho}{\partial t}=0 \tag{3-1}$$

对非定常流动有

$$\frac{\partial \boldsymbol{u}}{\partial t}\neq 0,\ \frac{\partial p}{\partial t}\neq 0,\ \frac{\partial \rho}{\partial t}\neq 0 \tag{3-2}$$

要描述定常流动，只需了解流速在空间的分布即可，这比非定常流动还要考虑流速随时间变化要简单得多,因此在工程计算中常把流体的物理参数随时间变化很小的非定常流动近似看成定常流动。比如大截面容器中盛有液体,液体从小孔流出,这是非定常流动。但是当求某时刻小孔流出速度时,可以近似把大容器中的自由面的高度看成是恒定不变,这样小孔出流问题就简化成了定常流动问题。

3.1.2 迹线和流线

流体质点的运动轨迹称为**迹线**(path line)。迹线是某一流体质点在一段时间内所经过的路径,是同一流体质点在不同时刻的位置的连线。

某一瞬时的**流线**(stream line)是这样的曲线,在该曲线上各点的切线方向与通过该点的流体质点的流速方向相重合,如图 3-1 所示。流线给出了同一时刻不同流体质点的运动方向。

由于通过流场中的每一点都可以绘一条流线,所以,流线将布满整个流场。在流场中绘出流线簇后,流体的运动状况就一目了然了,某点流速的方向便是流线在该点的切线方向,流速的大小可以由流线的疏密程度反映出来。**流线越密处流速越大,流线越稀疏处流速越小**。

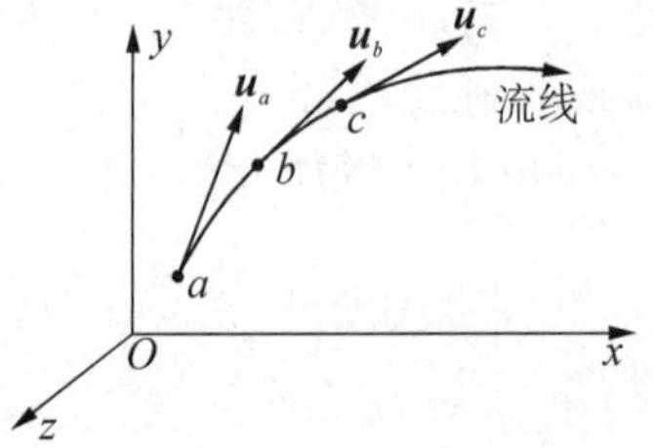

图 3-1 流线

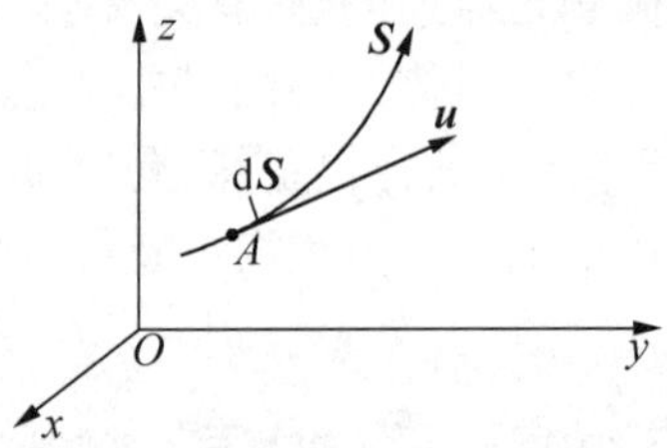

图 3-2 示例

在定常流动中迹线和流线重合,在非定常流动中迹线和流线一般不重合,因此,只有在定常流动中才能用迹线来代替流线。因为流场中任一点的速度在任一瞬时是唯一确定的,所以流线不能相交,也不能是折线,流线只能是一条光滑的曲线或直线。

如图 3-2 所示,曲线 S 为一条流线,在流线的任一点 A 上流体质点速度为 $\boldsymbol{u}$,在 A 点取一微元段流线 $\mathrm{d}\boldsymbol{S}$。由流线的定义可知流速向量 $\boldsymbol{u}$ 的方向和距离向量 $\mathrm{d}\boldsymbol{S}$ 的方向重合,根据矢量代数可知前者的三个轴向分量 u_x, u_y, u_z 必然和后者的三个轴向分量 $\mathrm{d}x$、$\mathrm{d}y$、$\mathrm{d}z$ 成正比关系,即

$$\frac{\mathrm{d}x}{u_x}=\frac{\mathrm{d}y}{u_y}=\frac{\mathrm{d}z}{u_z} \qquad (3-3)$$

这就是**流线的微分方程式**(stream line differential equation)。

3.1.3 流管、流束和总流

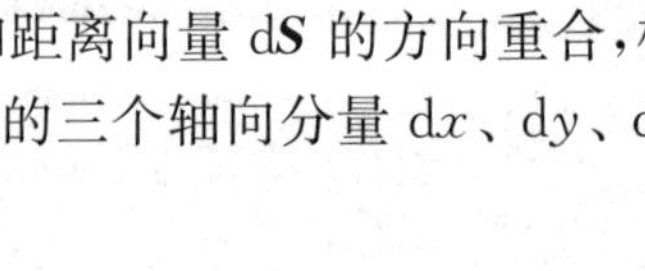

图 3-3 流管和流束

在流场中任取一封闭曲线,只要此曲线本身不是流线,则经过该封闭曲线上每一点作流线,所构成的管状表面就称为**流管**(stream tube),如图 3-3 所示。因为流管上各点处的流

速都与通过该点的流线相切，所以流体质点不能穿过流管表面流入或流出，流体在流管中的流动就像在固体管道中流动一样。

流管内部的流体称为**流束**(stream filament)。断面无穷小的流束称为微元流束，微元流束的极限为流线，对于微元流束，可以认为其断面上各点的运动要素相等。

总流(total flow)是固体边界内所有微元流束的总和。

3.1.4　过流断面及水力半径

在有限断面的流束中，与每条流线相垂直的横截面称为该流束的**过流断面**(cross section of flow)。当流线为相互平行的直线时，过流断面为平面，见图 3-4 中 $a-a$；当流线不是相互平行的直线时，过流断面是曲面，见图 3-4 中 $b-b$。

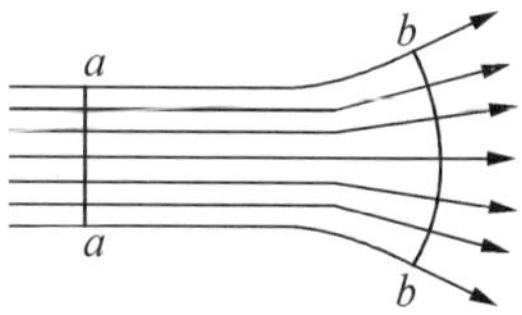

图 3-4　过流断面

过流断面面积 A 与湿周 χ 之比称为**水力半径**(hydraulic radius)，用 R_h 表示，则有 $R_h=\dfrac{A}{\chi}$。所谓**湿周**(wet circum)，即过流断面上流体和固体壁面接触的周界。

水力半径与一般圆断面的半径是完全不同的概念，不能混淆。如半径为 r 的圆管内充满流体，其水力半径为

$$R_h=\frac{\pi r^2}{2\pi r}=\frac{r}{2}$$

显然，水力半径 R_h 不等于圆管半径 r。

3.1.5　过流断面的压强分布

流体从静止到运动，质点获得流速，由于黏性力的作用，改变了压强的静力特性。任一点的压强，不仅与该点所在的空间位置有关，也与方向有关，这就与流体静压强有所区别。但黏性力对压强随方向变化的影响很小，在工程上可以忽略不计。而且，理论推导还可证明，任何一点在三个正交方向的压强的平均值是一个常数，不随这三个正交方向的选取而变化，这个平均值就作为点的压强值。因此，流体流动时的压强和流体静压强，一般在概念和命名上不予区别，一律称为压强。

流体质点从一种直径管子流入另一种直径的管子，流速大小要改变。从一个方向的管子转弯流入另一个方向的管子，流速方向要改变。前一种变化，出现直线惯性力，引起压强沿流向变化；后一种变化，出现离心惯性力，引起压强沿断面变化。事实上，总流的流速变化，总是存在着大小和方向的变化，也总是出现直线惯性力和离心惯性力。因此可以根据流速是否随流向变化，分为均匀流动和不均匀流动，流体质点流速的大小和方向均不变的流动称为**均匀流动**(uniform flow)，否则称为**不均匀流动**(non-uniform flow)。

均匀流动的流线是相互平行的直线，因而它的过流断面是平面。断面不变的直管中的流动是均匀流动最常见的例子。由于均匀流动中不存在惯性力，和静止流体受力相比，只多了黏滞阻力，说明这种流动是重力、压力和黏滞阻力的平衡。但是，三力平衡是对均匀流动

空间来说的。对于均匀流动过流断面,情况有所不同,黏性阻力对垂直于流速方向的过流断面上压强的变化不起作用。**均匀流动过流断面上压强分布服从于水静力学规律**,同一断面上测压管水面将在同一水平面上,不同断面上,由于黏性阻力做负功,将使下游断面的水头降低,如图 3-5 所示。

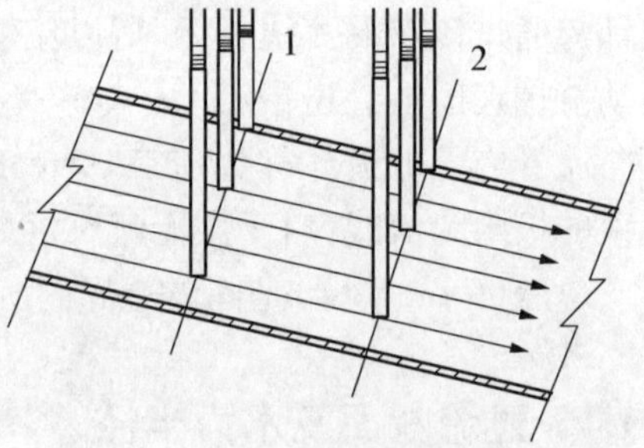

图 3-5　均匀流动过流断面压强分布

3.2　质量守恒

单位时间内流过管道某一截面的物质的量称为**流量**(flow rate)。流过的量如以体积表示,称为**体积流量**(volumetric flow rate),以符号 Q 表示,常用的单位有 m^3/s 或 m^3/h。如以质量表示,则称为**质量流量**(mass flow rate),以符号 q_m 表示,常用的单位有 kg/s 或 kg/h。体积流量 Q 与质量流量 q_m 之间存在下列关系

$$q_m = Q\rho \tag{3-4}$$

式中,ρ 为流体的密度,kg/m^3。

流量是一种瞬时的特性,不是某段时间内累计流过的量,它可以因时而异。当流体作定常流动时,流量不随时间而变。

单位时间内流体在流动方向上流经的距离称为流速(flow velocity),以符号 u 表示,单位为 m/s。

流体在管内流动时,由于黏性的存在,流速沿管截面各点的值彼此不等而形成某种分布。在工程计算中,为简便起见,通常希望由一个平均速度来代替这一速度的分布,在流体流动中通常按流量相等的原则来确定平均流速。平均速度以符号 $\bar{u}$ 表示,即

$$Q = \bar{u}A = \int_A u\,\mathrm{d}A$$

$$\bar{u} = \frac{\int_A u\,\mathrm{d}A}{A} \tag{3-5}$$

式中　$\bar{u}$ ——平均流速,m/s;

u ——某点的流速,m/s;

A——垂直于流动方向的管截面积,m^2。

必须指出,任何平均值都不能全面代表一个物理量的分布。式(3-5)所表示的平均流速在流量方面与实际的速度分布是等效的,但在其他方面则并不等效,例如流体的平均动能不能用 $\bar{u}^2/2$ 表示。

如图 3-6 所示,取截面 1-1 至 2-2 之间的管段作为控制体。根据质量守恒定律,单位时间内流进和流出控制体的质量之差应等于单位时间控制体内物质的累积量,即

$$\rho_1\bar{u}_1A_1 - \rho_2\bar{u}_2A_2 = \frac{\partial}{\partial t}\int \rho\,\mathrm{d}V \tag{3-6}$$

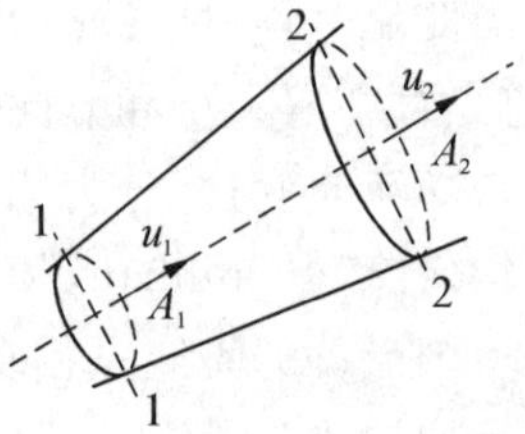

图 3-6　控制体中的质量守恒

式中，V 为控制体容积。定常流动时，式(3-6)右端为零，则

$$\rho_1 \bar{u}_1 A_1 = \rho_2 \bar{u}_2 A_2 \tag{3-7}$$

式中　A_1、A_2——管段两端的横截面积，m^2；

$\bar{u}_1$、$\bar{u}_2$——管段两端面处的平均流速，m/s；

ρ_1、ρ_2——管段两端面处的流体密度，kg/m^3。

式(3-7)称为流体在管道中作定常流动时的**质量守恒方程式**(mass conservation equation)。对不可压缩流体，ρ 为常数，则

$$\bar{u}_1 A_1 = \bar{u}_2 A_2$$

或

$$\frac{\bar{u}_2}{\bar{u}_1} = \frac{A_1}{A_2} \tag{3-8}$$

式(3-8)表明，因受质量守恒原理的约束，不可压缩流体的平均流速其数值只随管截面积的变化而变化，即截面积增加，流速减小；截面积减小，流速增加。**流体在均匀直管内作定常流动时，平均流速 $\bar{u}$ 沿流程保持定值，并不因黏性力而减速！**

注意上述结论只对不可压缩流体成立，对于可压缩流体，如管流中的气体，由于压强不断降低，密度将减小，从而流速将不断增加。

3.3　动量守恒

物体的质量 m 与运动速度 u 的乘积称为物体的动量，动量和速度一样是向量，其方向与速度的方向相同。

牛顿第二定律可描述为：物体动量随时间的变化率等于作用于物体上的外力之和。现取图 3-7 所示的管段作为控制体，将此原理应用于流动流体，即得流动流体的**动量守恒定律**(law of conservation of momentum)，它可表述为

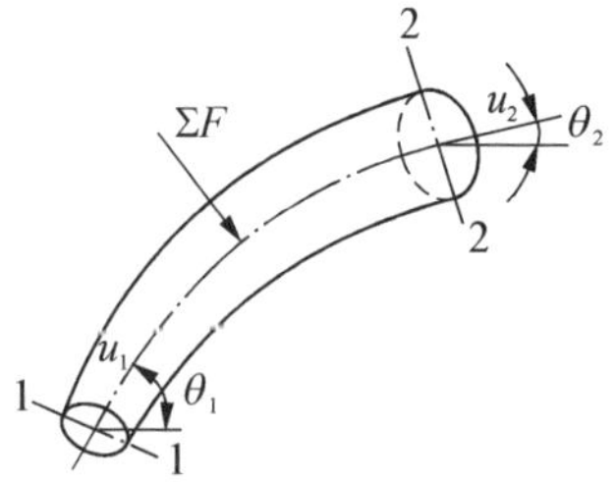

图 3-7　动量守恒

作用于控制体内流体上的合外力 = (单位时间内流出控制体的动量) − (单位时间内进入控制体的动量) + (单位时间内控制体中流体动量的累积量)

对定常流动，动量累积项为零，假定管截面上的速度均匀分布，则上述动量守恒定律可表达为

$$\left.\begin{aligned} \sum F_x &= \rho Q(u_{2x} - u_{1x}) \\ \sum F_y &= \rho Q(u_{2y} - u_{1y}) \\ \sum F_z &= \rho Q(u_{2z} - u_{1z}) \end{aligned}\right\} \tag{3-9}$$

式中，$\sum F_x$、$\sum F_y$、$\sum F_z$ 为作用于控制体内流体上的外力之和在三个坐标轴上的分量。

实际流速的不均匀分布使式(3-9)存在着计算误差,为此,引入动量修正系数 α_0, α_0 定义为实际动量和按照平均流速计算的动量的比值,即

$$\alpha_0=\frac{\int_A \rho u^2 \mathrm{d}A}{\rho Q\bar{u}}=\frac{\int_A u^2 \mathrm{d}A}{\bar{u}^2 A} \tag{3-10}$$

考虑了流速的不均匀分布,式(3-9)可写为

$$\left.\begin{aligned}\sum F_x=\alpha_{02}\rho Q u_{2x}-\alpha_{01}\rho Q u_{1x}\\ \sum F_y=\alpha_{02}\rho Q u_{2y}-\alpha_{01}\rho Q u_{1y}\\ \sum F_z=\alpha_{02}\rho Q u_{2z}-\alpha_{01}\rho Q u_{1z}\end{aligned}\right\} \tag{3-11}$$

式中,α_0 取决于断面流速分布的不均匀性。不均匀性越大,α_0 越大,一般取 $\alpha_0=1.02\sim1.05$,为了简化计算,常取 $\alpha_0=1$。

例 3-1 如图 3-8 所示,来自喷嘴的射流垂直射向挡板。已知射流速度为 U_0,流量为 Q,密度为 ρ,射流上的压强均为大气压,求挡板所受射流的作用力。

解 选取控制体如图所示,设挡板对射流的作用力为 F'_S,列水平方向上的动量方程得

$$\sum F_x=-F'_S=\rho Q(0-U_0)=-\rho Q U_0$$

$$F'_S=\rho Q U_0$$

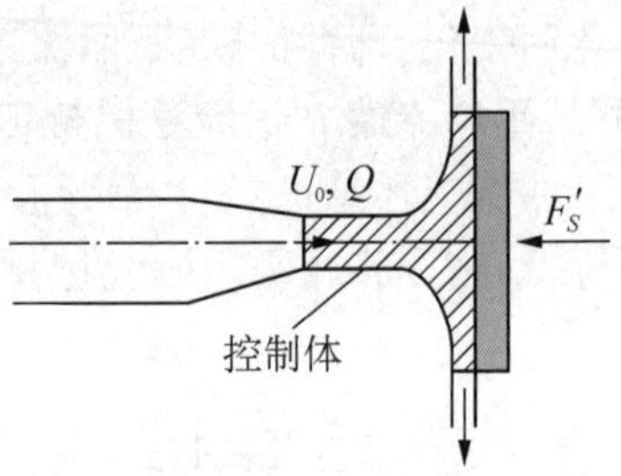

图 3-8 例 3-1 附图

挡板受射流作用力 F_S 与 F'_S 等值反向,垂直指向挡板,其大小为

$$F_S=\rho Q U_0$$

3.4 机械能守恒

对于固体质点的运动,可从牛顿第二定律出发,在无摩擦作用的理想条件下,导出机械能守恒定律,即位能、动能之和在运动中保持不变。本节将同样从牛顿第二定律出发,导出流体流动中的机械能守恒定律。显然只有在无摩擦作用时,才能保持机械能守恒。因此本节将首先假设流体黏度为零,即考虑理想流体的机械能守恒,随后再对之做出某些修正以应用于实际流体。

3.4.1 理想流体的机械能守恒

如图 3-9 所示,在运动流体中,任取一方形流体微团,其中心点 A 的坐标为 (x, y, z),方体各边分别与坐标轴 Ox、Oy、Oz 平行,边长分别为 δx、δy、δz。对于理想流体,黏度为零,微元表面不受剪应力,则作用于此流体微元上的力有两种:

(1) 表面力 设六面体中心点 A 处的静压强为 p,沿 x 方向作用于 $abcd$ 面上的压强为

$p-\frac{1}{2}\times\frac{\partial p}{\partial x}\delta x$，作用于 $a'b'c'd'$ 面上的压强为 $p+\frac{1}{2}\times\frac{\partial p}{\partial x}\delta x$。因此作用于两表面上的压力分别为

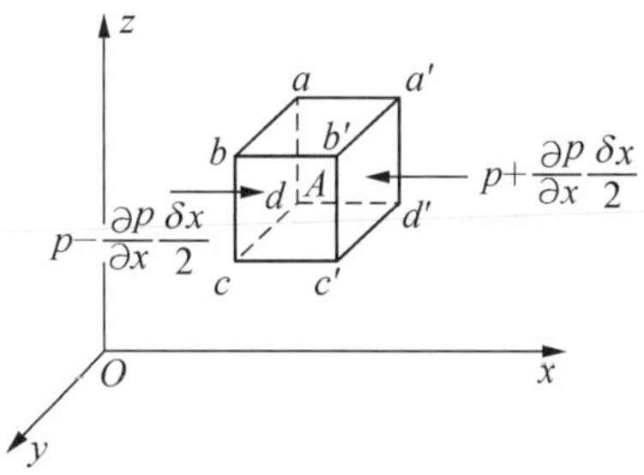

图 3-9　方形流体微团

$$\left(p-\frac{1}{2}\times\frac{\partial p}{\partial x}\delta x\right)\delta y\delta z$$

和

$$\left(p+\frac{1}{2}\times\frac{\partial p}{\partial x}\delta x\right)\delta y\delta z$$

对于其他表面，也可以写出相应的表达式。

(2) 质量力　设作用于单位质量流体上的质量力在 x 方向的分量为 X，则微元所受的质量力在 x 方向的分量为 $X\rho\delta x\delta y\delta z$。同理，在 y 及 z 轴方向上微元所受的质量力分别为 $Y\rho\delta x\delta y\delta z$ 和 $Z\rho\delta x\delta y\delta z$。

由牛顿第二定律可知：质量力＋表面力＝质量×加速度。

对 x 方向，可写成

$$\left(p-\frac{1}{2}\times\frac{\partial p}{\partial x}\delta x\right)\delta y\delta z-\left(p+\frac{1}{2}\times\frac{\partial p}{\partial x}\delta x\right)\delta y\delta z+X\rho\delta x\delta y\delta z=\frac{\mathrm{d}u_x}{\mathrm{d}t}\rho\delta x\delta y\delta z$$

各项均除以微元体的质量 $\rho\delta x\delta y\delta z$ 可得

同理

$$\left.\begin{aligned}X-\frac{1}{\rho}\frac{\partial p}{\partial x}=\frac{\mathrm{d}u_x}{\mathrm{d}t}\\Y-\frac{1}{\rho}\frac{\partial p}{\partial y}=\frac{\mathrm{d}u_y}{\mathrm{d}t}\\Z-\frac{1}{\rho}\frac{\partial p}{\partial z}=\frac{\mathrm{d}u_z}{\mathrm{d}t}\end{aligned}\right\}\tag{3-12}$$

式(3-12)即为**理想流体运动微分方程**(ideal fluid motion differential equation)，即**欧拉平衡方程**。

设流体微元在 $\mathrm{d}t$ 时间内移动的距离为 $\mathrm{d}l$，它在坐标轴上的分量为 $\mathrm{d}x$、$\mathrm{d}y$、$\mathrm{d}z$。现将式(3-12)中各式分别乘以 $\mathrm{d}x$、$\mathrm{d}y$、$\mathrm{d}z$，使各项成为单位质量流体的功和能，得

$$X\mathrm{d}x-\frac{1}{\rho}\frac{\partial p}{\partial x}\mathrm{d}x=\frac{\mathrm{d}u_x}{\mathrm{d}t}\mathrm{d}x$$

$$Y\mathrm{d}y-\frac{1}{\rho}\frac{\partial p}{\partial y}\mathrm{d}y=\frac{\mathrm{d}u_y}{\mathrm{d}t}\mathrm{d}y$$

$$Z\mathrm{d}z-\frac{1}{\rho}\frac{\partial p}{\partial z}\mathrm{d}z=\frac{\mathrm{d}u_z}{\mathrm{d}t}\mathrm{d}z$$

因 $\mathrm{d}x$、$\mathrm{d}y$、$\mathrm{d}z$ 为流体质点的位移，按速度的定义

$$u_x=\frac{\mathrm{d}x}{\mathrm{d}t},\ u_y=\frac{\mathrm{d}y}{\mathrm{d}t},\ u_z=\frac{\mathrm{d}z}{\mathrm{d}t}\tag{3-13}$$

代入上式得

$$Xdx-\frac{1}{\rho}\frac{\partial p}{\partial x}dx=u_x du_x=\frac{1}{2}du_x^2$$

$$Ydy-\frac{1}{\rho}\frac{\partial p}{\partial y}dy=u_y du_y=\frac{1}{2}du_y^2$$

$$Zdz-\frac{1}{\rho}\frac{\partial p}{\partial z}dz=u_z du_z=\frac{1}{2}du_z^2$$

对于定常流动

$$\frac{\partial p}{\partial t}=0,\ dp=\frac{\partial p}{\partial x}dx+\frac{\partial p}{\partial y}dy+\frac{\partial p}{\partial z}dz \tag{3-14}$$

且注意到

$$d(u_x^2+u_y^2+u_z^2)=du^2$$

于是将以上三式相加可得

$$(Xdx+Ydy+Zdz)-\frac{1}{\rho}dp=d\frac{u^2}{2} \tag{3-15}$$

若流体只是在重力场中流动,取 z 轴垂直向上,则

$$X=Y=0,\ Z=-g$$

式(3-15)成为

$$g\,dz+\frac{dp}{\rho}+d\frac{u^2}{2}=0 \tag{3-16}$$

对于不可压缩流体,ρ 为常数,对式(3-16)积分可得

$$Z+\frac{p}{\rho g}+\frac{u^2}{2g}=\text{常数} \tag{3-17}$$

该式称为**沿迹线的伯努利方程**(Bernoulli equation),适用于重力场不可压缩的理想流体作定常流动的情况。

在式(3-17)中,Z 代表单位重量流体的**位置势能**(position potential energy),即位能,单位为 m,这里需要注意式(3-15)中 Z 的物理意义为单位质量力,单位为 m/s^2;$p/\rho g$ 代表单位重量流体的**压力势能**(pressure potential energy)即压强能;$u^2/2g$ 表示单位重量流体的**动能**(kinetic energy)。此式表明在流动的流体中,位能、压强能、动能可相互转换,但其总和保持不变。

对于不可压缩的流体,位能和压强能均属势能,其和 $Z+\dfrac{p}{\rho g}$ 常称为**总势能**(total potential energy)。故不可压缩的理想流体在定常流动过程中,沿其迹线,单位质量流体的总势能和动能可以相互转换,其和保持不变。但是,流体在作定常流动时,其流线与迹线重合,此时伯努利方程仍可应用,但仅限于作定常流动时同一流线的流体。

如果所考察的流体属理想流体,黏度为零,则截面上流速分布均匀,各点上的动能也相等。因此,对于理想流体,截面上各点的总势能与动能都相同,即经过截面各点的每一条流

线都具有相同的机械能。所以，对于理想流体，伯努利方程可以不加修改地推广应用于管流。此时，式(3-17)可写成

$$Z_1+\frac{p_1}{\rho g}+\frac{u_1^2}{2g}=Z_2+\frac{p_2}{\rho g}+\frac{u_2^2}{2g} \tag{3-18}$$

式中，下标 1、2 分别代表管流中位于均匀流段的截面 1 和 2。式(3-18)中各项的单位都是米(m)，具有长度量纲[L]，表示某种高度，可以用几何线段来表示，流体力学上称为**水头**(head)。即 $u^2/2g$ 称为**速度水头**(velocity head)，Z 称为**位置水头**(elevating head)，$p/\rho g$ 称为**压力水头**(pressure head)，三项之和称为**总水头**(total head)，常用 H 表示，$Z+p/\rho g$ 为**测压管水头**(piezometric head)，常用 H_p 表示。伯努利方程的几何意义可以表述为：**不可压缩理想流体在重力场中作定常流动时，同一条流线上的各点的单位重量流体的位置水头、压力水头和速度水头之和为常数，即总水头线为一平行于基准线的水平线**，如图 3-10 所示。

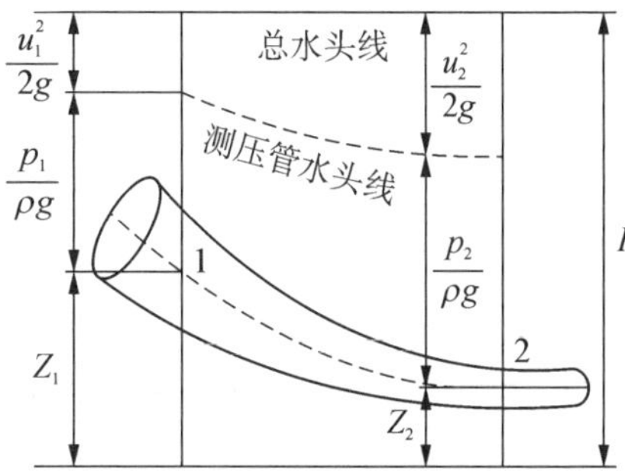

图 3-10 水头线

3.4.2 实际流体管流的机械能衡算

如果所考察的是黏性流体，那么，只要所考察的截面处于均匀流段，则截面上各点的总势能仍然相等。但是截面上各点的速度却不相等，近壁处速度小，而管中心处速度最大，即各条流线的动能不再相等。因此要将伯努利方程推广应用到黏性流体，必须采用该截面上的平均动能以代替原伯努利方程中的动能项。此外，黏性流体流动时因内摩擦而导致机械能损耗，常称阻力损失。外界也可对控制体内流体加入机械能，如用流体输送机械等。此两项在作机械能衡算时均必须计入。这样，对截面 1-1 与 2-2 间作机械能衡算可得

$$Z_1+\frac{p_1}{\rho g}+\frac{\overline{u_1^2}}{2g}+h_e=Z_2+\frac{p_2}{\rho g}+\frac{\overline{u_2^2}}{2g}+h_f \tag{3-19}$$

式中 $\frac{\overline{u^2}}{2}$——某截面上单位质量流体动能的平均值；

h_e——截面 1 至截面 2 间外界对单位重量流体加入的机械能；

h_f——单位重量流体由截面 1 流至截面 2 的机械能损失(即阻力损失)。

单位质量流体的平均动能应按总动能相等的原则用下式求取

$$\frac{\overline{u^2}}{2}=\frac{1}{\rho Q}\int_A \frac{u^2}{2}\rho u\mathrm{d}A=\frac{1}{\rho \bar{u}A}\int_A \frac{1}{2}\rho u^3\mathrm{d}A \tag{3-20}$$

显然

$$\frac{\overline{u^2}}{2}\neq\frac{\bar{u}^2}{2} \tag{3-21}$$

即平均速度的平方不等于速度平方的平均值。但在工程计算中希望使用平均速度来表达平均动能，故引入**动能修正系数** α，使

$$\frac{\overline{u^2}}{2}=\frac{\alpha\bar{u}^2}{2} \tag{3-22}$$

式(3－22)代入式(3－20)可得

$$\alpha=\frac{1}{\bar{u}^3 A}\int_A u^3\mathrm{d}A \tag{3-23}$$

这样，式(3－19)可写成

$$Z_1+\frac{p_1}{\rho g}+\frac{\alpha_1\bar{u}_1^2}{2g}+h_e=Z_2+\frac{p_2}{\rho g}+\frac{\alpha_2\bar{u}_2^2}{2g}+h_f \tag{3-24}$$

修正系数 α 值与速度分布形状有关。在应用式(3－24)时，必须先由速度分布曲线计算出 α 值。若速度分布较均匀，如图 3－11 所示情况，则做工程计算时 α 可近似地取为 1。工程上经常遇到的是这种情况，因此以后应用式(3－24)时不再写上 α，而近似写为

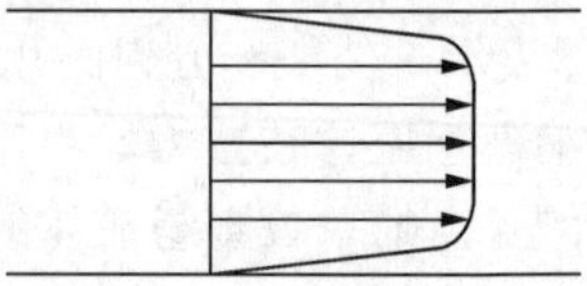

图 3－11　较均匀的速度分布

$$Z_1+\frac{p_1}{\rho g}+\frac{\bar{u}_1^2}{2g}+h_e=Z_2+\frac{p_2}{\rho g}+\frac{\bar{u}_2^2}{2g}+h_f \tag{3-25}$$

打水漂与伯努利方程　打水漂是人类古老的游戏之一，如何让自己丢出去的石头既远又弹射的次数多呢？可以根据流体力学中的伯努利方程来进行分析：**流速越大，流体产生的压强就越小**。当密度比水大的物体掠过水面时，带动它下面的水在非常短的时间内快速流动，从而压强减小，而在表层之外更下面的水是静止不动的，产生的压强大，如此水面就对物体产生一个压力，当压力大于物体的重力时，物体整体受到一个向上弹起的合力。影响打水漂的主要因素有：石头的抛射速度、石头的转速、入水时石头和水面的夹角、入水时石头的运动方向等。法国 Christophe Clanet 博士和同事在国际刊物 *Nature* 上介绍了其打水漂的实验发现：石头与水面的攻角在 20°时，石头和水面的撞击的时间最短，消耗的动能最少，因此 20°是打水漂的关键，被称为“黄金 20 度”，如图 3－12 所示。

图 3－12　打水漂的实验研究和相关力学分析

例 3－2　如图 3－13 所示，20℃的水通过虹吸管从水箱吸至 B 点。虹吸管直径 $d_1=60$ mm，出口 B 处喷嘴直径 $d_2=30$ mm。当 $h_1=2$ m、$h_2=4$ m 时，在不计水头损失条件下，试求流量和 C 点的压强。

解　以 2－2 断面为基准，对 1－1 和 2－2 断面列伯努利方程，用相对压强计算时，有

$$h_2+0+\frac{u_1^2}{2g}=0+0+\frac{u_2^2}{2g}$$

式中 $u_1 \approx 0$，于是

$$u_2 = \sqrt{2gh_2} = 8.86(\mathrm{m/s})$$

因此，通过虹吸管的流量为

$$Q = u_2 \frac{\pi d_2^2}{4} = 0.006\,26(\mathrm{m^3/s})$$

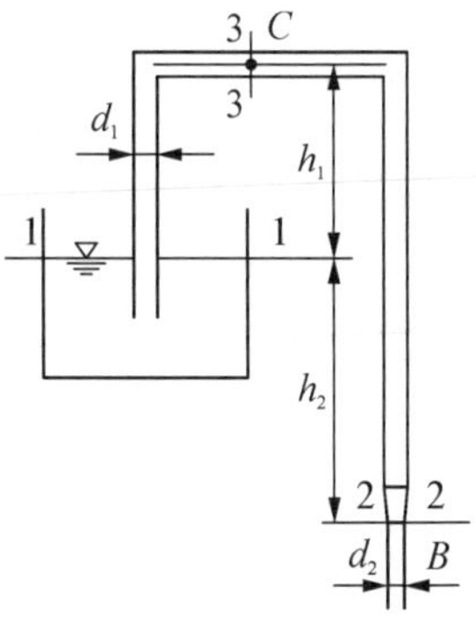

图 3-13 例 3-2 附图

为求 C 点压强，以 2-2 为基准，对 3-3 和 2-2 断面列伯努利方程

$$(h_1 + h_2) + \frac{p_C}{\rho g} + \frac{u_3^2}{2g} = 0 + 0 + \frac{u_2^2}{2g}$$

由质量守恒方程得

$$u_3 = u_2 (d_2/d_1)^2 = 2.215(\mathrm{m/s})$$

所以

$$p_C = \left[\left(\frac{u_2^2 - u_1^2}{2g}\right) - (h_1 + h_2)\right]\rho g = -22\,024.3(\mathrm{Pa})$$

负号表示 C 处的压强低于一个大气压，处于真空状态。正是由于这一真空，才可将水箱中的水吸起 h_1 的高度。

习 题

3-1 伯努利方程中 $Z + \frac{p}{\rho g} + \frac{u^2}{2g}$ 表示( )。

A. 单位重力流体具有的机械能　　B. 单位质量流体具有的机械能

C. 单位体积流体具有的机械能　　D. 通过过流断面流体的总机械能

3-2 水平放置的渐扩管，如忽略水头损失，断面形心点的压强，有以下关系( )。

A. $p_1 > p_2$　　B. $p_1 = p_2$　　C. $p_1 < p_2$

3-3 如图 3-14 所示的动量实验装置中，喷嘴将水流喷射到垂直壁面。已知喷嘴出口直径为 $d = 10$ mm，水的密度为 $\rho = 1\,000\ \mathrm{kg/m^3}$，并测得平板受力为 $F = 100$ N。试确定射流的体积流量。

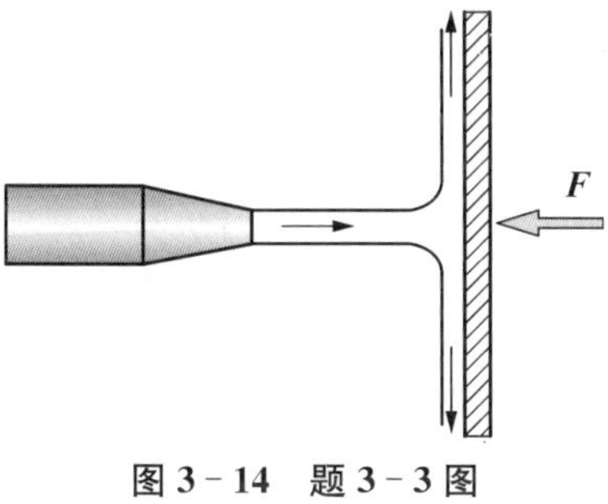

图 3-14 题 3-3 图

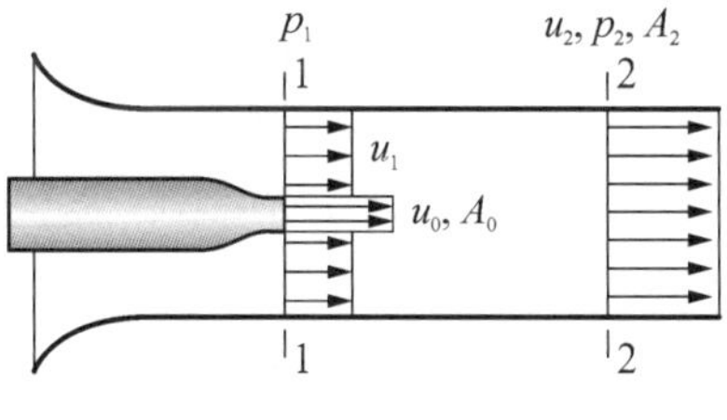

图 3-15 题 3-4 图

3-4 如图 3-15 所示，高速流体在管道中心以速度 u_0 喷出，带动喷管周围同种流体以速度 u_1 流动，两股流体混合均匀到达截面 2-2 后的速度为 u_2；已知喷口面积 A_0，管道面积 A_2。设 1-1 截面压力均匀，气体密度 ρ 为定值且不计摩擦，试确定流速 u_2 以及压差($p_2 - p_1$)。

3-5　如图 3-16 所示,水从水箱流经直径为 $d_1 = 10$ cm、$d_2 = 5$ cm、$d_3 = 2.5$ cm 的管道流入大气中。当出口流速为 10 m/s 时,求:(1) 容积流量及质量流量;(2) d_1 及 d_2 管段的流速。

3-6　如图 3-17 所示,管路由不同直径的两管前后相连接所组成,小管直径 $d_A = 0.2$ m,大管直径 $d_B = 0.4$ m。水在管中流动时,A 点压强 $p_A = 70$ kN/m²,B 点的压强 $p_B = 40$ kN/m²,B 点流速 $u = 1$ m/s。试判断水在管中流动方向,并计算水流经两断面间的水头损失。

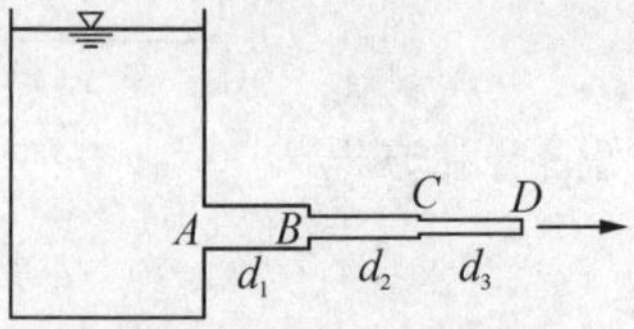

图 3-16　题 3-5 图

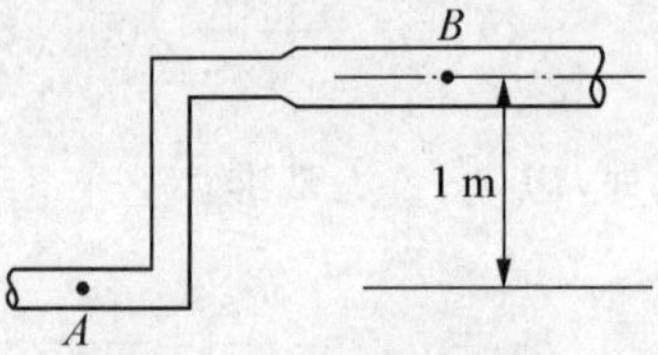

图 3-17　题 3-6 图

3-7　如图 3-18 所示,水沿管线下流,若压力计的读数相同,求需要的小管直径 d_0,不计损失。

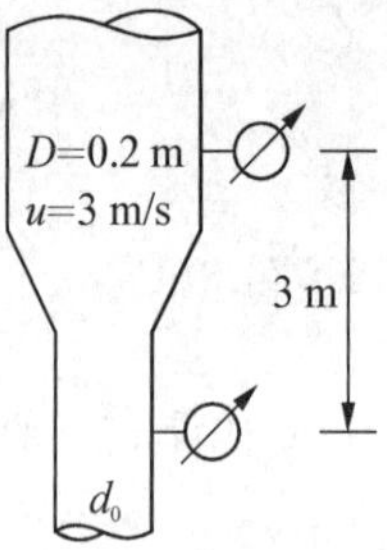

图 3-18　题 3-7 图

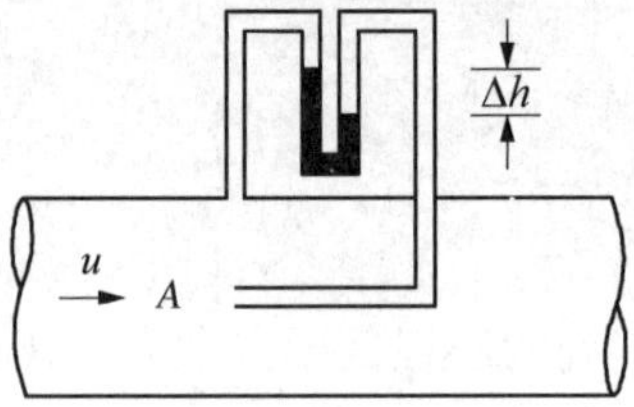

图 3-19　题 3-8 图

3-8　用水银比压计测量管中水流,过流断面中点流速 u 如图 3-19 所示。测得 A 点的比压计读数 $\Delta h = 60$ mm。(1) 求该点的流速 u;(2) 若管中流体的密度为 0.8 g/cm³,Δh 仍不变,求该点流速,不计损失。

3-9　如图 3-20 所示,水由喷嘴流出,管嘴出口 $d = 75$ mm,不考虑损失,计算 H 值(以 m 计)、p 值(以 kPa 计)。

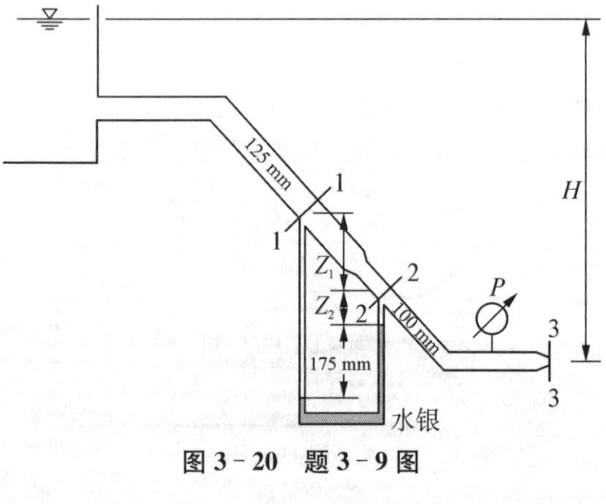

图 3-20　题 3-9 图

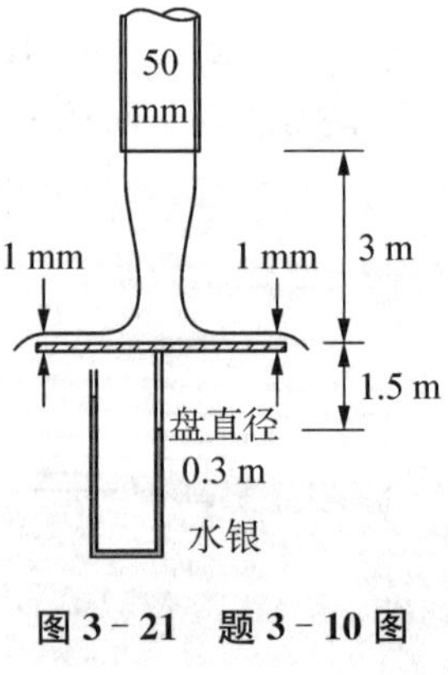

图 3-21　题 3-10 图

3-10　如图 3-21 所示,水由管中铅直流出,求流量及测压计读数,水流无损失。

第四章 阻力损失及其计算

实际的流体都具有黏性，因而流体运动过程中不可避免地存在能量损失。流体在流动过程中，流体之间因相对运动的切应力做的功，以及流体与固体壁面之间摩擦力做的功，都是靠损失流体自身所具有的机械能来补偿的，这部分能量均不可逆转地转化为热能。这种引起流动能量损失的阻力与流体的黏性和惯性，以及固体壁面对流体的阻滞作用和扰动作用有关。因此，为了得到能量损失的规律，必须同时分析各种阻力的特性，研究壁面特征的影响，以及产生各种阻力的机理。

本章围绕沿程阻力损失和局部阻力损失产生原因和计算方法展开论述，着重叙述了层流和湍流的特征以及流体在层流和湍流时沿程阻力系数的分析和计算方法，需要深入理解和熟练掌握。

4.1 沿程阻力损失和局部阻力损失

在流体力学中，流体流动会遇到各种阻力，流体在运动过程中克服阻力而消耗的能量称为**阻力损失**(resistance loss)，也称**水头损失**(head loss)或**能量损失**(energy loss)，其中边界对流体的阻力是产生阻力损失的外因，流体的黏滞性是产生阻力损失的内因，也是根本原因。

根据边界条件的不同把阻力损失分为两类：对于平滑的边界，水头损失与流程成正比的称为**沿程阻力损失**(energy loss along the length)，用 h_f 表示，如图 4－1 中的 h_{fab}、h_{fbc}、h_{fcd} 就分别是 ab、bc、cd 段的沿程阻力损失；由局部边界急剧改变导致流体结构改变和流速分布改变并产生旋涡区而引起的水头损失称为**局部阻力损失**(local energy loss)，用 h_m 表示，如图 4－1 中的 h_{ma}、h_{mb}、h_{mc} 就是相应的局部阻力损失。

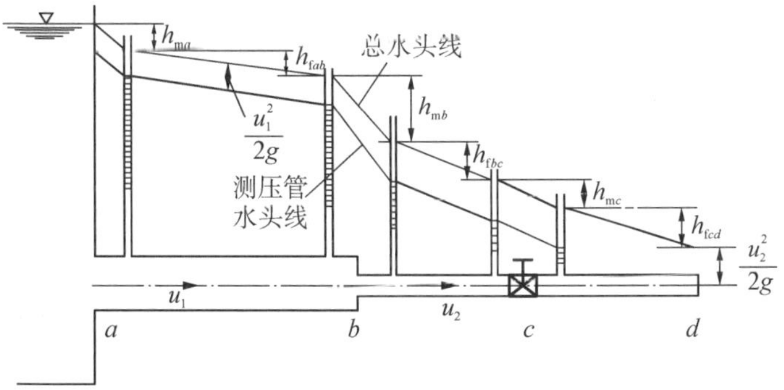

图 4－1　沿程阻力损失和局部阻力损失

整个管路的能量损失等于各管段的沿程阻力损失和局部阻力损失的总和,即

$$h_l = \sum h_f + \sum h_m$$

对于图 4-1 所示的流动系统,能量损失为

$$h_l = h_{fab} + h_{fbc} + h_{fcd} + h_{ma} + h_{mb} + h_{mc}$$

阻力损失一般有两种表示方法:对于液体,通常用单位重量流体的阻力损失(或称水头损失)h_l来表示,其量纲为长度;对于气体,常用单位体积内的流体的阻力损失(或称压强损失)p_l来表示,其量纲与压强的量纲相同。它们之间的关系是

$$p_l = \gamma h_l$$

阻力损失计算公式用水头损失表达时,为

沿程阻力损失 $$h_f = \lambda \frac{l}{d} \cdot \frac{u^2}{2g} \tag{4-1}$$

局部阻力损失 $$h_m = \zeta \frac{u^2}{2g} \tag{4-2}$$

用压强损失表达,则为

$$p_f = \lambda \frac{l}{d} \cdot \frac{\rho u^2}{2} \tag{4-3}$$

$$p_m = \zeta \frac{\rho u^2}{2} \tag{4-4}$$

式中,l 为管长;d 为管径;u 为断面平均流速;g 为重力加速度;λ 为沿程阻力系数;ζ 为局部阻力系数。这些公式是长期工程实践的经验总结,主要是利用经验或半经验的方法获得的。

4.2 流体流动形态

从 19 世纪初期起,通过实验研究和工程实践,人们注意到流体运动有两种不同的流动状态——层流和湍流,能量损失的规律与流动状态密切相关。

4.2.1 层流和湍流

1883 年英国物理学家雷诺通过实验证实了黏性流体存在层流和湍流两种流动状态。雷诺实验的装置如图 4-2 所示。

水流通过一恒位水箱 1 经一长直玻璃管 2 流出,其流速可通过管道末端一调节阀门 3 控制。有色流体通过水箱上方的颜色水瓶 5 从一细管 4 流出,其出口位于长直玻璃管的入口。实验步骤如下:

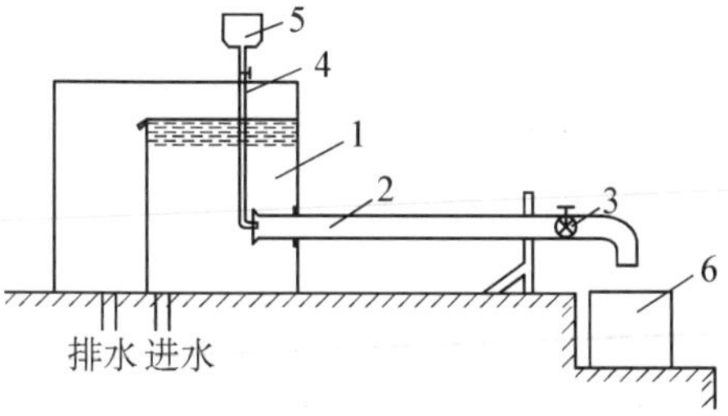

图 4-2　雷诺实验装置

1—恒位水箱；2—长直玻璃管；3—调节阀门；
4—细管；5—颜色水瓶；6—量水筒

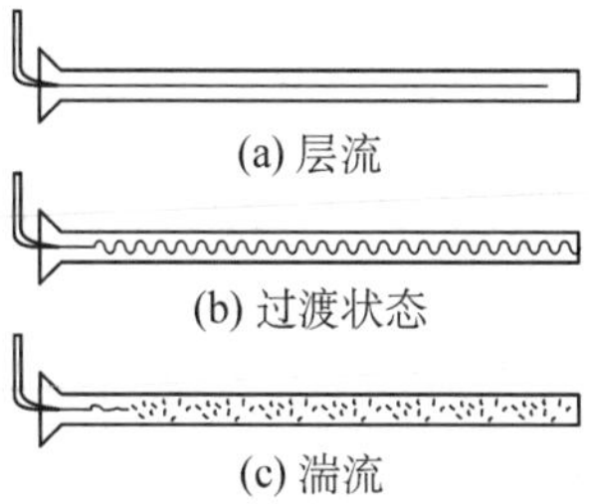

图 4-3　雷诺实验中显示的流态

(1) 首先将恒位水箱 1 注满水，然后微微打开玻璃管末端的调节阀 3，水流以很小的速度沿玻璃管流出。再打开颜色水瓶 5，使颜色水沿细管 4 流入玻璃管 2 中。当玻璃管中水流速度保持很小时，看到颜色水呈明显的直线形状，不与周围的水流相混。这说明在低速流动中，水流质点完全沿着管轴方向直线运动，这种流动状态称为**层流**(laminar flow)，如图 4-3(a)所示。

(2) 调节阀 3 逐渐调大，水流速度增大到某一数值时颜色水的直线流将开始振荡，发生弯曲，如图 4-3(b)所示。

(3) 再调大调节阀 3，当水流速度增大到一定程度时，弯曲颜色水流破裂为一种非常紊乱的状态，颜色水从细管 3 流出，经很短一段距离后便与周围的水流相混，扩散至整个玻璃管内，如图 4-3(c)所示。这说明水流质点在沿着管轴方向流动过程中，同时还互相掺混，作复杂的无规则的运动，这种流动状态称为**湍流**(turbulence)。雷诺实验揭示了存在层流和湍流两种不同的流态，说明了沿程损失和断面平均流速之间的关系具有不同的规律是由于流动状态的不同引起的。所以分析实际流体运动，例如计算能量损失时，首先必须判别流动的状态。

4.2.2　雷诺数

两种不同流型对流体中发生的动量、热量和质量的传递将产生不同的影响。为此，工程设计上需要能够事先判定流型。对管流而言，试验表明流动的几何尺寸(管径 d)、流动的平均速度 u 及流体性质(密度 ρ 和黏度 μ)对流型从层流到湍流的转变有影响。雷诺发现，可以将这些影响因素综合成一个量纲为 1 的数群 $\dfrac{du\rho}{\mu}$ 作为流型的判据，此数群被称为**雷诺数**(Reynolds number)，以符号 Re 表示，物理意义为**流体流动时惯性力和黏性力之比**。

雷诺指出：

① 当 $Re < 2\,000$ 时，必定出现层流，此为层流区；

② 当 $2\,000 < Re < 4\,000$ 时，有时出现层流，有时出现湍流，依赖于环境，此为过渡区；

③ 当 $Re > 4\,000$ 时，一般都出现湍流，此为湍流区。

以上事实可以应用**稳定性**(stability)概念予以说明，所谓稳定性是对于瞬时扰动而言的。任何一个系统如受到一个瞬时的扰动，使其偏离原有的平衡状态，而在扰动消失后，该系统能自动恢复原有平衡状态的就称该平衡状态是稳定的；反之，如果在扰动消失后该系统自动地进一步偏离原平衡状态，则称该平衡状态是不稳定的。简而言之，平衡状态可按其对瞬时扰动的响应分为稳定的平衡状态和不稳定的平衡状态。

层流是一种平衡状态。当$Re<2\,000$时，任何扰动都只能暂时地使之偏离层流，一旦扰动消失，层流状态必将恢复。因此当$Re<2\,000$时，层流是稳定的。

当Re超过2 000时，层流不再是稳定的，但是否出现湍流决定于外界的扰动。如果扰动很小，不足以使流型转变，则层流仍然能够存在。

当$Re>4\,000$时，则微小的扰动就可以触发流型的转变，因而一般情况下总出现湍流。

严格地说，$Re=2\,000$不是判别流型的判据，而是层流稳定性的判据。实际上出现何种流型还与扰动的情况有关。

应该指出，上述以Re为判据将流动划分为三个区：层流区、过渡区、湍流区，但是只有两种流型。过渡区并非表示一种过渡的流型，它只是表示在此区内可能出现层流也可能出现湍流。究竟出现何种流型，需视外界扰动而定，但在一般工程计算中$Re>2\,000$可作为湍流处理。

稳定性和前述的定态性是两个完全不同的概念。定态性指的是有关运动参数随时间的变化情况，而稳定性则指的是系统对外界扰动的反应。

4.2.3 湍流研究进展简介

湍流是国际上公认的物理学、数学和力学难题。著名物理学家、诺贝尔奖获得者费曼(Feynman)曾经说过，湍流是经典物理学中最后一个尚未解决的重要问题。湍流是自然界中普遍存在的一类复杂流动现象，至今湍流的许多基本问题未得到解决，百年来吸引着人类不停探索。

布辛涅司克(Boussinesq)在1877年提出涡黏性假设，湍流脉动引起的应力可以描述成一个涡黏性系数乘以速度梯度。雷诺(Reynolds)在1883年发现了存在层流和湍流两种流动状态，1895年他在N－S方程的基础上推导出时均流动的N－S方程，同时提出了湍流切应力概念。在1907年，奥尔(Orr)和随后的索末菲(Sommerfeld)将N－S方程叠加微小扰动，提出了著名的奥尔-索末菲方程，并明确应用经典的小扰动方法来解决湍流触发的问题。在1923年，海森堡(Heisenberg)使用的小参数摄动法求解奥尔-索末菲方程，初步获得了临界稳定雷诺数的解。从20世纪40年代开始，林家翘在流体稳定性理论方面用渐近方法求解奥尔-索末菲方程，发展了平行流动稳定性理论，确认流动失稳是引发湍流的机理。他和冯·卡门(von Kármán)一起提出了各向同性湍流的湍谱理论，发展了冯·卡门的相似性理论。

1922年，理查森(Richardson)描述了湍流中能量由大尺度运动向小尺度运动的传递过程，即湍流的能量串级理论。1925年，普朗特(Prandtl)仿照气体分子运动论提出混合长度理论，用湍涡的混合长度代替分子自由路径，将湍涡的无规则脉动速度和平均流场的平均速度梯度联系起来，化解了未知的雷诺应力，使雷诺方程封闭。1930年普朗特的学生冯·卡门提出一种相似理论来解决混合长度计算问题，然而这个方法比较复杂。1933年，普朗特本人又提出一种简单直观的方法，即直接假定湍涡的混合长和距离壁面的距离成正比，而该比例系数只能由实验确定。

在20世纪20年代，泰勒(Taylor)致力于通过建立能与实验数据直接和定量比较的数学理论来描述湍流。1935年，泰勒提出了一种数学上容易处理的理想湍流——均匀各向同性湍流，用于简化脉动速度相关矩方程，以解决雷诺方程的封闭性问题。

1934 年，王竹溪在周培源的指导下发表了我国首篇湍流研究论文，并最早提出“turbulence”的中文译名“湍流”。1940 年，周培源首次提出湍流脉动方程，并用求剪应力和三元速度关联函数满足动力学方程的方法建立了普通湍流理论，从而奠定了湍流模式理论的基础。1945 年，周培源提出了两种求解湍流运动的方法，对推动流体力学尤其是湍流理论的研究产生了深远的影响。其建立的湍流模式理论是 CFD 模拟湍流的关键，成为以雷诺应力方程为出发点的工程湍流模式理论的奠基性工作。

1938 年，冯・卡门和霍沃思(Howanh)在泰勒的均匀各向同性概念的基础上，从 N－S 方程出发得到了空间两点纵向二阶相关矩方程，即 K－H 方程，证明了 N－S 方程不仅是支配层流运动的基本方程，也是支配湍流运动的基本方程。1939 年，钱学森同冯・卡门一起建立了高亚声速流气动力的卡门-钱学森公式，提出跨声速流动相似律、上下临界马赫数等概念，开创了高超声速流和稀薄气体动力学新领域。

1941 年，柯尔莫哥洛夫(Kolmogorov)对局部均匀各向同性湍流开展研究，通过对湍流局部结构的深入探索，在建立湍流的统计理论过程中提出的三个基本假设，基于量纲分析法等获得湍流能谱- 5/3 幂次律。随后在朗道(Landau)的帮助下，他进一步改进了相关模型。

长期以来湍流被视为无规则的随机运动，所以在 1960 年代之前，湍流统计理论占主导地位。1967 年，克莱恩(Kline)等在边界层实验中发现了湍流生成的“猝发”现象。1974 年布朗和罗斯科(Brown and Roshko)在混合层中发现了有规则的大尺度结构，即湍流的拟序结构(相干结构)。湍流并不是完全由小尺度涡的随机性决定的，而是存在大尺度涡的拟序结构。湍流实际上是一个由不同尺度、不同频率涡体构成的复杂流动现象，其最大涡的尺度与流动区域特征尺寸同量级，最小涡的尺度与流体的黏性尺度相当，这就使得湍流成为多尺度的复杂流动现象。在流体的运动过程中，不同尺度的湍涡相互作用并演化，既存在随机的小尺度涡也存在大尺度涡的拟序结构。

随着高速电子计算技术和数据科学的迅猛发展和融合，推动了对湍流及其相关多物理场现象的数值模拟进步，包括：雷诺平均(RANS)模型、大涡模拟(LES)模型和直接数值模拟(DNS)模型等。实现了对工程有实际意义的复杂几何构型湍流边界层，从早期的定性和概念性观察以及简化的数学物理模型描述，到现代基于流动仿真大数据的精准数学定义和完整定量解析的跨越。

进入 21 世纪后，随着高参数实验装置和先进测试技术不断发展，超级计算机和数值模拟不断进步，我们对攻克湍流这一经典物理学的难题，揭开它的神秘面纱，更加充满信心。

4.3　湍流的基本特征

湍流流动是工程中最常见的流动，当流体处于湍流状态时，流体微团做复杂不规则运动，表征流体运动状态的物理量如速度、压强等在不断地变化，因此湍流流动实质上是非定常流动。

4.3.1　脉动速度和时均速度

当流体的流动状态为湍流时，表征流体运动状态的运动参数处于无序变化中。用热线测速仪测出的管道中某点的瞬时轴向速度 u_x 随时间 t 的变化如图 4-4 所示。可以看出瞬时轴向速度 u_x 总是围绕一定值在上下波动,这种围绕一定值上下波动的现象称为**脉动现象**(fluctuation),瞬时轴向脉动速度用 u'_x 表示,在某一时间间隔 Δt 内的瞬时值的平均值称为**时均值**(temporal average value)。在时间间隔 Δt 内的瞬时轴向速度的平均值,即时均轴向速度 $\bar{u}_x$,可表示为

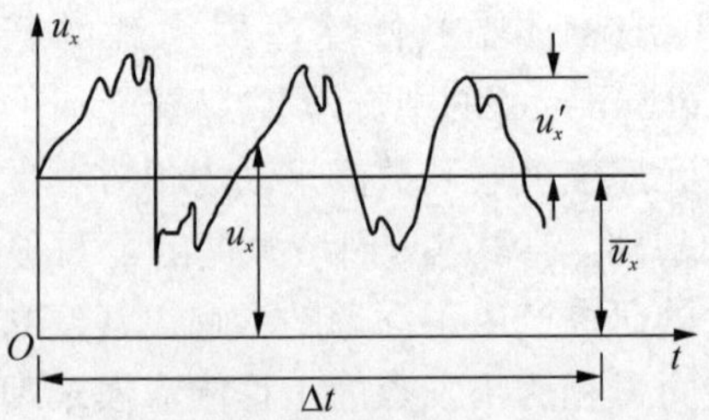

图 4-4　瞬时轴向速度 u_x 随时间 t 的变化

$$\bar{u}_x = \frac{1}{\Delta t}\int_0^{\Delta t} u_x \mathrm{d}t$$

显然,瞬时轴向速度可表示为

$$u_x = \bar{u}_x + u'_x \tag{4-5}$$

湍流中,不仅瞬时轴向速度有如此关系,而且其他运动参数也是如此。如时均压强为 $\bar{p}$,$\bar{p} = \frac{1}{\Delta t}\int_0^{\Delta t} p \mathrm{d}t$;瞬时压强为 p,$p = \bar{p} + p'$ 等。

湍流中,时均值不随时间变化的流动,称为准定常流动或时均定常流动。

4.3.2　湍流强度

湍流也可用另一种方法描述,即把湍流看作是在一个主体流动上叠加各种不同尺度、强弱不等的旋涡。大旋涡不断生成,并从主流的势能中获得能量。与此同时,大旋涡逐渐分裂成越来越小的旋涡,其中最小的旋涡中由于存在大的速度梯度,机械能因流体黏性而最终变为热能,小旋涡随之消亡。因此,湍流流动时的机械能损失比层流流动时大得多。

湍流强度(turbulence intensity)通常用脉动速度的均方根(root mean square, RMS)表示。对 x 方向的湍流强度可表示为

$$I_x = \sqrt{\overline{u'^2_x}} \tag{4-6}$$

其数值与旋涡的旋转速度和所包含的机械能有关。也可将湍流强度表示为脉动速度的均方根与平均流速的比值,即

$$I_x = \frac{\sqrt{\overline{u'^2_x}}}{\bar{u}} \tag{4-7}$$

对无障碍物的湍流流场,湍流强度为 0.5%~2%,但在障碍物后的高度湍流区,湍流强度可达 5%~10%,甚至更高。

4.3.3　湍流尺度

湍流尺度与旋涡大小有关,它是以相邻两点的脉动速度是否有相关性为基础来度量的。

例如，设流场中 y 方向上相距一小段距离的 1、2 两点，在流动方向 x 的脉动速度分别为 u'_{x1}、u'_{x2}。当两点间距足够小且处于同一旋涡之中，则两脉动速度之间必存在一定联系而非相互独立；反之，当 1、2 两点相距甚远，两点的脉动速度各自独立。两点脉动速度的相关程度可用如下的相关系数 R 表示

$$R=\frac{\overline{u'_{x1}u'_{x2}}}{\sqrt{\overline{u'^2_{x1}}\ \overline{u'^2_{x2}}}} \tag{4-8}$$

R 值介于 0～1，且与两点间距有关。数值越大，两脉动速度之间的相关性越显著。于是，**湍流尺度**(turbulent scale)可定义为

$$L=\int_0^{\infty} R\mathrm{d}y \tag{4-9}$$

式中，y 为两测点间的距离。

当空气以 12 m/s 的流速在大直径管内流过，式(4-9)定义的 l 值经计算约为 10 mm，这是对管内旋涡平均尺度的大致度量。同一设备中的湍流，随着 Re 数的增加，湍流尺度会随之降低。

4.3.4 湍流黏度

湍流的基本特征是出现了速度的脉动。当流体在管内层流流动时，只有轴向速度而无径向速度；然而在湍流时，则出现了径向的脉动速度。这种脉动加速了径向的动量、热量和质量的传递。

层流流动时，牛顿型流体服从牛顿黏性定律。其黏度 μ 反映了分子引力和分子运动造成的动量传递，黏度是流体的物理性质。湍流时，动量的传递不仅起源于分子运动，且来源于流体质点的径向脉动速度。因此动量的传递不再服从牛顿黏性定律。如仍希望用牛顿黏性定律的形式来表示其关系，则应写成

$$\tau=(\mu+\mu')\frac{\mathrm{d}\overline{u_x}}{\mathrm{d}y} \tag{4-10}$$

式中，μ' 为**湍流黏度**(turbulent viscosity)。式(4-10)只是保留了牛顿黏性定律的形式而已。与黏度 μ 完全不同，湍流黏度 μ' 已不再是流体的物理性质，而是表述速度脉动的一个特征，它随不同流场及空间位置而变化。

4.4 黏性流体在圆管中的层流运动

工程实际中，虽然大部分流体的流动为湍流流动，但层流流动也广泛地存在于小管径、小流量、大黏度的流动场合，如机械润滑系统、地下水渗流问题和微反应系统等。黏性流体在圆管中的层流流动是最具代表性的层流流动。

在图 4-5 所示的均匀流动中，选择半径为 r，长度为 l 的微小圆柱，在任选的两个断

面1-1和2-2列能量方程

$$Z_1+\frac{p_1}{\gamma}+\frac{\alpha_1 u_1^2}{2g}=Z_2+\frac{p_2}{\gamma}+\frac{\alpha_2 u_2^2}{2g}+h_{l1-2}$$

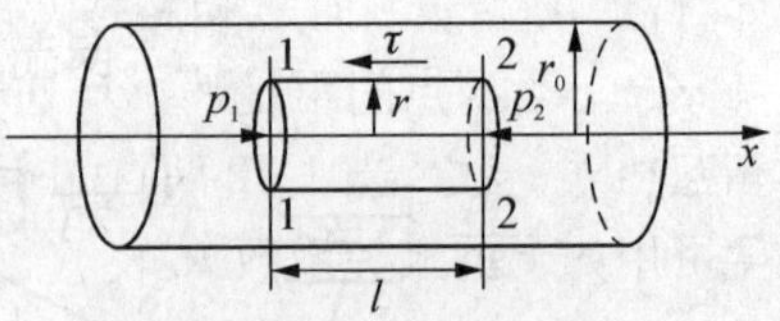

图4-5 圆管均匀流动

由均匀流动的性质有 $Z_1=Z_2$，$\frac{\alpha_1 u_1^2}{2g}=\frac{\alpha_2 u_2^2}{2g}$ 以及 $h_{l1-2}=h_f$，代入上式，得

$$h_f=\frac{p_1-p_2}{\gamma} \tag{4-11}$$

两断面间的距离为 l，过流断面面积 $A_1=A_2=\pi\cdot r^2$，在流向上，该流段所受的作用力有端面压力和外表面的黏性力。在均匀流中，流体质点作等速运动，因此流向上各力的合力为0，得

$$p_1A-p_2A-\tau\cdot l\cdot 2\pi r=0$$

整理得

$$\frac{p_1-p_2}{\gamma}=\frac{2\tau\cdot l}{\gamma r} \tag{4-12}$$

则

$$h_f=\frac{2\tau\cdot l}{\gamma r} \tag{4-13}$$

对于圆管中的层流运动，轴对称的流动各流层间的切应力大小满足牛顿内摩擦定律式，即

$$\tau=-\mu\frac{du}{dr} \tag{4-14}$$

由于速度 u 随 r 的增大而减小，所以等式右边加负号，以保证 τ 为正。

$$du=-\frac{\gamma h_f}{2\mu l}r\,dr$$

假设在均匀流中，$\frac{h_f}{l}$ 值不随 r 而变。积分上式，并代入边界条件：$r=r_0$ 时，$u=0$，得

$$u=\frac{\gamma h_f}{4\mu l}(r_0^2-r^2) \tag{4-15}$$

可见，圆管中的层流运动的断面流速分布是以管中心线为轴的**旋转抛物面**，见图4-6。当 $r=0$ 时，即在管轴上，达最大流速

$$u_{max}=\frac{\gamma h_f}{4\mu l}r_0^2=\frac{\gamma h_f}{16\mu l}d^2 \tag{4-16}$$

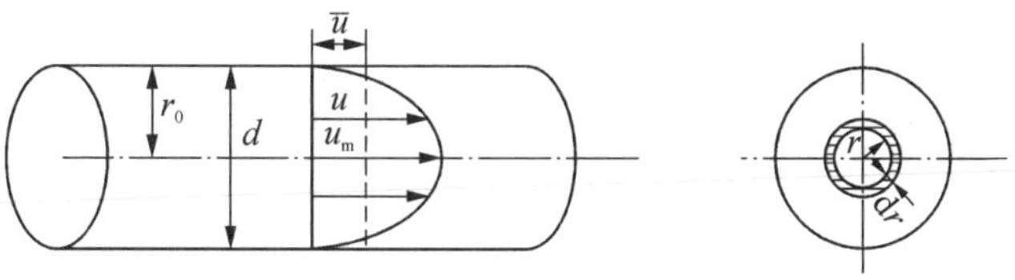

图 4-6　圆管中层流的流速分布

将式(4-15)代入平均流速定义式

$$\bar{u}=\frac{Q}{A}=\frac{\int_A u\mathrm{d}A}{A}=\frac{\int_0^{r_0} u\cdot 2\pi r\mathrm{d}r}{A}=\frac{\gamma h_f}{8\mu l}r_0^2=\frac{\gamma h_f}{32\mu l}d^2 \tag{4-17}$$

比较式(4-16)和式(4-17),得

$$\bar{u}=\frac{1}{2}u_{max} \tag{4-18}$$

即对于圆管中的层流流动,**平均流速等于最大流速的一半**。

根据式(4-17),得

$$h_f/l=\frac{32\mu\bar{u}}{\gamma d^2} \tag{4-19}$$

式中,h_f/l 为**水力坡度**,此式从理论上证明了层流单位长度上的沿程损失为常数。

将式(4-19)写成式(4-1)所示的沿程损失的一般形式,即

$$h_f=\lambda\frac{l}{d}\cdot\frac{\bar{u}^2}{2g}=\frac{32\mu\bar{u}l}{\gamma d^2}=\frac{64}{Re}\cdot\frac{l}{d}\cdot\frac{\bar{u}^2}{2g}$$

由此式可得圆管层流的沿程阻力系数的计算式

$$\lambda=\frac{64}{Re} \tag{4-20}$$

它表明圆管层流的沿程阻力系数仅与雷诺数有关且成反比关系,而和管壁粗糙度无关。

由于从理论上导出了层流时流速分布的解析式,可导出圆管层流运动的动能修正系数 α 和动量修正系数 α_0

$$\alpha=\frac{\int u^3\mathrm{d}A}{\bar{u}^3A}=2 \tag{4-21}$$

$$\alpha_0=\frac{\int u^2\mathrm{d}A}{\bar{u}^2A}=1.33 \tag{4-22}$$

层流时,速度分布相对不均匀,两个系数值较大,不能近似为1,在实际工程中,大部分管流为湍流,湍流掺混使断面流速分布比较均匀,因此系数 α 和 α_0 均近似取为1。

4.5 黏性流体在圆管中的湍流流动

4.5.1 边界层和黏性底层

在湍流流动中,边界层和黏性底层是两个非常重要的概念。

根据黏性无滑移边界条件贴近物体壁面上的流体质点速度为零,在紧靠物体表面的一个流体薄层内,流体质点速度从壁面处的值为零迅速增大到流体来流速度 U,薄层内速度梯度大,黏性作用力大,黏性影响非常重要。薄层外流体质点速度基本上均匀,等于流体来流速度,速度梯度近似为零,黏性力为零,因此薄层外流体可以看作无黏性或理想流体。这就是著名的**边界层**(boundary layer)概念,是普朗特在 1904 年提出的。边界层概念将整个流场分成有黏性影响的边界层内黏性流体流动和无黏性影响的边界层外理想流体流动两个区域,使理想流体流动分析和黏性流体流动有机地结合起来,极大地促进了现代流体力学的发展。边界层概念意味着在离开固体壁面一个很小的距离(薄层或边界层)外,可以应用理想流体的数学分析理论来确定实际流体中的流线。

当边界层内流体质点速度较低,黏性作用较大时,边界层内流动全部是层流,称为**层流边界层**(laminar boundary layer)。当来流速度较大,黏性作用较小时,边界层内的流动可能是具有贴近壁面为黏性底层,而绝大部分为湍流的流动,称为**湍流边界层**(turbulent boundary layer)。平板上区分层流与湍流边界层的判据是雷诺数,$Re_c=Ux_c/\nu=5\times10^5$,$x_c$ 是距平板前缘点的平板长度。一般情况下,$Re<5\times10^5$ 时为层流边界层,$Re>5\times10^5$ 时为湍流边界层。边界层厚度 δ 通常定义为在离开壁面一定距离的某点处的流体质点速度 u 等于未受扰动的来流速度 U 的 99%时,该点垂直于壁面的距离,因此边界层外边界上流体质点速度 $u=0.99U$。平板上边界层结构及变化如图 4-7 所示,边界层厚度随距表面前缘点的距离的增加而增厚。

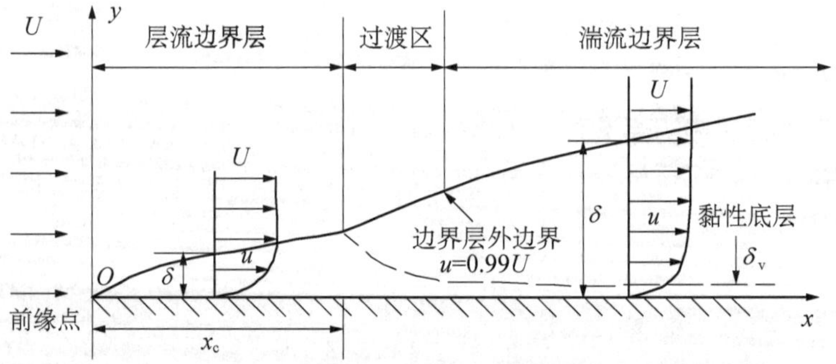

图 4-7 平板上边界层结构及变化

光滑壁面处由于黏性作用,在壁面附近有一个层流流动的底层。因为在这一底层内黏性应力起主要作用,所以称为**黏性底层**(viscous sublayer)。黏性底层极薄,通常只有百分之几毫米,但是,因为黏性底层内速度梯度和黏性应力 $(\tau=\mu \mathrm{d}u/\mathrm{d}y)$ 非常大,所以其影响是非常大的。在离壁面比较远的地方,黏性影响变得微小,而湍流应力很大。在两者之间,必然存在一个过渡区域,此处两种应力都较为显著。事实证明,这三个区域不能够明确地区分开，它们是相互逐渐变化的。

4.5.2　圆管湍流的速度分布

流体在圆管内湍流流动，由于湍流脉动性，靠近管轴的大部分区域，流层间动量交换剧烈，速度分布趋于均匀，这一区域称为**湍流核心区**或**湍流充分发展区**，在湍流核心区，湍流附加切应力起主要作用，黏性内摩擦切应力可忽略不计。在靠近管壁的地方，由于受到壁面的限制，脉动消失，黏性内摩擦切应力使流速急剧下降，速度梯度较大，这一薄层即黏性底层。在黏性底层中，黏性内摩擦切应力起主要作用，湍流附加切应力可忽略不计。当然还有介于两者之间的过渡区。因此，圆管湍流沿截面可分为三个区：黏性底层、过渡区、湍流核心区。过渡区很薄，一般不单独考虑，有时把它和湍流的核心区合在一起称为湍流部分。在湍流核心内，径向的传递过程因速度的脉动而大大强化。而在层流底层中，径向的传递只能依赖于分子运动。因此，层流底层成为传递过程中的主要阻力。

黏性底层的厚度很薄，用 δ_v 表示，计算 δ_v 的半经验公式有

$$\delta_v = \frac{34.2d}{Re^{0.875}} \tag{4-23}$$

或

$$\delta_v = \frac{32.8d}{Re\sqrt{\lambda}} \tag{4-24}$$

式中　δ_v ——黏性底层的厚度，mm；

d ——管道直径，mm；

λ ——沿程损失系数。

人们由实验总结出湍流速度分布为指数形式，其表达式为

$$\frac{u}{u_{max}} = \left(1 - \frac{r}{R}\right)^n \tag{4-25}$$

式中，n 是与 Re 有关的指数，随着 Re 的增加，n 的变化范围为 $\frac{1}{6} \sim \frac{1}{10}$：

$$4 \times 10^4 < Re < 1.1 \times 10^5 \text{ 时，} n = \frac{1}{6}；$$

$$1.1 \times 10^5 < Re < 3.2 \times 10^6 \text{ 时，} n = \frac{1}{7}；$$

$$Re > 3.2 \times 10^6 \text{ 时，} n = \frac{1}{10}。$$

通过以上分析可知，流体在圆管内流动，速度分布规律随雷诺数的变化而变化，雷诺数较小的层流流动中，速度呈抛物线分布；雷诺数较大的湍流流动中，速度呈对数曲线分布，而且雷诺数越大，管道中心速度分布越均匀，如图 4-8 所示。

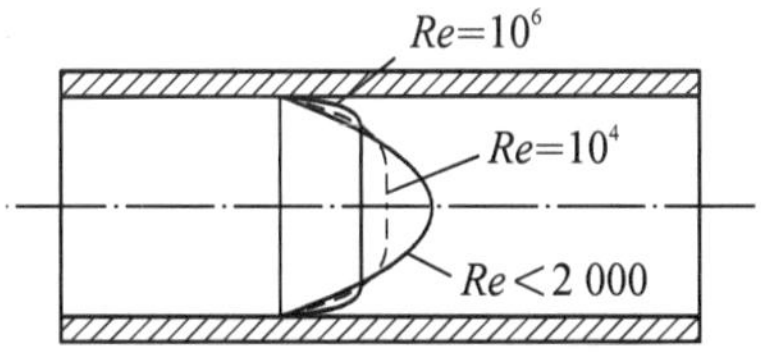

图 4-8　圆管内流动的速度分布剖面

4.6 沿程摩擦阻力系数计算

4.6.1 沿程摩擦阻力系数计算公式

管道内流动摩擦损失不仅取决于粗糙突出部分的大小和形状，还与它们的分布和间距有关。工业用管道粗糙度还无法进行科学的测量和确定。1933 年德国工程师尼古拉兹(Nikurades)用筛选沙粒黏附在光滑的管道壁面上得到了人工粗糙管并进行了实验，实验结果如图 4-9 所示。将沙粒直径 ε 定义为**绝对粗糙度**(absolute roughness)，ε/d 定义为**相对粗糙度**(relative roughness)，图中横坐标为流动雷诺数 Re，纵坐标为沿程阻力系数 λ，每一相对粗糙度 ε/d 有一条反映 λ 与 Re 关系的曲线。人工粗糙管的粗糙度是均匀的，但是工业管道的粗糙度其大小和分布都是不规则的。因此定义工业管道的**当量粗糙度**(equivalent roughness)为：高雷诺数下，如果工业管道与人工管道具有相同的 λ 值，则将人工管道的粗糙度 ε 作为工业管道的当量粗糙度。当量粗糙度接近于管道的不规则粗糙突出部分的平均值。附录Ⅳ给出了工业管道的当量粗糙度。

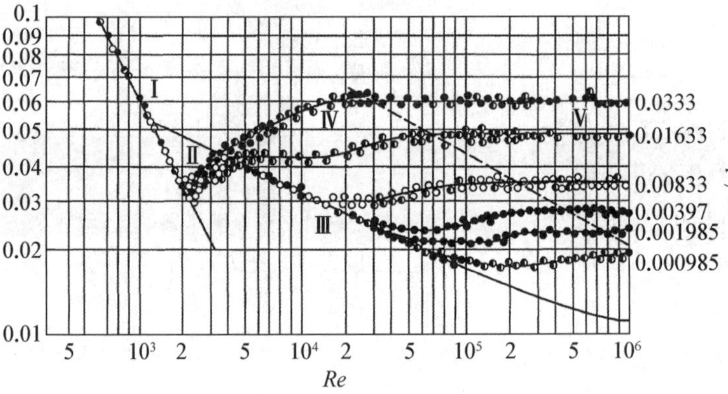

图 4-9 尼古拉兹实验曲线

当 $\delta_v > \varepsilon$，或 $4\,000 < Re < 80(d/\varepsilon)$ 时，粗糙度全部浸没在黏性底层内，普朗特根据尼古拉兹实验(Nikuradse experiment)数据，提出了光滑管流动的摩擦系数计算式

$$\frac{1}{\sqrt{\lambda}} = 2.0\lg\left(\frac{Re\sqrt{\lambda}}{2.51}\right) \tag{4-26}$$

式中不含粗糙度 ε，式(4-26)适用于光滑管内湍流流动。因为式(4-26)两边都含有 λ，计算显得不方便，柯列勃洛克(Colebrook)提出了便于计算的关系式

$$\frac{1}{\sqrt{\lambda}} = 1.8\lg\left(\frac{Re}{6.9}\right) \tag{4-27}$$

式(4-27)适用于光滑管内流动，$4\,000 \leqslant Re \leqslant 10^8$。

勃拉修斯(Blasius)提出了光滑管内流动，当 $3\,000 \leqslant Re \leqslant 10^5$ 时的摩擦系数计算式为

$$\lambda=\frac{0.3164}{Re^{0.25}} \tag{4-28}$$

在高雷诺数下，δ_v 变得很小，粗糙度突出到黏性底层外，$\delta_v<(1/14)\varepsilon$ 或 $Re>4160[d/(2\varepsilon)]^{0.85}$，流动为充分粗糙管流动，摩擦系数与雷诺数无关，卡门(Karman)提出的充分粗糙管流动的摩擦系数计算式为

$$\frac{1}{\sqrt{\lambda}}=2.0\lg\left(\frac{3.7}{\varepsilon/d}\right) \tag{4-29}$$

在 $\varepsilon>\delta_v>(1/14)\varepsilon$，或 $80(d/\varepsilon)<Re<4160[d/(2\varepsilon)]^{0.85}$ 时，流动既不是光滑流也不是充分粗糙流，而是处于过渡流动区域。

1939 年柯列勃洛克(Colebrook)将以上两式相结合，提出了过渡区域内沿程摩擦系数计算式

$$\frac{1}{\sqrt{\lambda}}=-2.0\lg\left(\frac{\varepsilon/d}{3.7}+\frac{2.51}{Re\sqrt{\lambda}}\right) \tag{4-30}$$

式(4-30)虽然只适用于过渡区域内，但是当 $\varepsilon=0$ 时，上式简化为光滑管流动计算式，当 Re 很大时，上式简化为充分粗糙流动计算式。摩擦系数计算值与试验数据误差一般在 10%～15%。1983 年，哈朗德(Hadand)提出了另外一个便于计算的过渡区域摩擦系数计算式

$$\frac{1}{\sqrt{\lambda}}=-1.8\lg\left[\left(\frac{\varepsilon/d}{3.7}\right)^{1.11}+\frac{6.9}{Re}\right] \tag{4-31}$$

当 $4000\leqslant Re\leqslant 10^8$ 时，式(4-31)与式(4-30)计算误差小于±1.5%。

4.6.2　摩擦系数曲线图

以上计算式在不同场合下应用的规定给摩擦系数计算带来了极大的不方便，用摩擦系数计算曲线图就非常方便了，1944 年莫迪(Moody)根据前面的计算式给出了摩擦系数曲线图，称为莫迪图，如图 4-10 所示。莫迪图上将不同的流动条件分成了四个区域：**层流流动区**、**临界区**(其值不确定，因为流动可能是层流也可能是湍流)、**过渡区**(摩擦系数同时受到了雷诺数和相对粗糙度的影响)和**完全湍流区**(充分粗糙管流动，摩擦系数与雷诺数无关，仅由相对粗糙度 ε/d 确定，因为阻力损失与速度的二次方成正比，又称为阻力平方区)。莫迪图中，过渡区与完全湍流区没有明确的界限，虚线用于区分过渡区与完全湍流区，其方程式为 $Re=3500/(\varepsilon/d)$。图中，右侧纵坐标是相对粗糙度 ε/d，其值与曲线相对应而不是与网格对应。过渡区最下面的曲线代表水力光滑管 ($\varepsilon=0$) 的流动曲线，图中许多其他曲线在低 Re 时与光滑管流动曲线重合。莫迪图确定的摩擦系数值与试验数据误差一般不超过 5%。

4.6.3　非圆形管的当量直径

在非圆断面的管道或渠道的水力计算中，将引入当量直径的概念，**当量直径**(equivalent diameter) d_e 定义为四倍的水力半径(R_h)，即

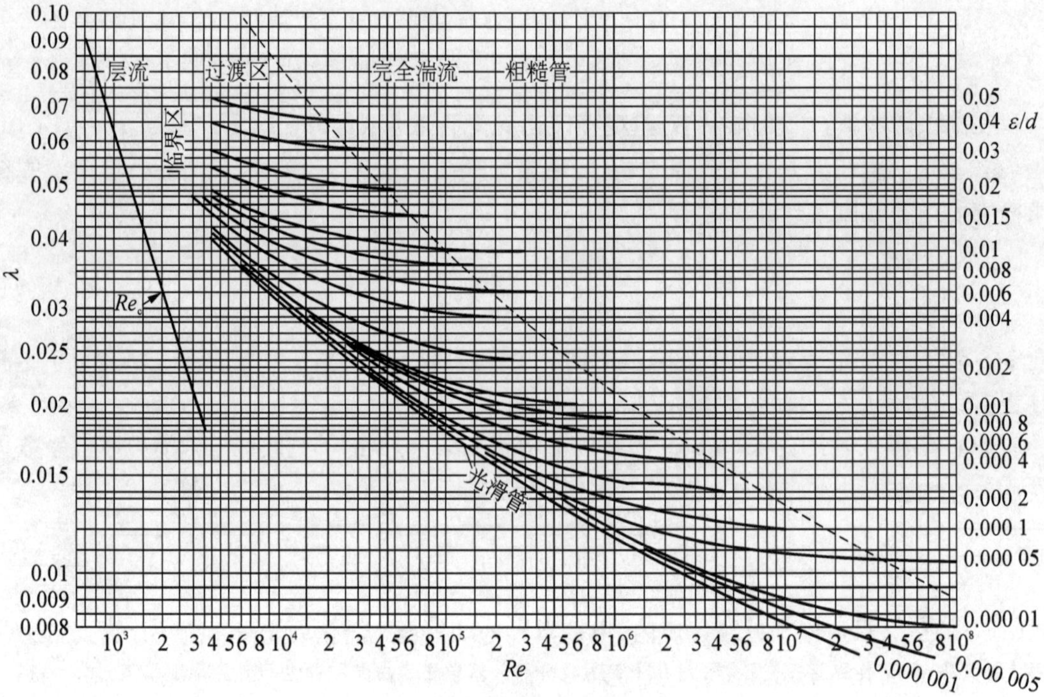

图 4-10 摩擦系数曲线图

$$d_e = 4R_h \tag{4-32}$$

圆管道的当量直径 $d_e = 4R_h = 4\left(\dfrac{r}{2}\right) = 2r = d$，等于圆管直径。前面讨论的都是圆管的阻力损失。实验证明，对于非圆形管内的湍流流动，如采用定义的当量直径 d_e 代替圆管直径，其阻力损失仍可按式(4-1)和图 4-10 进行计算。

当量直径的定义是经验性的，并无充分的理论根据。对于层流流动还应改变式(4-20)中的 64 这一常数，如正方形管为 57，环隙为 96。对于长宽比大于 3 的矩形管道使用式(4-32)将有相当大的误差。

用当量直径 d_e 计算的 Re 数也用以判断非圆形管中的流型。非圆形管中稳定层流的临界雷诺数同样是 2 000。

例 4-1 在管径 $d=300$ mm，相对粗糙度 $\varepsilon/d=0.002$ 的工业管道内，运动黏滞系数 $\nu=1\times10^{-6}\ \text{m}^2/\text{s}$，$\rho=999.23\ \text{kg/m}^3$ 的水以 $u=3$ m/s的速度运动。试求：管长 $l=300$ m 的管道内的沿程水头损失 h_f。

解
$$Re = \frac{ud}{\nu} = \frac{3\times0.3}{10^{-6}} = 9\times10^5$$

由图 4-10 查得 $\lambda=0.023\,8$，处于粗糙区。

也可用(4-29)式计算。

$$\frac{1}{\sqrt{\lambda}} = 2\lg\frac{3.7d}{\varepsilon} = 2\lg\frac{3.7d}{0.002},\ \lambda=0.023\,5$$

可见通过查图或利用公式计算，其结果是很接近的。

$$h_f=\lambda \frac{l}{d}\cdot\frac{u^2}{2g}=0.0238\times\frac{300}{0.3}\times\frac{3^2}{2g}=10.8(\mathrm{m})。$$

4.7　局部阻力损失

各种管件都会产生局部阻力损失，和直管阻力的沿程均匀分布不同，局部阻力损失是由于流道的急剧变化使流动边界层分离，所产生的大量旋涡消耗了机械能。

4.7.1　局部阻力损失的计算

局部阻力损失的计算是一个复杂的问题，而且管件种类繁多且规格不一，难以精确计算。通常采用以下两种近似方法。

(1) 近似地认为局部阻力损失服从平方定律

$$h_m=\zeta\frac{u^2}{2g} \tag{4-33}$$

式中，ζ 为**局部阻力系数**(local loss coefficient)，由实验测定。

(2) 近似地认为局部阻力损失可以相当于某个长度的直管，即

$$h_f=\lambda\frac{l_e}{d}\cdot\frac{u^2}{2g} \tag{4-34}$$

式中，l_e 为管件的**当量长度**(equivalent length)，由实验测得。

4.7.2　突然扩大与突然缩小

突然扩大时产生阻力损失的原因在于边界层脱体。流道突然扩大，下游压强上升，流体在逆压强梯度下流动，极易发生边界层分离而产生旋涡，如图 4-11(a)所示。

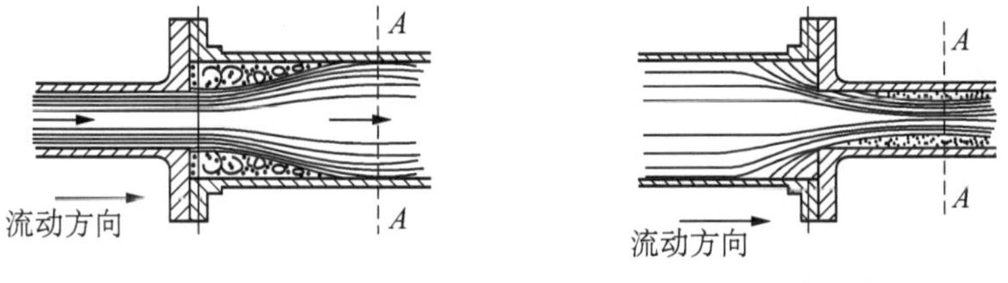

(a) 突然扩大　　(b) 突然缩小

图 4-11　突然扩大和突然缩小

流道突然缩小时，见图 4-11(b)，流体在顺压强梯度下流动，不致发生边界层脱体现象。因此，在收缩部分不发生明显的阻力损失。但流体有惯性，流道将继续收缩至 AA 面，然后流道再次扩大。这时，流体转而在逆压强梯度下流动，也就产生边界层分离和旋涡。可见，突然缩小造成的阻力主要还在于突然扩大。

有少数形状简单的局部阻碍，可以借助于基本方程求得它的阻力系数，突然扩大就是其

中的一个。图 4-12 为圆管突然扩大处的流动示意图。取流股将扩未扩的Ⅰ-Ⅰ断面和扩大后流速分布与湍流脉动已接近均匀流正常状态的Ⅱ-Ⅱ断面列能量方程,如果两断面间的沿程水头损失不计,则

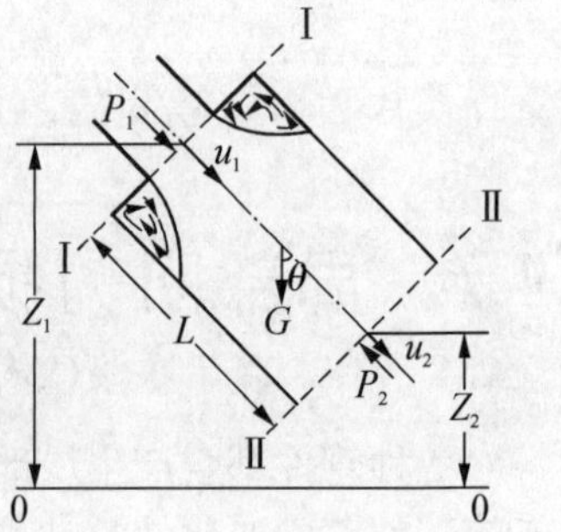

图 4-12 突然扩大

$$h_m=\left(Z_1+\frac{p_1}{\gamma}+\frac{a_1u_1^2}{2g}\right)-\left(Z_2+\frac{p_2}{\gamma}+\frac{a_2u_2^2}{2g}\right)$$

为了确定压强与流速的关系,再对Ⅰ,Ⅱ两断面与管壁所包围的流动空间写出沿流动方向的动量方程

$$\sum F=\frac{\gamma Q}{g}(\alpha_{02}u_2-\alpha_{01}u_{01})$$

式中,$\sum F$ 为作用在所取流体的全部轴向外力之和,其中包括:

(1) 作用在Ⅰ断面上的总压力 P_1。应指出,Ⅰ断面的受压面积不是 A_1,而是 A_2。其中的环形部分位于旋涡区。观察表明,这个环形面积上的压强基本符合静压强分布规律,故

$$P_1=p_1A_2$$

(2) 作用在Ⅱ断面上的总压力,$P_2=p_2A_2$

(3) 重力在管轴上的投影

$$G\cos\theta=\gamma A_2 l\,\frac{Z_1-Z_2}{l}=\gamma A_2(Z_1-Z_2)$$

(4) 边壁上的摩擦阻力忽略不计。

因此,

$$p_1A_2-p_2A_2+\gamma A_2(Z_1-Z_2)=\frac{\gamma Q}{g}(\alpha_{02}u_2-\alpha_{01}u_{01})$$

将 $Q=u_2A_2$ 代入,化简后得

$$\left(Z_1+\frac{p_1}{\gamma}\right)-\left(Z_2+\frac{p_2}{\gamma}\right)=\frac{u_2}{g}(\alpha_{02}u_2-\alpha_{01}u_{01})$$

将上式带入能量方程式得

$$h_m=\frac{\alpha_1u_1^2}{2g}-\frac{\alpha_2u_2^2}{2g}+\frac{u_2}{g}(\alpha_{02}u_2-\alpha_{01}u_{01})$$

对于湍流,可取 $\alpha_{01}=\alpha_{02}=1$, $\alpha_1=\alpha_2=1$。

由此可得

$$h_m=\frac{(u_1-u_2)^2}{2g}\tag{4-35}$$

上式表明,突然扩大的水头损失等于以平均流速差计算的流速水头。

要把式(4-35)转换成计算局部阻力损失的一般形式只需将 $u_2=u_1\dfrac{A_1}{A_2}$ 或 $u_1=u_2\dfrac{A_2}{A_1}$ 代入。

$$\left.\begin{aligned} h_m &= \left(1-\frac{A_1}{A_2}\right)^2 \frac{u_1^2}{2g} = \zeta_1 \frac{u_1^2}{2g} \\ h_m &= \left(\frac{A_2}{A_1}-1\right)^2 \frac{u_2^2}{2g} = \zeta_2 \frac{u_2^2}{2g} \end{aligned}\right\} \tag{4-36}$$

所以突然扩大的阻力系数为

$$\zeta_1 = \left(1-\frac{A_1}{A_2}\right)^2 \text{或} \zeta_2 = \left(\frac{A_2}{A_1}-1\right)^2 \tag{4-37}$$

突然扩大前后有两个不同的平均流速，因而有两个相应的阻力系数。计算时必须注意使选用的阻力系数与流速水头相适应。

工程中使用的管件种类繁多，常见的管件、阀件及其阻力系数 ζ 可参考附录Ⅴ，其他的管件、阀件等的阻力系数 ζ 可参阅有关资料。

例 4-2 所谓虹吸管即管道中一部分高出上游供水液面的管路，如图 4-13 所示。图中具体数值如下：$H=2$ m，$l_1=15$ m，$l_2=20$ m，$d=200$ mm，进口阻力系数 $\zeta_e=1$，转弯阻力系数 $\zeta_b=0.2$，出口阻力系数 $\zeta_0=1$，$\lambda=0.025$，管中水流的最大允许真空高度 $[h_v]=7$ m。求通过虹吸管流量及管顶最大允许安装高度 h_{max}。

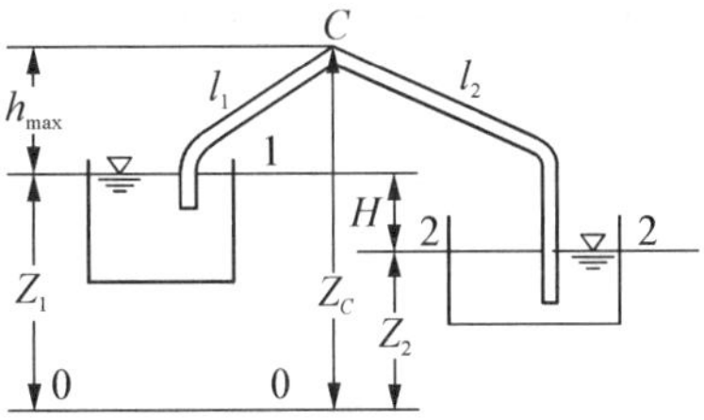

图 4-13 虹吸管示意图

解 现以水平线 0-0 为基准线，列出图 4-13 中 1-1、2-2 能量方程。

$$Z_1 + \frac{p_1}{\gamma} + \frac{\alpha_1 u_1^2}{2g} = Z_2 + \frac{p_2}{\gamma} + \frac{\alpha_2 u_2^2}{2g} + h_{l1-2} \tag{1}$$

$$Z_1 - Z_2 = H = 2;\ p_1 = p_2 = p_a;\ u_1 = u_2 = 0 \tag{2}$$

$$\begin{aligned} h_{l1-2} &= \sum h_f + \sum h_m \\ &= h_{f1} + h_{f2} + h_{me} + \sum h_{mb} + h_{m0} \\ &= \left(\lambda \frac{l_1+l_2}{d} + \zeta_e + 3\zeta_b + \zeta_0\right) \frac{u^2}{2g} \end{aligned} \tag{3}$$

式中 h_{f1}，h_{f2}——水在管长为 l_1 和 l_2 内的沿程阻力损失；

h_{me}，h_{mb}，h_{m0}——分别为进口、转弯和出口处的局部阻力损失；

u——虹吸管内流速。

将式(2)和式(3)代入式(1)得

$$\begin{aligned} u &= \frac{1}{\sqrt{\lambda \frac{l_1+l_2}{d} + \zeta_e + 3\zeta_b + \zeta_0}} \sqrt{2gH} \\ &= \frac{1}{\sqrt{4.38+1+3\times 0.2+1}} \times \sqrt{39.2} \\ &= 2.37(\text{m/s}) \end{aligned}$$

则 $$Q=u\cdot\frac{\pi d^2}{4}=2.37\times\frac{3.14\times0.2^2}{4}=0.074\,5(\mathrm{m^3/s})$$

为了计算最大真空高度，取 1-1 及最高断面 $C-C$ 列能量方程

$$Z_1+\frac{p_1}{\gamma}+\frac{\alpha_1u_1^2}{2g}=Z_C+\frac{p_C}{\gamma}+\frac{\alpha u^2}{2g}+\left(\zeta_e+2\zeta_b+\lambda\frac{l_1}{d}\right)\frac{u^2}{2g} \tag{4}$$

$$p_1=p_a,\ u_1\approx0,\ \alpha\approx1$$

当 $\frac{p_a-p_C}{\gamma}=[h_v]$ 时，$Z_C-Z_1=h_{max}$，则

$$\begin{aligned}h_{max}&=[h_v]-\left(1+\zeta_e+2\zeta_b+\lambda\frac{l_1}{d}\right)\cdot\frac{u^2}{2g}\\&=7-\left(1+1+2\times0.2+\frac{0.025\times15}{0.2}\right)\times\frac{2.37^2}{2\times9.8}\\&=5.78(\mathrm{m})\end{aligned}$$

4.8 管路计算

4.8.1 简单管路

4.8.1.1 简单管路计算

为了研究流体在管路中的流动规律，首先讨论流体在简单管路中的流动。所谓**简单管路**(simple pipe line)就是等径、无分支的管路，它是组成各种复杂管路的基本单元。如图 4-14 所示，这类管路的特点是有相同管径 d 和相同流量 Q。

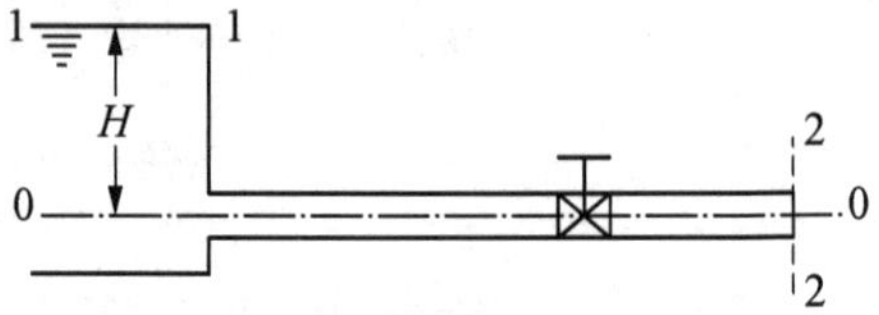

图 4-14 简单管路

当忽略自由液面速度，且出流流至大气，以 0-0 为基准线，列 1-1，2-2 两断面间的能量方程式为

$$H=\lambda\frac{l}{d}\cdot\frac{u^2}{2g}+\sum\zeta\frac{u^2}{2g}+\frac{u^2}{2g}$$

$$H=\left(\lambda\frac{l}{d}+\sum\zeta+1\right)\frac{u^2}{2g}$$

因出口局部阻力系数 $\zeta_0=1$，若将 1 作为 ζ_0 包括到 $\sum\zeta$ 中去，则上式化为

$$H=\left(\lambda\frac{l}{d}+\sum\zeta\right)\frac{u^2}{2g}$$

用 $u^2=\left(\frac{4Q}{\pi d^2}\right)^2$ 代入上式得

$$H=\frac{8\left(\lambda\frac{l}{d}+\sum\zeta\right)}{\pi^2d^4g}Q^2$$

令 $$S_H=\frac{8\left(\lambda\frac{l}{d}+\sum\zeta\right)}{\pi^2d^4g}\text{，单位是 s}^2/\text{m}^5 \tag{4-38}$$

则 $$H=S_HQ^2\text{，单位是 m} \tag{4-39}$$

因而对于风机带动的气体管路，式(4－39)仍适用。气体常用压强表示，于是

$$p=\gamma H=\gamma S_HQ^2$$

令 $$S_p=\gamma S_H=\frac{8\left(\lambda\frac{l}{d}+\sum\zeta\right)\rho}{\pi^2d^4}\text{，单位是 kg/m}^7 \tag{4-40}$$

则 $$p=S_pQ^2\text{，单位是 N/m}^2 \tag{4-41}$$

在大多数管路的水力计算中，流动处在阻力平方区，λ 仅与 ε/d 有关，而与流速无关，对于给定的管路，可视为常数。此时，S_p、S_H 对已给定的管路是一个定数，它综合反映了管路上的沿程阻力和局部阻力情况，故称为**管路阻抗**(pipe impedance)。这个概念和物理中的“电阻”的概念有些类似。式(4－39)、式(4－41)所表示的规律为：**简单管路中，总阻力损失与体积流量平方成正比。**

4.8.1.2 管路的优化设计

对于简单管路，表示管路中各参数之间关系的方程只有下列三个。

质量守恒式 $$Q=\frac{\pi}{4}d^2u \tag{4-42a}$$

机械能衡算式 $$\left(\frac{p_1}{\rho g}+Z_1\right)=\left(\frac{p_2}{\rho g}+Z_2\right)+\left(\lambda\frac{l}{d}+\sum\zeta\right)\frac{u^2}{2g} \tag{4-42b}$$

摩擦系数计算式 $$\lambda=\varphi\left(\frac{du\rho}{\mu},\frac{\varepsilon}{d}\right) \tag{4-42c}$$

管路计算按其目的可分为**设计型计算**与**操作型计算**两类。

设计型计算一般是管路尚未存在时给定输送任务，要求设计经济上合理的管路。典型的设计型计算管路要求：规定输送量 Q，确定最经济的管径 d 及需由供液点提供的势能 $\frac{p_1}{\rho g}+Z_1$。

给定条件：

(1) 供液与需液点间的距离，即管长 l；

(2) 管道材料及管件配置，即 ε 及 $\sum\zeta$；

(3) 需液点的势能 $\frac{p_2}{\rho g}+Z_2$。

对上述命题可指定流速 u,计算管径 d 及所需的供液点势能 $\frac{p_1}{\rho g}+Z_1$。指定不同的流速 u,可对应地求得一组 d 和 $\frac{p_1}{\rho g}+Z_1$。设计人员的任务就在于从这一系列计算结果中,选出最经济合理的管径 d_{opt}。由此可见,设计型问题一般都包含着“选择”或“优化”的问题。

对于一定流量,管径 d 与 $\sqrt{u}$ 成反比。流速 u 越小,管径越大,设备费用就越大。反之,流速越大,管路设备费用固然减小,但输送流体所需的能量 $\frac{p_1}{\rho g}+Z_1$ 则越大,这意味着操作费用的增加。因此,最经济合理的管径或流速的选择应使每年的操作费与按使用年限计的设备折旧费之和为最小,如图 4-15 所示。图中操作费包括能耗及每年的大修费,大修费是设备费的某一百分数,故流速过小、管径过大时的操作费反而升高。

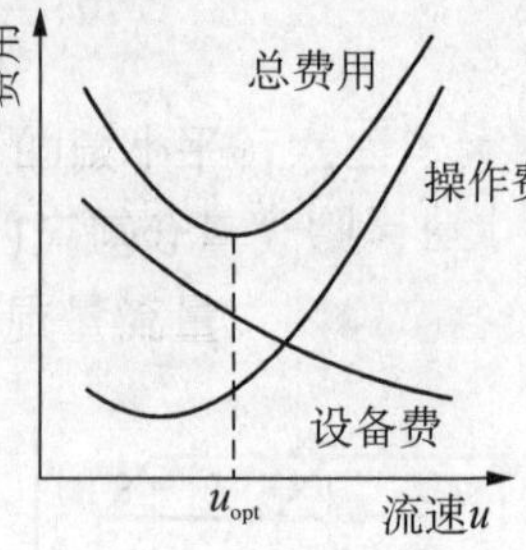

图 4-15　管径的最优化

原则上来说,为确定最优管径可选用不同的流速作为方案计算,从中找出经济、合理的最佳流速(或管径),对于车间内部的管路,可根据附录Ⅵ列出的常用流速范围,经验地选用流速,然后由式(4-42a)算出管径,再根据管道标准进行圆整。

在选择流速时,应考虑流体的性质。黏度较大的流体(如油类)流速应取得低些;含有固体悬浮物的液体,为防止管路的堵塞,流速则不能取得太低。密度较大的液体,流速应取得低,而密度很小的气体,流速则可比液体取得大得多;气体输送中,容易获得压强的气体(如饱和水蒸气)流速可高;而一般气体输送的压强得来不易,流速不宜取得太高。

操作型计算问题是管路已定,要求核算在某给定条件下管路的输送能力或某项技术指标,这类问题的命题如下。

给定条件　　d、l、$\sum\zeta$、ε、$\frac{p_1}{\rho g}+Z_1$、$\frac{p_2}{\rho g}+Z_2$

计算目的　　输送量 Q

或

给定条件　　d、l、$\sum\zeta$、ε、$\frac{p_2}{\rho g}+Z_2$、Q

计算目的　　给液点势能 $\frac{p_1}{\rho g}+Z_1$

计算的目的不同,命题中需给定的条件亦不同。但是,在各种操作型问题中,有一点是完全一致的,即都是给定了 6 个变量,方程组有唯一解。在第一种命题中,为求得流量 Q 必须联立求解方程组(4-42)中的式(b)、(c),计算流速 u 和 λ,然后再用方程组中的式(a)求得 Q。由于式

$$\lambda=\varphi\left(\frac{du\rho}{\mu},\ \frac{\varepsilon}{d}\right)$$

系一个复杂的非线性函数,上述求解过程需试差或迭代。

由于 λ 的变化范围不大,试差计算时,可将摩擦系数 λ 作试差变量。通常可取流动已进入

阻力平方区的 λ 作为计算初值。必须指出，$\lambda=\varphi\left(\frac{du\rho}{\mu},\ \frac{\varepsilon}{d}\right)$ 的非线性是使求解必须用试差或迭代计算的根本原因。当已知阻力损失服从平方或一次方定律时，则可以解析求解，无需试差。

4.8.1.3　简单管路阻力损失分析

图 4-16 为典型的简单管路，设各管段的管径相同，高位槽内液面保持恒定，液体做定态流动。

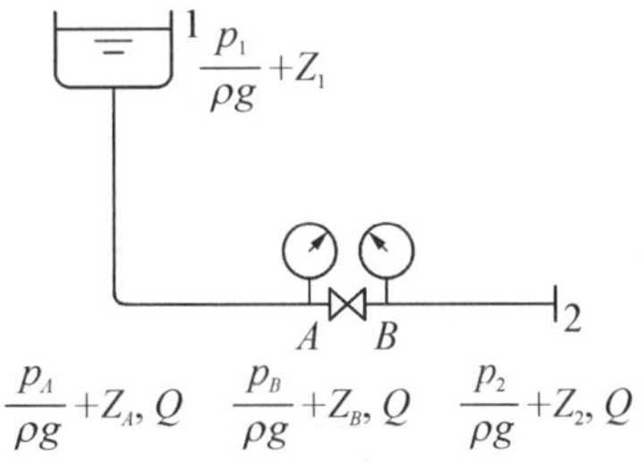

图 4-16　简单管路

该管路的阻力损失由三部分组成：$h_{f1\text{-}A}$、$h_{fA\text{-}B}$、$h_{fB\text{-}2}$，其中 $h_{fA\text{-}B}$ 是阀门的局部阻力。设起初阀门全开，各点总势能分别为 $\left(\frac{p_1}{\rho g}+Z_1\right)$、$\left(\frac{p_A}{\rho g}+Z_A\right)$、$\left(\frac{p_B}{\rho g}+Z_B\right)$ 和 $\left(\frac{p_2}{\rho g}+Z_2\right)$，各管段内的流量 Q 相等。

现将阀门由全开转为半开，上述各处的流动参数发生如下变化：

(1) 阀关小，阀门的阻力系数 ζ 增大，$h_{fA\text{-}B}$ 增大，出口及管内各处的流量 Q 随之减小。

(2) 在管段 1-A 之间考查，流量降低使之减小，阀 A 处总势能 $\left(\frac{p_A}{\rho g}+Z_A\right)$ 将增大。因 A 点高度未变，$\left(\frac{p_A}{\rho g}+Z_A\right)$ 的增大即意味着压强 p_A 的升高。

(3) 在管段 B-2 之间考查，流量降低使 $h_{fB\text{-}2}$ 随之减小，总势能 $\left(\frac{p_B}{\rho g}+Z_B\right)$ 将下降。同理，$\left(\frac{p_B}{\rho g}+Z_B\right)$ 的下降即意味着压强 p_B 的减小。

由此可引出如下结论：

(1) 任何局部阻力系数的增加将使管内的流量下降；

(2) 下游阻力增大将使上游压强上升；

(3) 上游阻力增大将使下游压强下降；

(4) 阻力损失总是表现为流体机械能的降低，在等径管中则为总势能 $\left(\frac{p}{\rho g}+Z\right)$ 的降低。其中第(2)点应予特别注意，下游情况的改变同样影响上游。这充分体现出流体作为连续介质的运动特性，表明管路应作为一个整体加以考查。

4.8.2　复杂管路

4.8.2.1　串联管路

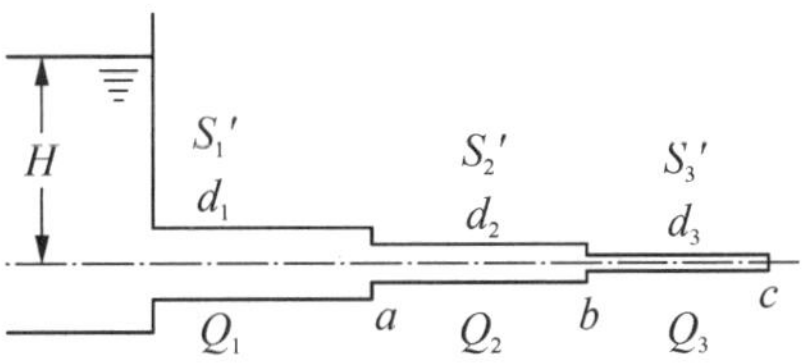

图 4-17　串联管路

串联管路是由许多简单管路首尾相接组合而成的，如图 4-17 所示。

管段相接点称为节点(node)，如图中 a 点、b 点。在每一个节点上都遵循质量守恒原理，即流入的质量流量与流出的质量流量相等，当ρ为常数时，流入的体积流量等于流出的体积流量，取流入流量为正，流出流量为负，则对于每一个节点可以写出$\sum Q=0$。因此对串联管路(无中途分流或合流)则有

$$Q_1=Q_2=Q_3$$

串联管路阻力损失，按阻力叠加原理有

$$h_{l1\text{-}3}=h_{l1}+h_{l2}+h_{l3}=S_1Q_1^2+S_2Q_2^2+S_3Q_3^2 \tag{4-43}$$

因流量Q各段相等，于是得

$$S=S_1+S_2+S_3 \tag{4-44}$$

由此得出结论：**无中途分流或合流，则流量相等，阻力叠加，总管路的阻抗S等于各管段的阻抗叠加。**

4.8.2.2 并联管路

流体从总管路节点a上分出两根以上的管段，而这些管段同时又汇集到另一节点b上，在节点a和b之间的各管段称为**并联管路**，如图4-18所示。同串联管路一样，遵循质量守恒原理，ρ为常数时，应满足$\sum Q=0$，则a点上流量为

$$Q=Q_1+Q_2+Q_3 \tag{4-45}$$

并联节点a、b间的阻力损失，从能量守恒观点来看，无论是1支路、2支路、3支路均等于a、b两节点的压头差。于是

$$h_{l1}=h_{l2}=h_{l3}=h_{la\text{-}b} \tag{4-46}$$

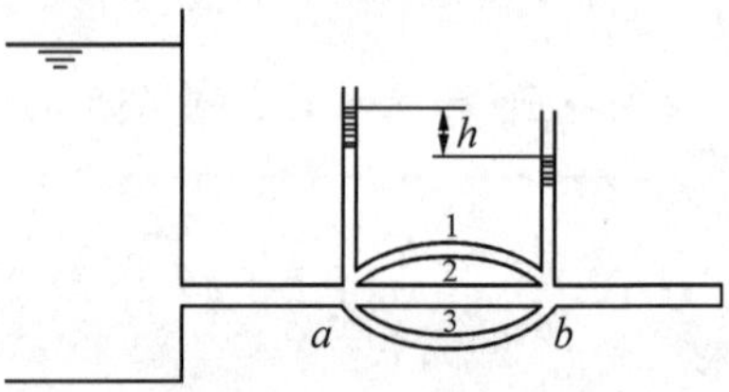

图4-18 并联管路

设S为并联管路的总阻抗，Q为总流量，则有

$$S_1Q_1^2=S_2Q_2^2=S_3Q_3^2=SQ^2 \tag{4-47}$$

而

$$Q=\frac{\sqrt{h_{la\text{-}b}}}{\sqrt{S}},\ Q_1=\frac{\sqrt{h_{l1}}}{\sqrt{S_1}},\ Q_2=\frac{\sqrt{h_{l2}}}{\sqrt{S_2}},\ Q_3=\frac{\sqrt{h_{l3}}}{\sqrt{S_3}} \tag{4-48}$$

将式(4-48)和式(4-46)代入式(4-45)中得出

$$\frac{1}{\sqrt{S}}=\frac{1}{\sqrt{S_1}}+\frac{1}{\sqrt{S_2}}+\frac{1}{\sqrt{S_3}} \tag{4-49}$$

于是得到并联管路计算原则：**并联节点上的总流量为各支管中流量之和，并联各支管上的阻力损失相等，总的阻抗平方根倒数等于各支管阻抗平方根倒数之和。**

现在进一步分析式(4-48)，将它变为

$$\frac{Q_1}{Q_2}=\sqrt{\frac{S_2}{S_1}};\ \frac{Q_2}{Q_3}=\sqrt{\frac{S_3}{S_2}};\ \frac{Q_3}{Q_1}=\sqrt{\frac{S_1}{S_3}} \tag{4-50}$$

写成连比形式

$$Q_1 : Q_2 : Q_3 = \frac{1}{\sqrt{S_1}} : \frac{1}{\sqrt{S_2}} : \frac{1}{\sqrt{S_3}} \tag{4-51}$$

式(4 - 50)与式(4 - 51)即为并联管路流量分配规律。式(4 - 51)的意义在于，各分支管路的管段几何尺寸、局部构件确定后，按照节点间各分支管路的阻力损失相等，来分配各支管上的流量，阻抗 S 大的支管其流量小，S 小的支管其流量大。在专业上并联管路设计计算中，必须进行“阻力平衡”，它的实质就是应用并联管路中流量分配规律，在满足用户需要的流量下，设计合适的管路尺寸及局部构件，使各支管上阻力损失相等。

4.8.2.3　分支管路

图 4 - 19 为最简单的**分支管路**(branched pipe line)，现将某一支管的阀门(例如阀 A)关小，ζ_A 增大，则

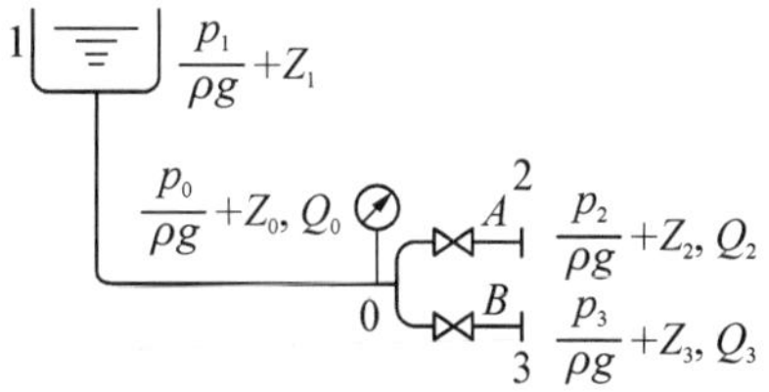

图 4 - 19　分支管路

(1) 考察整个管路，由于阻力增加而使总流量 Q_0 下降，$\left(\frac{p_0}{\rho g}+Z_0\right)$ 上升；

(2) 在截面 0 至 2 间考查，因 ζ_A 增大，而使 Q_2 下降，使 $\left(\frac{p_0}{\rho g}+Z_0\right)$ 上升；

(3) 在截面 0 至 3 间考查，$\left(\frac{p_0}{\rho g}+Z_0\right)$ 上升，ζ_B 不变，从而使 Q_3 增加。

由此可知，关小阀门使所在的支管流量下降，与之平行的支管内流量上升，但总管的流量还是减少了。

上述为一般情况，但须注意下列两种极端情况。

(1) 总管阻力可以忽略，支管阻力为主

此时 $\left(\frac{p_0}{\rho g}+Z_0\right) \approx \left(\frac{p_1}{\rho g}+Z_1\right)$ 且接近为一常数。阀 A 关小仅使该支管的流量发生变化，但对支管 B 的流量几乎没有影响，即任一支管情况的改变不影响其他支管的流量。显然，城市供水、煤气管线的铺设应尽可能属于这种情况。

(2) 总管阻力为主，支管阻力可以忽略

此时 $\left(\frac{p_0}{\rho g}+Z_0\right)$ 与下游出口端 $\left(\frac{p_2}{\rho g}+Z_2\right)$ 或 $\left(\frac{p_3}{\rho g}+Z_3\right)$ 相近，总管中的总流量将不因支管情况而变。阀 A 的启闭不影响总流量，仅改变了各支管间的流量的分配。显然这是城市供水管路不希望出现的情况。

4.8.2.4　汇合管路

图 4 - 20 为最简单的**汇合管路**(converged pipe)，设下游阀门全开时两高位槽中的流体流下在 0 点汇合。

现将阀门关小，Q_3 下降，交汇点 0 总势能 $\left(\frac{p_0}{\rho g}+Z_0\right)$ 升高。此时 Q_1、Q_2 同时降低，但因 $\left(\frac{p_2}{\rho g}+Z_2\right) < \left(\frac{p_1}{\rho g}+Z_1\right)$，$Q_2$ 下降更快。当阀门关小至一定程度，因 $\left(\frac{p_0}{\rho g}+Z_0\right) =$

$\left(\frac{p_2}{\rho g}+Z_2\right)$，致使 $Q_2=0$；继续关小阀门则 Q_2 将作反向流动。

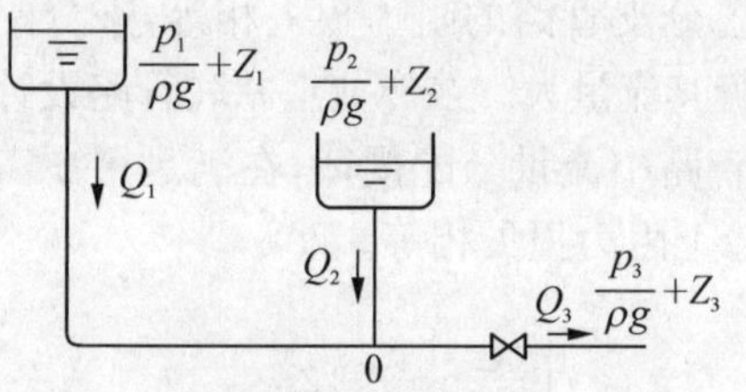

图 4-20 汇合管路

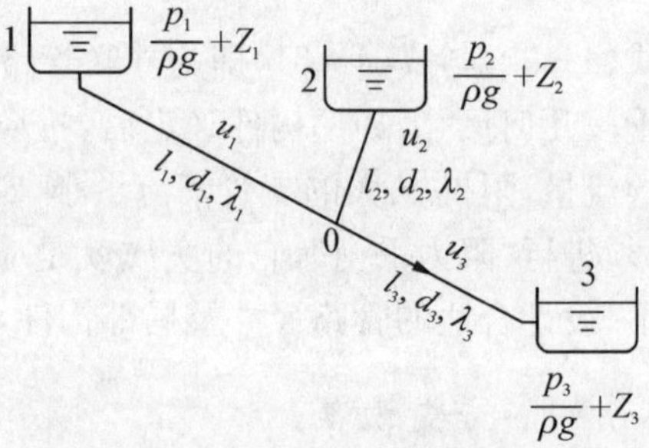

图 4-21 分支与汇合管路的计算

最后举一个比较复杂的例子，在图 4-21 所示的管路中，段 2-0 内速度的流向未知。根据管段 2-0 内的流向，可能是分支管路，也可能是汇合管路，取决于整个管路的能量平衡。不论是分支还是汇合，在交点 0 都会产生动量交换。在动量交换过程中，一方面造成局部能量损失；另一方面在各流股之间还有能量转移。

综上所述，**管路应视作一个整体，流体在沿程各处的压强或势能有着确定的分布，或者说在管路中存在着能量的平衡。任一管段或局部条件的变化都会使整个管路原有的能量平衡遭到破坏，需根据新的条件建立新的能量平衡关系。管路中流量及压强的变化正是这种能量平衡关系发生变化的反映。**

4.8.3 可压缩流体的管路计算

在气体流速不高(小于 68 m/s)，压强变化不大的情况下，可以按照不可压缩流体来处理，此时伯努利方程和总流能量衡算方程仍然适用。当气体流动速度较高，压差变化较大时，气体的密度发生了显著变化，必须考虑气体的压缩性，也就是考虑气体的密度随压强和温度的变化而变化。此时，不仅需要考虑流体力学的知识，还需要热力学的知识，压强和温度只能用绝对压强及开尔文温度。

用管道输送气体，在工程中应用极为广泛，如高压蒸汽管道、燃气管道。当工程实际中的管道很长，气体与外界有可能进行充分的热交换，使气流基本上保持着与周围环境相同的温度，此时可按照等温流动处理。工程中还有些管路，用绝热材料包裹，或者管路压差很小、流速较小、管路又较短时，可认为气流对外界不发生热量交换，可以按照绝热流动处理。

4.8.3.1 无黏性可压缩气体的机械能衡算

气体有较大的压缩性，其密度随压强而变。此时，如果不考虑黏性影响，由管路的截面 1 至 2 的机械能衡算式为

$$gz_1+\frac{u_1^2}{2}+\int_{p_2}^{p_1}\frac{\mathrm{d}p}{\rho}=gz_2+\frac{u_2^2}{2} \tag{4-52}$$

式中，u_1，u_2分别为管截面 1 和 2 处的平均流速。

要计算式(4-52)中的$\int_{p_2}^{p_1}\frac{\mathrm{d}p}{\rho}$项，必须知道流动过程中 ρ 随 p 的变化规律。对理想气体

的可逆变化，有以下几种过程。

(1) 等温过程

对等温过程，$pv = p_1v_1 =$常数$\left(\text{式中 } v = \dfrac{1}{\rho} \text{ 为气体的比体积}\right)$，于是

$$\int_{p_2}^{p_1} \frac{\mathrm{d}p}{\rho} = \int_{p_2}^{p_1} v\mathrm{d}p = \int_{p_2}^{p_1} \frac{p_1v_1}{p}\mathrm{d}p = p_1v_1\ln\frac{p_1}{p_2} \tag{4-53}$$

(2) 绝热过程

对绝热过程，$pv^\gamma =$常数

$$\int_{p_2}^{p_1} \frac{\mathrm{d}p}{\rho} = \int_{p_2}^{p_1} \left(\frac{p_1v_1^\gamma}{p}\right)^{1/\gamma}\mathrm{d}p = \frac{\gamma}{\gamma-1}(p_1v_1 - p_2v_2) \tag{4-54}$$

式中，γ 为绝热指数，系气体的比定压热容 c_p 与比定容热容 c_V 之比，通常为 1.2～1.4。

(3) 多变过程

在此过程中 $pv^k =$常数。k 为多变指数，其值多介于 1 与 γ 之间，取决于气体和环境的传热情况。此时式(4-54)仍可应用，只是应以 k 代替 γ，即

$$\int_{p_2}^{p_1} \frac{\mathrm{d}p}{\rho} = \frac{k}{k-1}(p_1v_1 - p_2v_2) \tag{4-55}$$

必须指出：任何实际情况都不可能是严格的可逆过程，故应用式(4-53)、式(4-54)及式(4-55)进行计算时带有一定的近似性。

从式(4-53)、式(4-54)、式(4-55)可以看出，当流体可压缩时，两截面间的压强能的差并不正比于压差。因此式中压强项必须以绝对压强代入。

4.8.3.2　黏性可压缩气体的管路计算

以上计算并未考虑气体的黏性，故仅在短管(如喷嘴等)流动中方可适用。在管路计算中应考虑气体的黏性，式(4-52)的右侧应加上阻力损失项 h_f，即

$$gz_1 + \frac{u_1^2}{2} + \int_{p_2}^{p_1} \frac{\mathrm{d}p}{\rho} = gz_2 + \frac{u_2^2}{2} + h_f \tag{4-56}$$

气体在管道内流动时，体积流量和平均流速是沿管长变化的，而单位管长的阻力损失沿管长也必定是变化的。

将式(4-56)改写成微分形式，则

$$g\mathrm{d}z + \mathrm{d}\frac{u^2}{2} + v\mathrm{d}p + \lambda\frac{\mathrm{d}l}{d} \times \frac{u^2}{2} = 0 \tag{4-57}$$

式中，$v = \dfrac{1}{\rho} = \dfrac{RT}{Mp}$ 为气体的比体积，m^3/kg；M 是气体的摩尔质量，kg/mol；λ 为直管摩擦系数。

摩擦系数 λ 是 Re 数和 ε/d 的函数，而

$$Re = \frac{du\rho}{\mu} = \frac{dG}{\mu}$$

在等管径输送时,因质量流速 $G(\mathrm{kg}/(\mathrm{m}^2\cdot\mathrm{s}))$ 沿管长为一常数,Re 只与气体的温度有关。因此,对等温或温度变化不太大的流动过程,λ 可看成是沿管长不变的常数。

气体流速 u 随 p 降低而增加,为管长 l 的函数。如将流速 u 用质量流速 G 表示则可减少一个变量。

$$u=\frac{G}{\rho}=Gv \tag{4-58}$$

将式(4-58)代入式(4-57),各项均除以 v^2 整理得

$$\frac{g\,\mathrm{d}z}{v^2}+G^2\frac{\mathrm{d}v}{v}+\frac{\mathrm{d}p}{v}+\lambda G^2\frac{\mathrm{d}l}{2d}=0 \tag{4-59}$$

因 v 与高度 z 的关系无从知晓,此式仍无法积分。考虑到气体密度很小,位能项和其他各项相比小得多,可将 $\frac{g\,\mathrm{d}z}{v^2}$ 项忽略。这样上式可积分为

$$G^2\ln\frac{v_2}{v_1}+\int_{p_2}^{p_1}\frac{\mathrm{d}p}{\rho}+\lambda G^2\frac{l}{2d}=0 \tag{4-60}$$

对于等温流动,$pv=$常数,式(4-60)则为

$$G^2\ln\frac{p_1}{p_2}+\frac{p_2^2-p_1^2}{2p_1v_1}+\lambda\frac{l}{2d}G^2=0 \tag{4-61}$$

或

$$G^2\ln\frac{p_1}{p_2}+\frac{p_2^2-p_1^2}{\frac{2RT}{M}}+\lambda\frac{l}{2d}G^2=0 \tag{4-62}$$

设在平均压强 $p_\mathrm{m}=\frac{p_1+p_2}{2}$ 下的密度为 ρ_m,代入式(4-62),经整理可得

$$\frac{p_1-p_2}{\rho_\mathrm{m}}=\lambda\frac{l}{2d}\left(\frac{G}{\rho_\mathrm{m}}\right)^2+\left(\frac{G}{\rho_\mathrm{m}}\right)^2\ln\frac{p_1}{p_2} \tag{4-63}$$

如果管内压降 Δp 很小,则上式右边第二项动能差可忽略,这时上式就是不可压缩流体的能量方程式对水平管的特殊形式。

由此可见,判断流体流动是否可以作为不可压缩流体来处理,不在于气体压强的绝对值大小,而是比较式(4-63)右边第二项与第一项的相对大小。例如,当 $\frac{p_1-p_2}{p_2}=10\%$,即 $\ln\frac{p_2}{p_1}\approx0.1$ 时,若管长 $\frac{l}{d}=1\,000$,式(4-63)右边第二项约占第一项的 1%,故忽略右边第二项,作为不可压缩流体计算不致引起大的误差。对于高压气体的输送,$\frac{p_1-p_2}{p_2}$ 较小,可作为不可压缩流体处理;而真空下的气体流动,$\frac{p_1-p_2}{p_2}$ 一般较大,往往必须考虑其压缩性。

气体在输送过程中,因压强降低和体积膨胀,温度往往要下降。以上诸式虽在等温条件

下导出，但对非等温条件，可按 $pv^k=$常数代入式(4－60)，经积分得

$$\frac{G^2}{k}\ln\frac{p_1}{p_2}+\frac{k}{k+1}\left(\frac{p_1}{v_1}\right)\left[\left(\frac{p_2}{p_1}\right)^{\frac{k+1}{k}}-1\right]+\lambda\frac{l}{2d}G^2=0 \tag{4-64}$$

对于等温过程 $k=1$，上式即成为式(4－61)。

例 4－3 有一真空管路，管长 $l=30$ m，管径 $d=150$ mm，$\varepsilon=0.3$ mm，进口是 295 K 的空气。已知真空管路两端的压强分别为 1.3 kPa 和 0.13 kPa，假设(1) 空气在管内作等温流动；(2) 空气在管路内作绝热流动。试分别求这两种情况下真空管路中的质量流量 q_m(kg/s)。

解：(1) 等温流动：管路进口处空气的比体积

$$v_1=\frac{22.4}{29}\times\frac{295}{273}\times\frac{101.3}{1.3}=65(\text{m}^3/\text{kg})$$

假定管内流动已进入阻力平方区，由

$$\frac{\varepsilon}{d}=\frac{0.3}{150}=0.002$$

查图 4－10 得 $\lambda=0.024$。

对等温流动，并忽略两端高度差，用式(4－61) 得

$$G^2\ln\frac{p_1}{p_2}+\frac{p_2^2-p_1^2}{2p_1v_1}+\lambda\frac{l}{2d}G^2=0$$

$$G^2\ln\frac{1.3}{0.13}+\frac{(130+1\,300)\times(130-1\,300)}{2\times1\,300\times65}+0.024\times\frac{30}{2\times0.15}G^2=0$$

$$G^2(2.3+2.4)=9.9$$

$$G=1.45\ \text{kg}/(\text{m}^2\cdot\text{s})$$

质量流量 $$q_m=GA=0.785\times0.15^2\times1.45=0.025\,6(\text{kg/s})$$

从 $t=295\ K$ 查得空气的黏度 $\mu=1.8\times10^{-5}$ Pa·s

$$Re=G\frac{d}{\mu}=\frac{1.45\times0.15}{1.8\times10^{-5}}=1.21\times10^4$$

从图 4－10 看出，管内流动状态离阻力平方区颇远，原假定不妥，需再进行试差。设 $\lambda=0.032$，则

$$G^2\ln\frac{1.3}{0.13}+\frac{(130-1\,300)\times(130+1\,300)}{2\times1\,300\times65}+0.032\times\frac{30}{2\times0.15}G^2=0$$

$$G^2(2.3+3.2)=9.9$$

$$G=1.34[\text{kg}/(\text{m}^2\cdot\text{s})]$$

质量流量 $$q_m=GA=0.023\,6(\text{kg/s})$$

$$Re = G\frac{d}{\mu} = 1.34 \times \frac{0.15}{1.8 \times 10^{-5}} = 1.21 \times 10^4$$

从图 4-10 查得 λ 值与假定值 0.032 十分接近,上述计算有效。

(2) 绝热流动:用式(4-64)计算。设 $\lambda = 0.032$,空气 $k = 1.4$

$$\frac{G^2}{1.4}\ln\frac{1\,300}{130} + \frac{1.4}{2.4} \times \frac{1\,300}{65} \times \left[\left(\frac{130}{1\,300}\right)^{\frac{2.4}{1.4}} - 1\right] + 0.032 \times \frac{30}{2 \times 0.15}G^2 = 0$$

$$1.64G^2 + 3.2G^2 - 11.44 = 0$$

$$G = 1.54[\mathrm{kg/(m^2 \cdot s)}]$$

$$q_m = GA = 0.785 \times 0.15^2 \times 1.54 = 0.027\,2(\mathrm{kg/s})$$

$$Re = G\frac{d}{\mu} = 1.54 \times \frac{0.15}{1.8 \times 10^{-5}} = 1.28 \times 10^4$$

可以查出 $\lambda = 0.032$,上述计算正确。

习　题

4-1　在圆管流动中,层流的断面流速分布符合(　　)。

A. 均匀规律　B. 直线变化规律　C. 抛物线规律　D. 对数曲线规律

4-2　变直径管流,细断面直径 d_1,粗断面直径 $d_2 = 2d_1$,粗细断面雷诺数的关系是(　　)。

A. $Re_1 = 0.5Re_2$　B. $Re_1 = Re_2$　C. $Re_1 = 1.5Re_2$　D. $Re_1 = 2Re_2$

4-3　如图 4-22 所示,已知圆形管道中流体层流流动时的速度分布为

$$u = 2u_m\left(1 - \frac{r^2}{R^2}\right)$$

式中,u_m 为管内流体的平均速度。(1) 设流体黏度为 μ,求管中流体的剪切应力 τ 的分布公式;(2) 如长度为 L 的水平管道两端的压力降为 Δp(进口压力-出口压力),求压力降 Δp 的表达式。

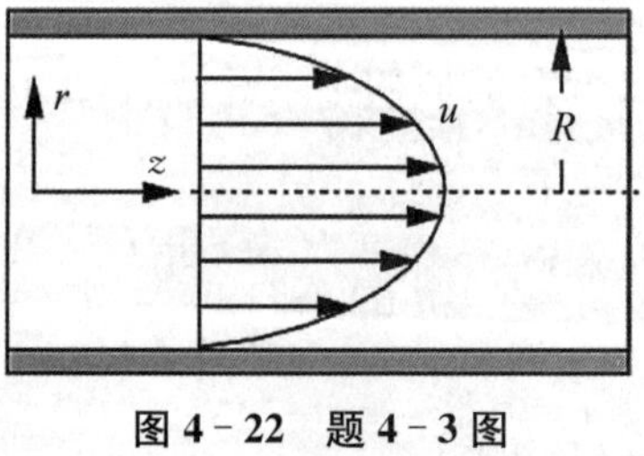

图 4-22　题 4-3 图

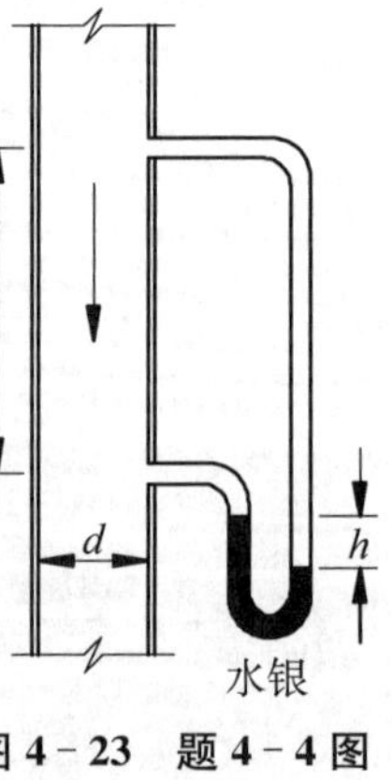

图 4-23　题 4-4 图

4-4　如图 4-23 所示,油在管中以 $u = 1$ m/s 的速度流动,油的密度 $\rho = 920$ kg/m^3,$l = 3$ m,$d = 25$ mm,水银压差计测得 $h = 9$ cm,试求:(1) 油在管中的流态;(2) 油的运动黏滞系数 v;(3) 若保持相同的平均流速反向流动,压差计的读数有何变化?

4-5 如图4-24所示，要求保证自流式虹吸管中液体流量 $Q=10^{-3}\ m^3/s$，只计沿程损失，试确定：

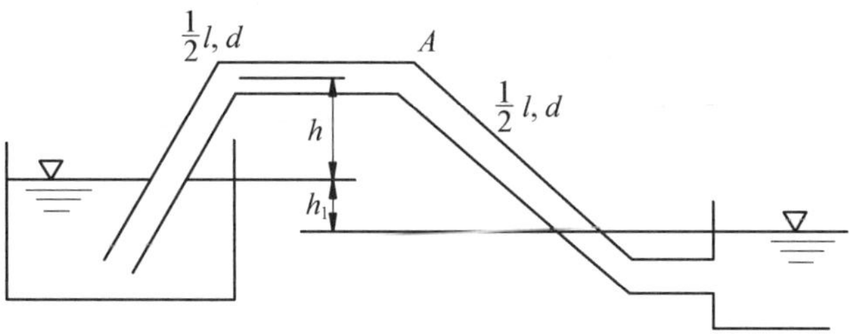

图4-24 题4-5图

(1) 当 $h_1=2\ m, l=44\ m, \nu=10^{-4}\ m^2/s, \rho=900\ kg/m^3$ 时，为保证层流，d 应为多少？

(2) 若在距进口 $l/2$ 处 A 断面上的极限真空为 $p_v=5.4$ m 水柱，输油管在上面贮油池中油面以上的最大允许超高 h_{max} 为多少？

4-6 试确定图4-25所示系统的总流量 Q。设(1) 阀门全闭；(2) 阀门打开，且 $\zeta=30$。已知 $L_1=L_2=L_3=L_4=100\ m, d_1=d_2=d_4=100\ mm, d_3=200\ mm, \lambda_1=\lambda_2=\lambda_4=0.025, \lambda_3=0.02, h=24\ m$。

4-7 如图4-26所示，水由水位相同的两个蓄水池 A 和 B，沿 $L_1=200\ m$、$d_1=200\ mm$ 及 $L_2=100\ m$、$d_2=100\ mm$ 的两根管子，流入长 $L_3=720\ m$、直径 $d_3=200\ mm$ 的主管，并流入水池 C 中。设 $h=15\ m$，$\lambda_1=\lambda_3=0.02, \lambda_2=0.025$，求：(1) 排入 C 中的流量 Q；(2) 若要 Q 减少1/2，阀门损失因数 ζ 应为何值？

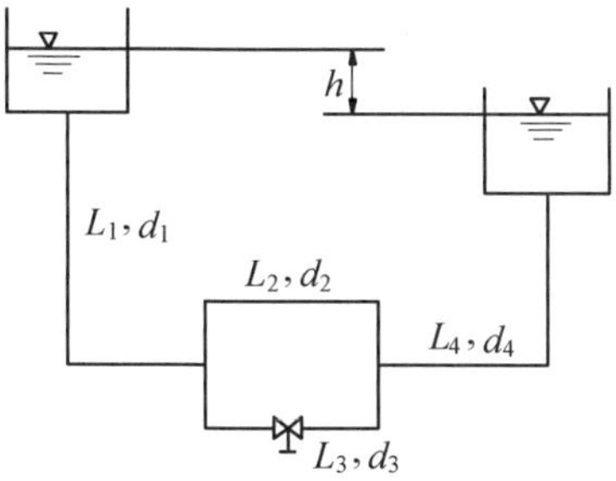

图4-25 题4-6图

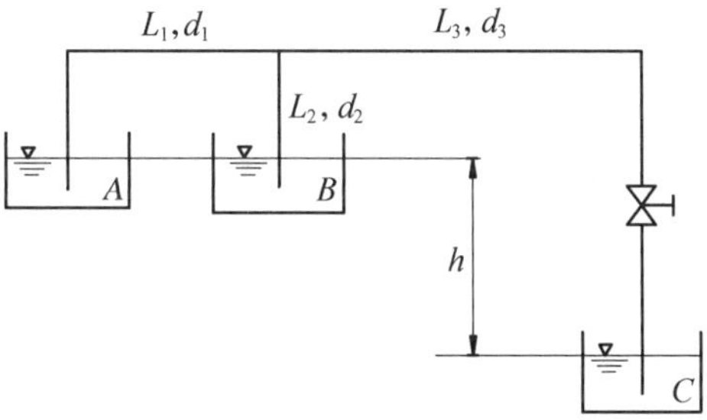

图4-26 题4-7图

4-8 如图4-27所示，水箱水深 H，底部有一长为 L，直径为 d 的圆管，管道进口为流线型，进口水头损失可不计，管道沿程阻力系数 λ 设为常数。若 H、d、λ 给定。

(1) 什么条件下 Q 不随 L 而变？

(2) 什么条件下通过的流量 Q 随管长 L 的加大而增加？

(3) 什么条件下通过的流量 Q 随管长 L 的加大而减小？

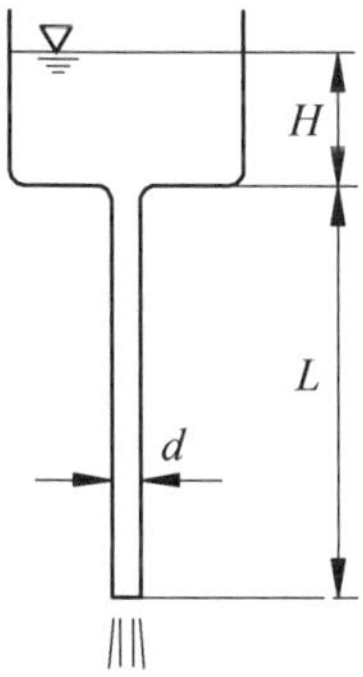

图4-27 题4-8图

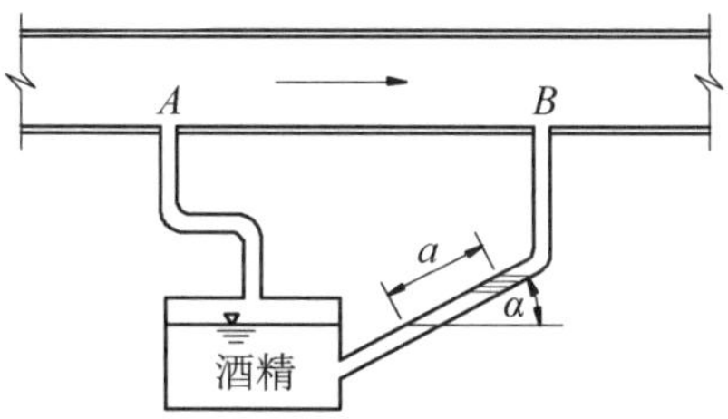

图4-28 题4-9图

4－9　如图4－28所示，矩形风道的断面尺寸为1 200 mm×600 mm，风道内空气的温度为45℃，流量为42 000 m^3/h，风道壁面材料的当量糙度$\varepsilon=0.1$ mm，今用酒精微压计量测风道水平段AB两点的压差，微压计读值$a=7.5$ mm，已知$\alpha=30°$，$l_{AB}=12$ m，酒精密度$\rho=860$ kg/m^3。试求风道的沿程阻力系数。

4－10　如图4－29所示：(1) 绘制水头线；(2) 若关小上游阀闸A，各段水头线如何变化？若关小下游阀门B，各段水头线又如何变化？(3) 若分别关小或开大阀门A和B，对固定断面1－1的压强产生什么影响？

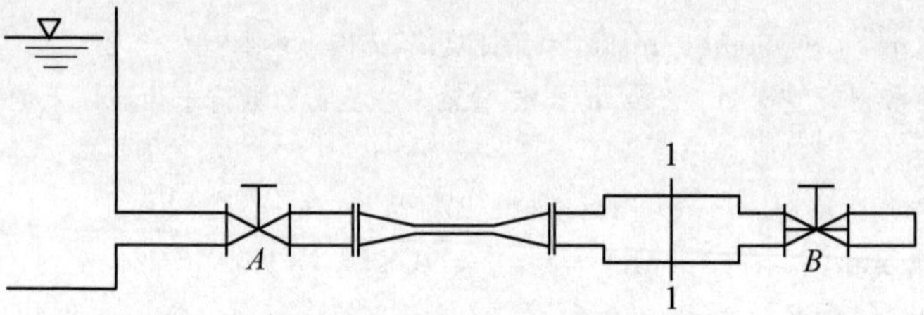

图4－29　题4－10图

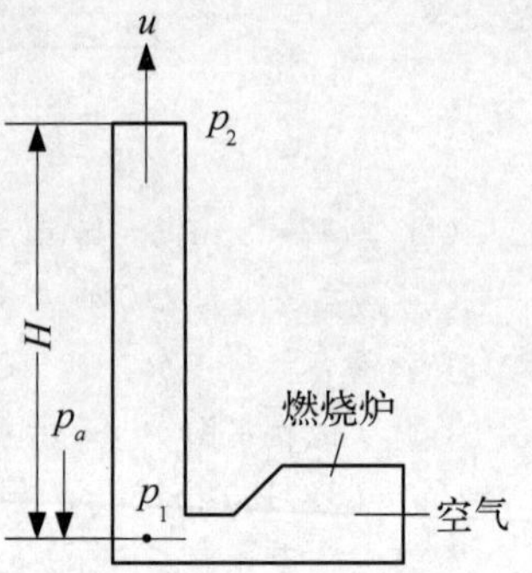

图4－30　题4－11图

4－11　某工业燃烧炉产生的烟气由烟囱排入大气。如图4－30所示，烟囱的直径为2 m，相对粗糙度为0.000 4。烟气在烟囱内的平均温度为200℃，此温度下烟气的密度为0.67 kg/m^3，黏度为0.026 mPa·s，烟气流量为80 000 m^3/h。在烟囱高度范围内，外界大气的平均密度为1.15 kg/m^3，烟囱内底部的压强低于地面大气压0.2 kPa，要求：(1) 求此烟囱高度应为多少？(2) 试讨论用烟囱排气的必要条件是什么？(3) 提高吸气量，在设计上应采取什么措施？

第五章

不可压缩流体流动

在前面几章内容的学习中，研究了流体流速和压强的特征和转化规律，研究对象属于宏观尺度范畴。本章的研究对象是流体微团，研究其运动特征和运动方程。本章重点讲述流体微团的速度分解定律，进一步推导不可压缩流体运动的微分方程，讲述该方程的特点、求解方法和基本的应用。通过本章学习，应该理解和领会流体微团速度分解的特点以及纳维-斯托克斯方程(N-S方程)的基本特征。

5.1 流体微团运动

5.1.1 描述流体流动的两种方法

拉格朗日法和欧拉法是两种不同的描述流体流动的方法。

描述流体时，跟踪流体质点，指出各流体质点在不同时刻的位置和有关的物理参数(如速度、压强、密度、温度等)的方法称为**拉格朗日法**(Lagrangian method)，又称为**质点法**(particle method)。

要跟踪流体，首先要区别流体质点。最简单的方法是以某一初始时刻 t_0 时的坐标 $(a、b、c)$ 作为该质点的标志，则不同的 $(a、b、c)$ 就表示流动空间的不同质点。随着时间的迁移，质点将改变位置，设 $(x、y、z)$ 表示时间 t 时质点 $(a、b、c)$ 的坐标，则下列函数形式为

$$\left.\begin{aligned} x&=x(a,b,c,t)\\ y&=y(a,b,c,t)\\ z&=z(a,b,c,t)\end{aligned}\right\} \tag{5-1}$$

表示全部质点随时间 t 的位置变动。表达式中的自变量 $(a、b、c、t)$，称为拉格朗日变量。对于任一流体质点，其速度可表示为

$$\left.\begin{aligned} u_x&=\frac{\partial x(a,b,c,t)}{\partial t}\\ u_y&=\frac{\partial y(a,b,c,t)}{\partial t}\\ u_z&=\frac{\partial z(a,b,c,t)}{\partial t}\end{aligned}\right\} \tag{5-2}$$

式中，u_x、u_y、u_z 为质点流速在 x、y、z 方向的分量。

对于流体质点的任一物理参数 B(B 可表示速度、压强、密度、温度等)，均可以类似式(5-1)地表示为

$$B = B(a, b, c, t) \tag{5-3}$$

任一流体质点的任一物理参数 B 的变化率都可以类似式(5-2)地表示为

$$\frac{\partial B}{\partial t} = \frac{\partial B(a, b, c, t)}{\partial t} \tag{5-4}$$

拉格朗日法的基本特点是追踪流体质点的运动，它的优点就是可以直接运用理论力学中早已建立的质点或质点系动力学来进行分析。但是这样的描述方法过于复杂，实际上难于实现。而大多数的工程问题并不要求追踪质点的来龙去脉，只是着眼于流场的各固定点、固定断面或固定空间的流动，而不需要了解某一质点、某一流体集团的全部流动过程。这种不跟踪流体质点，而是着眼于流场的各空间位置，指出在各空间位置不同时刻流体的有关物理参数(如速度、压强、密度、温度等)的方法称为**欧拉法**(Eulerian method)，也叫**场方法**(field method)。

用欧拉法描述流场时，流体的任意物理参数在直角坐标系可以表示为

$$B = B(x, y, z, t) \tag{5-5}$$

式中，x、y、z 是空间点的坐标，被称为欧拉变数。当然也可以用其他坐标系表示空间点的坐标。

流体的速度在直角坐标系可表示为

$$u = u(x, y, z, t) \tag{5-6}$$

或

$$\left.\begin{aligned} u_x &= u_x(x, y, z, t) \\ u_y &= u_y(x, y, z, t) \\ u_z &= u_z(x, y, z, t) \end{aligned}\right\} \tag{5-7}$$

对比拉格朗日法和欧拉法的不同变量，可以看出：前者以 a、b、c 为变量，是以一定质点为对象；后者以 x、y、z 为变量，是以固定空间点为对象。只要对流动的描述是以固定空间、固定断面或固定点为对象，应采用欧拉法，而不是拉格朗日法。

5.1.2 流体微团运动

从理论力学知道，刚体的运动可以分解为平移和旋转两种基本运动。流体运动要比刚体运动复杂得多，流体微团基本运动形式有平移运动、旋转运动和变形运动等，而变形运动又包括线变形和角变形两种。

流体微团的运动形式与微团内各点速度的变化有关。如图 5-1 所示，对方形流体微团 $ABCD$，设顶点 A 的流速分量为 u_x 和 u_y，则点 B、C、D 的流速分量分别如图所示。可见，微团上每一点的速度都包含 A 点的速度以及由于坐标位置不同所引起的速度增量两个组成部分。

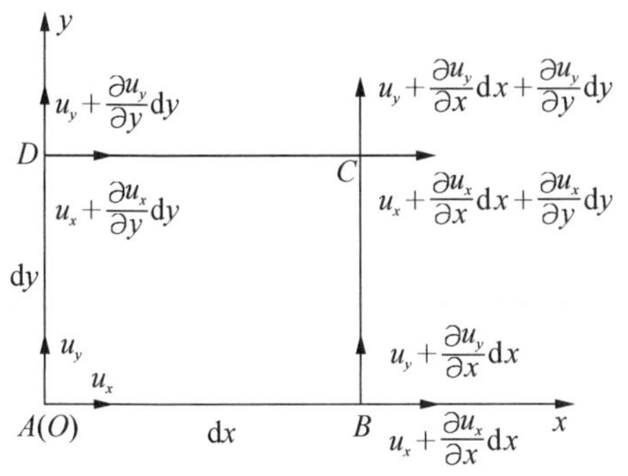

图 5-1　方形流体微团

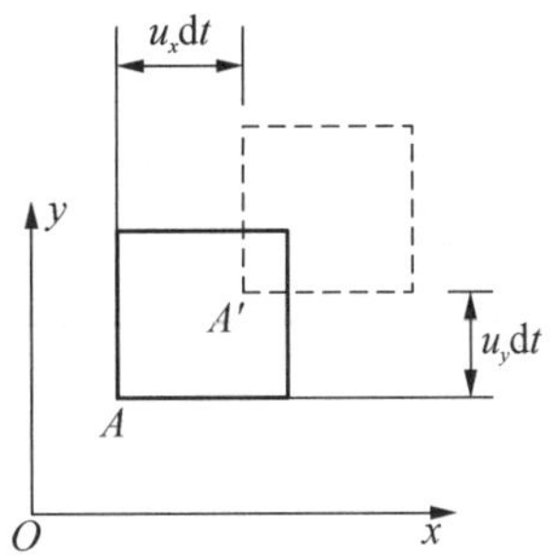

图 5-2　流体微团的平移

(1) 平移

微团上各点公有的分速度 u_x 和 u_y 使它们在 dt 时间内均沿 x 方向移动一距离 u_xdt，沿 y 方向移动一距离 u_ydt，如图 5-2 所示，因此将 A 点的速度 u_x 和 u_y 定义为流体微团的**平移运动速度**。

(2) 线变形

微团左、右两侧的 A 点和 B 点沿 x 方向的速度差为 $\frac{\partial u_x}{\partial x}\mathrm{d}x$，当该速度差值为正时，微团沿 x 方向发生伸长变形；当它为负时，微团沿 x 方向发生缩短变形，如图 5-3 所示。单位时间、单位长度的线变形称为**线变形速度**。以 θ_x 表示流体微团沿 x 方向的线变形速度，则

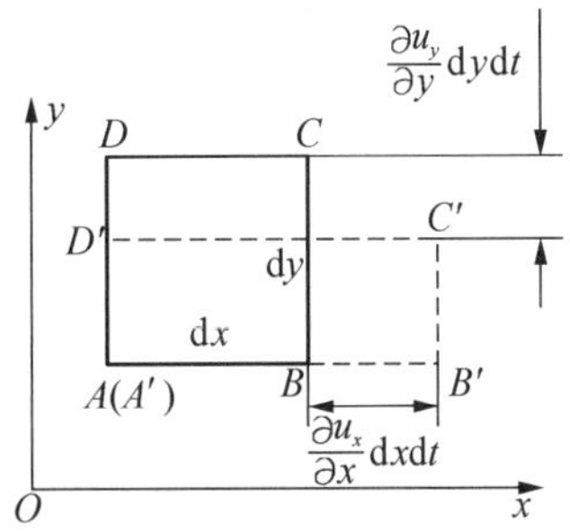

图 5-3　流体微团的线变形

$$\theta_x=\frac{\frac{\partial u_x}{\partial x}\mathrm{d}x\,\mathrm{d}t}{\mathrm{d}x\,\mathrm{d}t}=\frac{\partial u_x}{\partial x}$$

同理可得沿 y 方向的线变形速度 θ_y

$$\theta_y=\frac{\partial u_y}{\partial y}$$

推广到三元流动的普遍情况，则流体微团的线变形速度为

$$\left.\begin{aligned}\theta_x&=\frac{\partial u_x}{\partial x}\\ \theta_y&=\frac{\partial u_y}{\partial y}\\ \theta_z&=\frac{\partial u_z}{\partial z}\end{aligned}\right\}\qquad(5-8)$$

(3) 旋转

过流体微团上 A 点的任意两条正交微元流体边在其所在平面内旋转角速度的平均值，称作 A 点流体微团的旋转角速度在垂直该平面方向的分量，如图 5-4 所示。

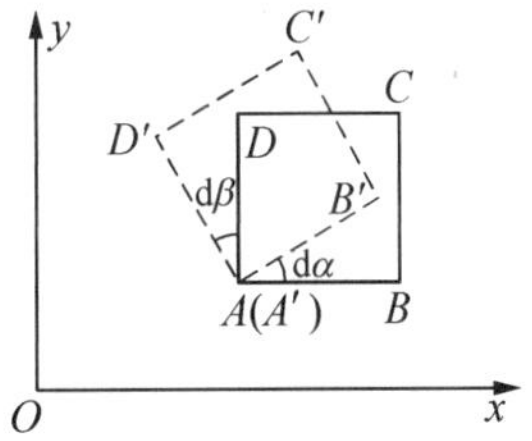

图 5-4　流体微团的旋转

$$\mathrm{d}\alpha \approx \tan \mathrm{d}\alpha = \frac{\frac{\partial u_y}{\partial x}\mathrm{d}x\,\mathrm{d}t}{\mathrm{d}x} = \frac{\partial u_y}{\partial x}\mathrm{d}t$$

由于 $\mathrm{d}\beta$ 的方向与 u_x 方向相反,故

$$\mathrm{d}\beta \approx \tan \mathrm{d}\beta = \frac{-\frac{\partial u_x}{\partial y}\mathrm{d}y\,\mathrm{d}t}{\mathrm{d}y} = -\frac{\partial u_x}{\partial y}\mathrm{d}t$$

沿 z 轴流体微团的旋转角速度分量为

$$\omega_z = \frac{1}{2}\frac{\mathrm{d}\alpha + \mathrm{d}\beta}{\mathrm{d}t} = \frac{1}{2}\left(\frac{\partial u_y}{\partial x} - \frac{\partial u_x}{\partial y}\right)$$

推广到三元流动的情况,可得流体微团的旋转角速度分量为

$$\left.\begin{aligned} \omega_x &= \frac{1}{2}\left(\frac{\partial u_z}{\partial y} - \frac{\partial u_y}{\partial z}\right) \\ \omega_y &= \frac{1}{2}\left(\frac{\partial u_x}{\partial z} - \frac{\partial u_z}{\partial x}\right) \\ \omega_z &= \frac{1}{2}\left(\frac{\partial u_y}{\partial x} - \frac{\partial u_x}{\partial y}\right) \end{aligned}\right\} \tag{5-9}$$

因而角速度矢量为

$$\boldsymbol{\omega} = \omega_x \boldsymbol{i} + \omega_y \boldsymbol{j} + \omega_z \boldsymbol{k}$$

角速度的大小为

$$\omega = \sqrt{\omega_x^2 + \omega_y^2 + \omega_z^2}$$

角速度矢量的方向规定为沿微团的旋转方向按右手定则确定。

(4) 角变形速率

AB 线上各点的 y 方向速度分量不相等,B 点相对于 A 点有一 y 方向速度分量的增量 $\frac{\partial u_y}{\partial x}\mathrm{d}x$,$AB$ 发生偏转,如图 5-5 所示,偏转角度为

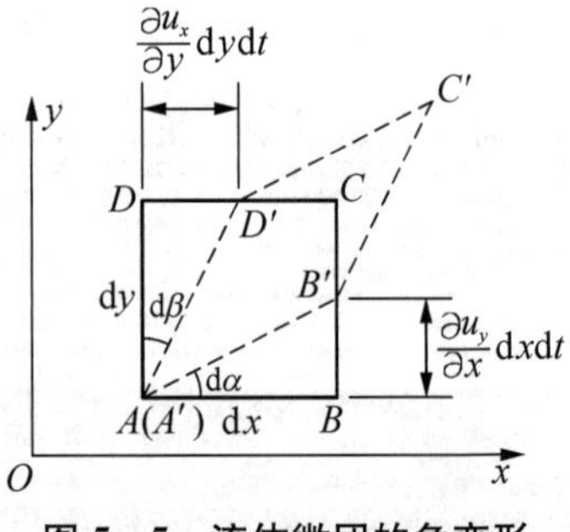

图 5-5　流体微团的角变形

$$\mathrm{d}\alpha \approx \tan \mathrm{d}\alpha = \frac{\frac{\partial u_y}{\partial x}\mathrm{d}x\,\mathrm{d}t}{\mathrm{d}x} = \frac{\partial u_y}{\partial x}\mathrm{d}t$$

同理,AD 也将发生偏转,偏转角度为

$$\mathrm{d}\beta \approx \tan \mathrm{d}\beta = \frac{\frac{\partial u_x}{\partial y}\mathrm{d}y\,\mathrm{d}t}{\mathrm{d}y} = \frac{\partial u_x}{\partial y}\mathrm{d}t$$

AB、AD 偏转的结果，使微团由原来的矩形 $ABCD$ 变成平行四边形 $A'B'C'D'$，微团在 Oxy 平面上的这种变形可用单位时间内 AB、AD 边偏转的平均值来衡量

$$\frac{1}{2}\frac{\mathrm{d}\alpha+\mathrm{d}\beta}{\mathrm{d}t}=\frac{1}{2}\left(\frac{\partial u_y}{\partial x}+\frac{\partial u_x}{\partial y}\right)=\varepsilon_z$$

$\varepsilon_z=\frac{1}{2}\left(\frac{\partial u_y}{\partial x}+\frac{\partial u_x}{\partial y}\right)$ 即单位时间微团在 Oxy 平面上的角变形，称为**角变形速率**。

对于三元流动，流体微团的角变形速度为

$$\left.\begin{aligned}\varepsilon_z&=\frac{1}{2}\left(\frac{\partial u_y}{\partial x}+\frac{\partial u_x}{\partial y}\right)\\ \varepsilon_y&=\frac{1}{2}\left(\frac{\partial u_x}{\partial z}+\frac{\partial u_z}{\partial x}\right)\\ \varepsilon_x&=\frac{1}{2}\left(\frac{\partial u_z}{\partial y}+\frac{\partial u_y}{\partial z}\right)\end{aligned}\right\}\tag{5-10}$$

式中，ε 的下标表示发生角变形的所在平面的法线方向。

在一般情况下，流体微团的运动是由上述四种基本运动形式复合而成的。设流体微团内某点 $M_0(x, y, z)$ 的流速分量为 u_{x0}、u_{y0}、u_{z0}（图 5-6），邻近于 M_0 点的另一点 $M(x+\mathrm{d}x, y+\mathrm{d}y, z+\mathrm{d}z)$ 的流速分量为

$$\begin{aligned}u_x&=u_{x0}+\mathrm{d}u_x\\ u_y&=u_{y0}+\mathrm{d}u_y\\ u_z&=u_{z0}+\mathrm{d}u_z\end{aligned}$$

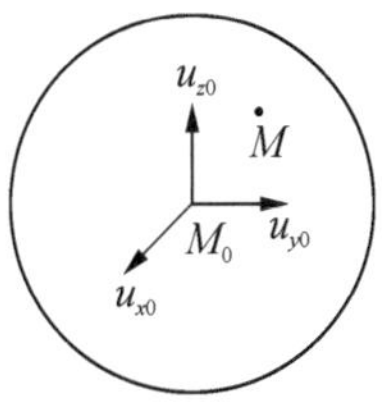

图 5-6 质点流速的分解

将速度增量 $\mathrm{d}u_x$ 按泰勒级数展开

$$\mathrm{d}u_x=\left(\frac{\partial u_x}{\partial x}\right)_{M0}\mathrm{d}x+\left(\frac{\partial u_x}{\partial y}\right)_{M0}\mathrm{d}y+\left(\frac{\partial u_x}{\partial z}\right)_{M0}\mathrm{d}z$$

于是，M 点的流速分量 u_x 又可写为

$$\begin{aligned}u_x=u_{x0}&+\left(\frac{\partial u_x}{\partial x}\right)_{M0}\mathrm{d}x+\frac{1}{2}\left(\frac{\partial u_x}{\partial y}-\frac{\partial u_y}{\partial x}\right)_{M0}\mathrm{d}y+\frac{1}{2}\left(\frac{\partial u_x}{\partial y}+\frac{\partial u_y}{\partial x}\right)_{M0}\mathrm{d}y\\ &+\frac{1}{2}\left(\frac{\partial u_x}{\partial z}-\frac{\partial u_z}{\partial x}\right)_{M0}\mathrm{d}z+\frac{1}{2}\left(\frac{\partial u_x}{\partial z}+\frac{\partial u_z}{\partial x}\right)_{M0}\mathrm{d}z\end{aligned}$$

将式(5-8)、式(5-9)和式(5-10)代入上式得

$$u_x=u_{x0}-\omega_z\mathrm{d}y+\omega_y\mathrm{d}z+\theta_x\mathrm{d}x+\varepsilon_z\mathrm{d}y+\varepsilon_y\mathrm{d}z$$

同理可以写出其余两个速度分量的表达式。因此，M 点的速度可以表达为

$$\left.\begin{aligned}u_x&=u_{x0}-\omega_z\mathrm{d}y+\omega_y\mathrm{d}z+\theta_x\mathrm{d}x+\varepsilon_z\mathrm{d}y+\varepsilon_y\mathrm{d}z\\ u_y&=u_{y0}-\omega_x\mathrm{d}z+\omega_z\mathrm{d}x+\theta_y\mathrm{d}y+\varepsilon_x\mathrm{d}z+\varepsilon_z\mathrm{d}x\\ u_z&=u_{z0}-\omega_y\mathrm{d}x+\omega_x\mathrm{d}y+\theta_z\mathrm{d}z+\varepsilon_y\mathrm{d}x+\varepsilon_x\mathrm{d}y\end{aligned}\right\}\tag{5-11}$$

上列三式中，右边第一项为平移速度；第二、三项是微团的旋转运动所产生的速度增量；

第四项和第五、六项分别为线变形运动和角变形运动所引起的速度增量。可见，流体微团的运动可以分解为**平移运动**、**旋转运动**、**线变形运动**和**角变形运动**，这就是**亥姆霍兹速度分解定理**(Helmhotz theorem)。

5.2 连续性方程

对于三元直角坐标系，可以在流场中取一边长为 δx、δy、δz 的微小平行六面体为控制体，如图 5-7 所示。其中心位于 (x, y, z)，中心 x, y, z 方向的流速分量分别为 u_x, u_y, u_z，密度为 ρ。首先考虑垂直于 x 方向的一对控制表面(平面)的质量流量。因假定各处的 ρ 和 u_x 为连续变化，故经右侧面流出的质量流量为

$$\left[\rho u_x + \frac{\partial}{\partial x}(\rho u_x)\frac{\delta x}{2}\right]\delta y \delta z$$

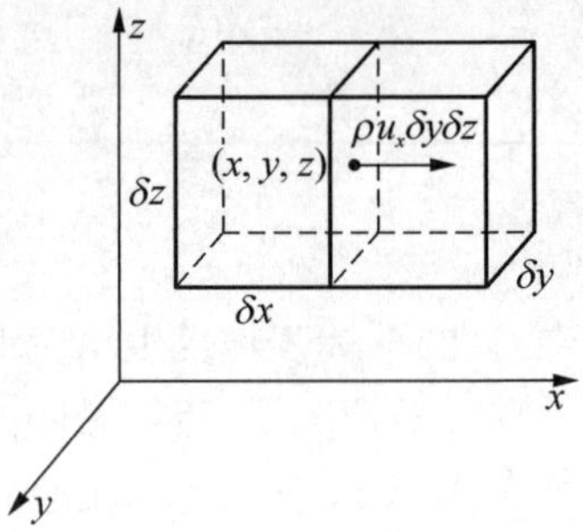

图 5-7 控制体

式中，$\rho u_x \delta y \delta z$ 是垂直于 x 轴中间平面的质量流量；第二项是质量流量对 x 的变化率乘以到右侧面距离 $\dfrac{\delta x}{2}$。

同理，左侧面流入控制体积的质量流量应为

$$\left[\rho u_x - \frac{\partial}{\partial x}(\rho u_x)\frac{\delta x}{2}\right]\delta y \delta z$$

流出两平面的净质量流量为

$$\frac{\partial}{\partial x}(\rho u_x)\delta x \delta y \delta z$$

对另外两方向可得类似表达式，因此总净流出质量流量为

$$\left[\frac{\partial}{\partial x}(\rho u_x) + \frac{\partial}{\partial y}(\rho u_y) + \frac{\partial}{\partial z}(\rho u_z)\right]\delta x \delta y \delta z \tag{5-12}$$

对于微元控制体积内，质量减少率应为

$$-\frac{\partial \rho}{\partial t}\delta x \delta y \delta z \tag{5-13}$$

根据质量守恒定律，式(5-12)与式(5-13)应相等。令其相等后除以微元体积 $\delta x \delta y \delta z$，并取极限，$\delta x$, δy, δz 趋于零，于是对于一点的**连续性方程**(continuity equation)为

$$\frac{\partial}{\partial x}(\rho u_x) + \frac{\partial}{\partial y}(\rho u_y) + \frac{\partial}{\partial z}(\rho u_z) = -\frac{\partial \rho}{\partial t} \tag{5-14}$$

该式对恒定流、非恒定流、可压缩或不可压缩流动中任一点都适用。对不可压缩流动，$\rho = \text{const}$，可简化成

$$\nabla \cdot \boldsymbol{u} = \frac{\partial u_x}{\partial x} + \frac{\partial u_y}{\partial y} + \frac{\partial u_z}{\partial z} = 0 \tag{5-15}$$

$\nabla=\frac{\partial}{\partial x}\boldsymbol{i}+\frac{\partial}{\partial y}\boldsymbol{j}+\frac{\partial}{\partial z}\boldsymbol{k}$ 为哈密顿矢量微分算子。对恒定流，$\frac{\partial \rho}{\partial t}=0$ 得

$$\nabla\cdot(\rho u)=\frac{\partial}{\partial x}(\rho u_x)+\frac{\partial}{\partial y}(\rho u_y)+\frac{\partial}{\partial z}(\rho u_z)=0 \tag{5-16}$$

5.3 无旋流动

流动场中各点旋转角速度等于零的运动，称为**无旋流动**(non-rotational flow)，也称为**势流**(potential flow)。当流动为无旋流动时，将使问题的求解简化，因此提出了无旋流动的模型。在无旋流动中

$$\omega_x=\frac{1}{2}\left(\frac{\partial u_z}{\partial y}-\frac{\partial u_y}{\partial z}\right)=0$$

$$\omega_y=\frac{1}{2}\left(\frac{\partial u_x}{\partial z}-\frac{\partial u_z}{\partial x}\right)=0$$

$$\omega_z=\frac{1}{2}\left(\frac{\partial u_y}{\partial x}-\frac{\partial u_x}{\partial y}\right)=0$$

因此，无旋流动的前提条件是

$$\left.\begin{aligned}\frac{\partial u_z}{\partial y}&=\frac{\partial u_y}{\partial z}\\ \frac{\partial u_x}{\partial z}&=\frac{\partial u_z}{\partial x}\\ \frac{\partial u_y}{\partial x}&=\frac{\partial u_x}{\partial y}\end{aligned}\right\} \tag{5-17}$$

根据全微分理论，式(5-17)是某空间位置函数 $\varphi(x、y、z)$ 存在的必要和充分条件。它和速度分量 u_x、u_y、u_z 的关系表示为下列全微分的形式

$$\mathrm{d}\varphi(x、y、z)=u_x\mathrm{d}x+u_y\mathrm{d}y+u_z\mathrm{d}z \tag{5-18}$$

函数 φ 称为速度势函数。存在速度势函数的流动，称为有势流动，简称势流。无旋流动必然是有势流动。

展开势函数的全微分，得

$$\mathrm{d}\varphi=\frac{\partial\varphi}{\partial x}\mathrm{d}x+\frac{\partial\varphi}{\partial y}\mathrm{d}y+\frac{\partial\varphi}{\partial z}\mathrm{d}z$$

比较上两式的对应系数，得出

$$\left.\begin{aligned} u_x &= \frac{\partial \varphi}{\partial x} \\ u_y &= \frac{\partial \varphi}{\partial y} \\ u_z &= \frac{\partial \varphi}{\partial z} \end{aligned}\right\} \tag{5-19}$$

即速度在三坐标上的投影,等于速度势函数对于相应坐标的偏导数。

存在着势函数的前提是流场内部不存在旋转角速度。根据汤姆逊关于旋涡守恒定理所引申出的推论,只有内部不存在摩擦力的理想流体,才会既不能创造旋涡,又不能消灭旋涡。摩擦力是产生和消除旋涡的根源,因而一般只有理想流体流场才可能存在无旋流动。而理想流体模型在实际中要根据黏滞力是否起显著作用来决定它的采用。工程上所考虑的流体主要是水和空气,它们的黏性很小,如果在流动过程中没有受到边壁摩擦的显著作用,就可以当作理想流体来考虑。

现在,我们把速度势函数代入不可压缩流体的连续性方程,得

$$\frac{\partial u_x}{\partial x}+\frac{\partial u_y}{\partial y}+\frac{\partial u_z}{\partial z}=0$$

其中

$$\frac{\partial u_x}{\partial x}=\frac{\partial}{\partial x}\cdot\frac{\partial \varphi}{\partial x}=\frac{\partial^2 \varphi}{\partial x^2}$$

同理

$$\frac{\partial u_y}{\partial y}=\frac{\partial^2 \varphi}{\partial y^2}$$

$$\frac{\partial u_z}{\partial z}=\frac{\partial^2 \varphi}{\partial z^2}$$

得出

$$\frac{\partial^2 \varphi}{\partial x^2}+\frac{\partial^2 \varphi}{\partial y^2}+\frac{\partial^2 \varphi}{\partial z^2}=0 \tag{5-20}$$

上述方程称为拉普拉斯方程。

拉普拉斯方程是最常见的数理方程之一,在相应的边界条件下,求解该方程即可得到势函数 φ,从而得知速度场。即求解无旋运动的速度场,不必从流体流动方程出发,只要解拉普拉斯方程求速度势便可。这就是求解无旋运动问题可以简化的原因。求解速度势有很多方法,如保角变换、松弛法、流网法、电比拟法及数值法等。

例 5-1 在(1) $u_x=-ky$, $u_y=kx$, $u_z=0$;(2) $u_x=\frac{-y}{x^2+y^2}$, $u_y=\frac{x}{x^2+y^2}$, $u_z=0$ 的流动中,判断两者是否为无旋流动。如果为无旋流动,求它的势函数,并检查势函数是否满足拉普拉斯方程。

解 对于第一种流动,$\omega_z=k$, $\omega_x=\omega_y=0$,因此为有旋流动,没有势函数。

对于第二种流动,$\omega_x=\omega_y=\omega_z=0$,是无旋流动,它满足

$$\frac{\partial u_x}{\partial y}=\frac{\partial u_y}{\partial x}$$

它的势函数的全微分为

$$\mathrm{d}\varphi=u_x\mathrm{d}x+u_y\mathrm{d}y+u_z\mathrm{d}z=-\frac{y}{x^2+y^2}\mathrm{d}x+\frac{x}{x^2+y^2}\mathrm{d}y+0\cdot\mathrm{d}z$$

采用积分路径无关法求解。由高等数学中关于曲线积分的定理知道，当它满足式(5-17)时，曲线积分

$$\int\mathrm{d}\varphi=\int u_x\mathrm{d}x+\int u_y\mathrm{d}y$$

与路径无关，函数 φ 可由普通积分求出，其形式为

$$\varphi(x,\ y)=\int_{x_0}^{x}u_x(x,\ y_0)\mathrm{d}x+\int_{y_0}^{y}u_y(x,\ y)\mathrm{d}y$$

取$(x_0,\ y_0)$为(0,0)，则

$$\begin{aligned}\varphi(x,\ y)&=\int_{x_0}^{x}\frac{-y_0}{x^2+y_0^2}\mathrm{d}x+\int_{y_0}^{y}\frac{x}{x^2+y^2}\mathrm{d}y=\int_{0}^{y}\frac{x}{x^2+y^2}\mathrm{d}y\\&=\int_{0}^{y}\frac{1}{1+\left(\frac{y}{x}\right)^2}\mathrm{d}\left(\frac{y}{x}\right)=\arctan\frac{y}{x}\end{aligned}$$

计算 φ 的二次偏导数

$$\frac{\partial^2\varphi}{\partial x^2}=\frac{\partial}{\partial x}\left(\frac{-y}{x^2+y^2}\right)=\frac{2xy}{(x^2+y^2)^2}$$

$$\frac{\partial^2\varphi}{\partial y^2}=\frac{\partial}{\partial y}\left(\frac{x}{x^2+y^2}\right)=\frac{-2xy}{(x^2+y^2)^2}$$

$$\frac{\partial^2\varphi}{\partial z^2}=0$$

代入

$$\frac{\partial^2\varphi}{\partial x^2}+\frac{\partial^2\varphi}{\partial y^2}+\frac{\partial^2\varphi}{\partial z^2}=0$$

$$\frac{2xy}{(x^2+y^2)^2}-\frac{2xy}{(x^2+y^2)^2}+0=0$$

满足拉普拉斯方程。

例 5-2 不可压缩流体的流速分量为

$$u_x=x^2-y^2,\qquad u_y=-2xy,\qquad u_z=0$$

(1) 是否满足连续性方程？(2) 是否无旋流？(3) 求速度势函数。

解 (1) 检查是否满足连续性方程

$$\frac{\partial u_x}{\partial x}+\frac{\partial u_y}{\partial y}+\frac{\partial u_z}{\partial z}=\frac{\partial}{\partial x}(x^2-y^2)+\frac{\partial}{\partial y}(-2xy)=2x-2x=0$$

满足连续性方程。

(2) 检查流动是否无旋

$$\frac{\partial u_x}{\partial y}=\frac{\partial}{\partial y}(x^2-y^2)=-2y$$

$$\frac{\partial u_y}{\partial x}=-2y$$

两者相等,故为无旋流动。

(3) 求速度势：采用待定函数法求解

$$\frac{\partial \varphi}{\partial x}=u_x=x^2-y^2$$

对 x 积分：由于是偏导数的积分,将 y 看成常数,且积分常数是 y 的函数

$$\varphi=\frac{1}{3}x^3-y^2x+f(y) \tag{a}$$

$$\frac{\partial \varphi}{\partial y}=-2xy+f'(y)=u_y=-2xy$$

比较得

$$f'(y)=0,\ f(y)=c \tag{b}$$

取 $c=0$,将式(b)代入式(a),得

$$\varphi=\frac{1}{3}x^3-y^2x$$

拉普拉斯方程是线性的,线性方程有一个重要特征：两个解的和或差也是此方程的解,因此复杂流场的解可以由若干简单流场的解叠加而得。为说明这一性质,考虑速度势分别为 φ_1 和 φ_2 的两个势流运动,每一流动均满足拉普拉斯方程,即

$$\frac{\partial^2 \varphi_1}{\partial x^2}+\frac{\partial^2 \varphi_1}{\partial y^2}=0$$

及

$$\frac{\partial^2 \varphi_2}{\partial x^2}+\frac{\partial^2 \varphi_2}{\partial y^2}=0$$

两方程相加可得

$$\frac{\partial^2 (\varphi_1+\varphi_2)}{\partial x^2}+\frac{\partial^2 (\varphi_1+\varphi_2)}{\partial y^2}=0$$

上式表明,两个势流叠加,得到新的流动,其速度势为 $\varphi=\varphi_1+\varphi_2$,仍满足拉普拉斯方程,因而还是势流。

对于二维不可压缩流动,借助于连续性方程

$$\frac{\partial u_x}{\partial x}+\frac{\partial u_y}{\partial y}=0$$

和流线方程

$$\frac{\mathrm{d}x}{u_x}=\frac{\mathrm{d}y}{u_y}$$

则必然存在流函数 $\psi(x,y)$，使得

$$u_x \mathrm{d}y - u_y \mathrm{d}x = \frac{\partial \psi}{\partial y}\mathrm{d}y + \frac{\partial \psi}{\partial x}\mathrm{d}x = \mathrm{d}\psi = 0$$

所以，流函数 $\psi(x,y)$ 的定义式为

$$u_x = \frac{\partial \psi}{\partial y},\ u_y = -\frac{\partial \psi}{\partial x}$$

流函数是满足连续性方程的一个描述流速场的标量函数，等流函数线为流线。

二维流函数 ψ 也满足拉普拉斯方程。这里介绍若干基本的无旋流动的速度势和流函数。这些基本流除了本身具有一定的实际意义之外，重要的是，它们是用于叠加求解的数学单元。这样的基本流有：均匀流、径向流（点源与点汇）以及环流、偶极流（图 5-8）等。各基本流的势函数和流函数如下所示。

$$\varphi = Ux + C,\ \psi = Uy + C \tag{5-21}$$

$$\varphi = \frac{Q}{2\pi}\ln r,\ \psi = \frac{Q}{2\pi}\theta \tag{5-22}$$

$$\varphi = \frac{\Gamma}{2\pi}\theta,\ \psi = -\frac{\Gamma}{2\pi}\ln r \tag{5-23}$$

$$\varphi = \frac{M}{2\pi}\frac{x}{x^2+y^2},\ \psi = -\frac{M}{2\pi}\frac{y}{x^2+y^2} \tag{5-24}$$

式中，U 和 Q 分别为速度和流量，Γ 为速度环量，M 为偶极矩。

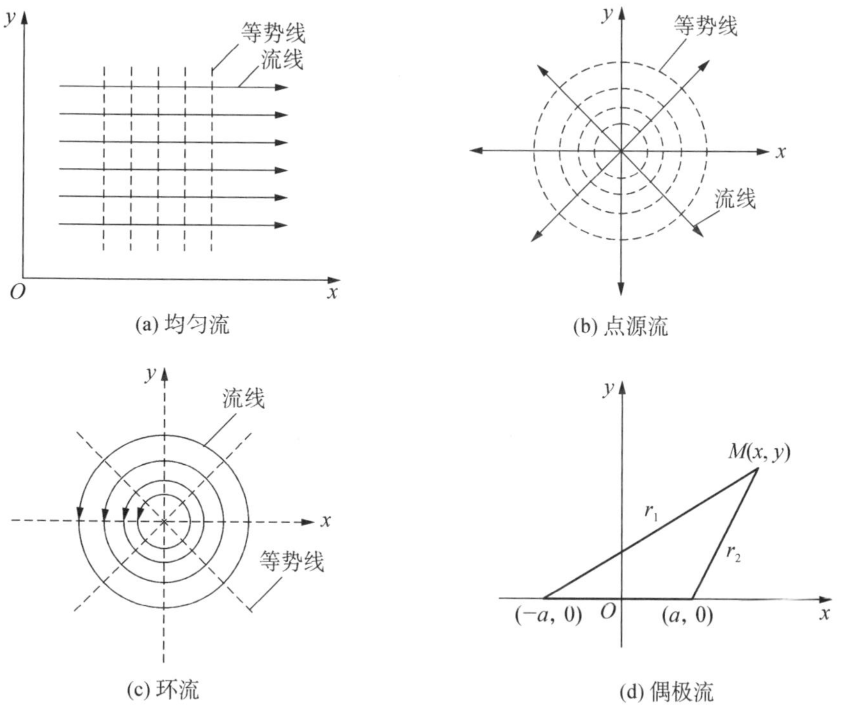

图 5-8 势流基本解

5.4 有旋流动

流体微团的旋转角速度在流场内不完全为 0 的流动称为**有旋流动**(rotational flow)。自然界和工程界中出现的流动大多数是有旋流动,例如大气中的龙卷风,管道中的流体运动,绕流物体表面的边界层及其尾部后面的流动都是有旋流动。

设流体微团的旋转角速度为 $\boldsymbol{\omega}(x, y, z, t)$,则

$$\boldsymbol{\Omega}=2\boldsymbol{\omega}=\Omega_x\boldsymbol{i}+\Omega_y\boldsymbol{j}+\Omega_z\boldsymbol{k} \tag{5-25}$$

称为**涡量**(vorticity),其中 Ω_x, Ω_y, Ω_z 是涡量 $\boldsymbol{\Omega}$ 在 x, y, z 坐标上的投影。由定义可知

$$\left.\begin{aligned}\Omega_x&=\frac{\partial u_z}{\partial y}-\frac{\partial u_y}{\partial z}\\ \Omega_y&=\frac{\partial u_x}{\partial z}-\frac{\partial u_z}{\partial x}\\ \Omega_z&=\frac{\partial u_y}{\partial x}-\frac{\partial u_x}{\partial y}\end{aligned}\right\} \tag{5-26}$$

显然,涡量是空间坐标和时间的矢量函数:$\boldsymbol{\Omega}=\boldsymbol{\Omega}(x, y, z, t)$。所以,它也构成一个向量场,称为**涡量场**(vorticity field)。

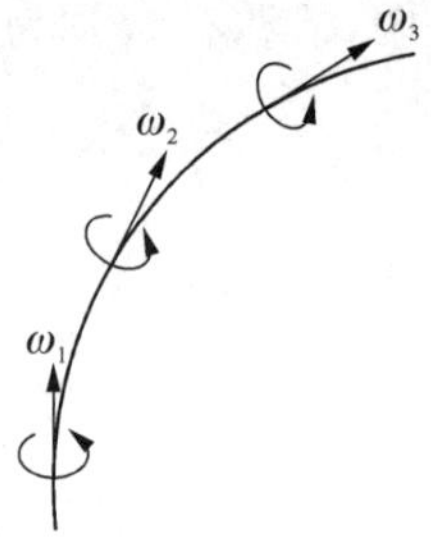

图 5-9 涡线

速度场和涡量场都是体现流动特征的矢量场。因此,描述速度场和涡量场的基本概念之间,具有一一对应的关系,例如:速度场和旋涡场;速度和平均旋转角速度;流线和涡线;流管和涡管;流量和涡通量。这样,就不难理解涡线、涡管和涡通量等概念了。

某一瞬时的**涡线**(vortex line)是这样的曲线,在该曲线上各点的平均旋转角速度矢量 $\boldsymbol{\omega}$ 与该曲线相切,如图 5-9 所示。与流线类似,在定常流场中,涡线的形状保持不变,在非定常流场中,涡线的形状是变化的,同一瞬时的涡线不可能相交。与推导流线微分方程的方法类似,沿涡线取一微小线段 $\mathrm{d}s$,由于涡线与角速度向量的方向一致,所以 $\mathrm{d}s$ 沿三个坐标轴方向的分量 $\mathrm{d}x$, $\mathrm{d}y$, $\mathrm{d}z$ 必然和角速度向量的三个分量 ω_x, ω_y, ω_z 成正比,即

$$\frac{\mathrm{d}x}{\omega_x}=\frac{\mathrm{d}y}{\omega_y}=\frac{\mathrm{d}z}{\omega_z} \tag{5-27}$$

这就是**涡线的微分方程**(vortex line differential equation)。

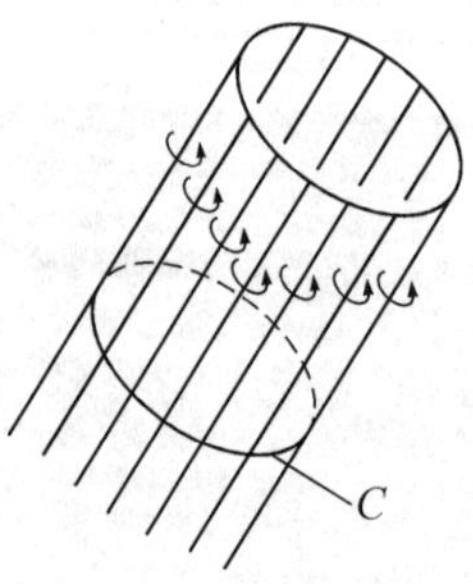

图 5-10 涡管

在旋涡场中通过任一封闭曲线(不是涡线)的每一点作涡线,这些涡线所形成的管状表面称为**涡管**(vortex tube),见图 5-10。

设 A 为涡量场中一开口曲面,微元面 $\mathrm{d}A$ 的外法线单位向量为 $\boldsymbol{n}$,涡量在 $\boldsymbol{n}$ 方向上的投影为 Ω_n,则面积为

$$J=\int_A \boldsymbol{\Omega}\cdot \mathrm{d}A=\int_A \Omega_n \mathrm{d}A$$
$$=\int_A \Omega_x \mathrm{d}y\mathrm{d}z+\Omega_y \mathrm{d}z\mathrm{d}x+\Omega_z \mathrm{d}x\mathrm{d}y \tag{5-28}$$

称为**涡通量**(vortex flux)。

与流量相似,在同一瞬间,通过同一涡管的各截面的涡通量相等,即

$$\int_{A_1}\Omega_n \mathrm{d}A=\int_{A_2}\Omega_n \mathrm{d}A \tag{5-29}$$

5.5　黏性流体的运动方程

5.5.1　N-S方程的建立

在黏性流体中取一边长为 $\mathrm{d}x,\mathrm{d}y,\mathrm{d}z$ 的长方体,各表面应力的方向如图5-11所示。以平面 $ABCD$ 为例,作用在平面上的应力有法向应力 p_{zz} 与切向应力 τ_{zx} 和 τ_{zy}。图中各应力的值均为代数值,正值表示应力沿相应坐标轴的正方向,反之亦然。由于流体不能承受拉力,因此 p_{xx}, p_{yy}, p_{zz} 必为负值。

根据牛顿第二定律,x 方向的运动微分方程如下

$$\rho X\mathrm{d}x\mathrm{d}y\mathrm{d}z+p_{xx}\mathrm{d}y\mathrm{d}z+\left[-\left(p_{xx}-\frac{\partial p_{xx}}{\partial x}\mathrm{d}x\right)\mathrm{d}y\mathrm{d}z\right]+\tau_{yx}\mathrm{d}x\mathrm{d}z+\left[-\left(\tau_{yx}-\frac{\partial \tau_{yx}}{\partial y}\mathrm{d}y\right)\mathrm{d}x\mathrm{d}z\right]+\tau_{zx}\mathrm{d}x\mathrm{d}y+\left[-\left(\tau_{zx}-\frac{\partial \tau_{zx}}{\partial z}\mathrm{d}z\right)\mathrm{d}x\mathrm{d}y\right]=\rho\mathrm{d}x\mathrm{d}y\mathrm{d}z\frac{\mathrm{d}u_x}{\mathrm{d}t}$$

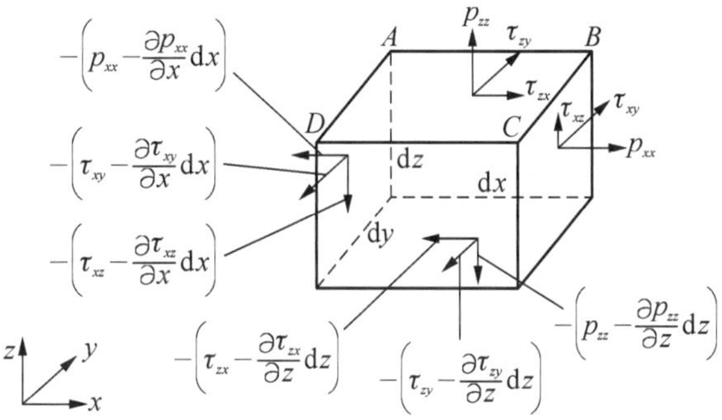

图5-11　表面应力示意图

化简后,得

$$\left.\begin{aligned}
X+\frac{1}{\rho}\frac{\partial p_{xx}}{\partial x}+\frac{1}{\rho}\left(\frac{\partial \tau_{yx}}{\partial y}+\frac{\partial \tau_{zx}}{\partial z}\right)=\frac{\mathrm{d}u_x}{\mathrm{d}t}\\
Y+\frac{1}{\rho}\frac{\partial p_{yy}}{\partial y}+\frac{1}{\rho}\left(\frac{\partial \tau_{zy}}{\partial z}+\frac{\partial \tau_{xy}}{\partial x}\right)=\frac{\mathrm{d}u_y}{\mathrm{d}t}\\
Z+\frac{1}{\rho}\frac{\partial p_{zz}}{\partial z}+\frac{1}{\rho}\left(\frac{\partial \tau_{xz}}{\partial x}+\frac{\partial \tau_{yz}}{\partial y}\right)=\frac{\mathrm{d}u_z}{\mathrm{d}t}
\end{aligned}\right\} \tag{5-30}$$

这就是以应力表示的黏性流体运动微分方程式。式中 ρ 对于不可压缩流体是已知常量,通常单位质量力 X、Y、Z 也是已知量。九个应力和三个速度分量是未知量。式(5-30)中的三个

方程加上连续性方程共四个方程,不足以解这十二个未知量,需要补充关系式,使方程组封闭,这些封闭条件就是连续介质力学中所谓的本构方程,即下面所述的应力和变形速度的关系式。

三元流动的牛顿黏性定律及法向应力的理论推导比较复杂,这里仅给出其结论,具体推导可参见相关文献。根据三元流动的牛顿黏性定律,切应力可以写成如下形式

$$\left.\begin{aligned}\tau_{xy}&=\tau_{yx}=\mu\left(\frac{\partial u_x}{\partial y}+\frac{\partial u_y}{\partial x}\right)\\\tau_{zx}&=\tau_{xz}=\mu\left(\frac{\partial u_z}{\partial x}+\frac{\partial u_x}{\partial z}\right)\\\tau_{zy}&=\tau_{yz}=\mu\left(\frac{\partial u_z}{\partial y}+\frac{\partial u_y}{\partial z}\right)\end{aligned}\right\}\tag{5-31}$$

由于两个相互垂直面上的角变形速度相同,所以它们的切应力相等。对于三元流动,法向应力 p_{xx}, p_{yy}, p_{zz} 可表示为

$$\left.\begin{aligned}p_{xx}&=-p+2\mu\frac{\partial u_x}{\partial x}-\frac{2}{3}\mu\left(\frac{\partial u_x}{\partial x}+\frac{\partial u_y}{\partial y}+\frac{\partial u_z}{\partial z}\right)\\p_{yy}&=-p+2\mu\frac{\partial u_y}{\partial y}-\frac{2}{3}\mu\left(\frac{\partial u_x}{\partial x}+\frac{\partial u_y}{\partial y}+\frac{\partial u_z}{\partial z}\right)\\p_{zz}&=-p+2\mu\frac{\partial u_z}{\partial z}-\frac{2}{3}\mu\left(\frac{\partial u_x}{\partial x}+\frac{\partial u_y}{\partial y}+\frac{\partial u_z}{\partial z}\right)\end{aligned}\right\}\tag{5-32}$$

式(5-31)可以消去式(5-30)中的六个变量,式(5-32)中三个法向应力变换为一个压强函数 p,进一步减少了两个变量,这样方程(5—30)的未知数只剩下四个,与方程的个数相等,原则上可以求解了。

在将牛顿流体本构方程应用于建立流动微分方程之前,有必要首先对牛顿流体本构方程本身进行一些讨论,以对前面各章涉及的相关问题或概念作出回应,同时也有助于增进对流动过程中流体变形速率、应力、压力等有关概念的理解。

(1) **正应力与线变形率** 由牛顿流体本构方程可见,流体正应力由两部分构成:一部分是流体静压力产生的正应力(压应力 $-p$);另一部分是黏性流体运动变形所产生的正应力(拉伸或压缩应力),且仅与流体的线变形速率即 $\partial u_x/\partial x$、$\partial u_y/\partial y$、$\partial u_z/\partial z$ 有关。其中,如在 x 方向,流体流动变形产生的正应力包括:$2\mu(\partial u_x/\partial x)$ 和 $-(2/3)\mu\nabla\cdot\boldsymbol{u}=0$,前者反映 x 方向线应变率的贡献,而后者反映其他方向线应变率的贡献。流体正应力与线变形率相关这一性质,与虎克定律中固体正应力仅与线应变相关是类似的。

如果将黏性流体运动变形所产生的正应力称为附加黏性正应力,或简称为附加正应力,并用 Δp_{xx}、Δp_{yy}、Δp_{zz} 分别表示 x、y、z 方向的附加正应力,即

$$\left.\begin{aligned}\Delta p_{xx}&=2\mu\frac{\partial u_x}{\partial x}-\frac{2}{3}\mu(\nabla\cdot\boldsymbol{u})\\\Delta p_{yy}&=2\mu\frac{\partial u_y}{\partial y}-\frac{2}{3}\mu(\nabla\cdot\boldsymbol{u})\\\Delta p_{zz}&=2\mu\frac{\partial u_z}{\partial z}-\frac{2}{3}\mu(\nabla\cdot\boldsymbol{u})\end{aligned}\right\}\tag{5-33}$$

则直角坐标系流场中任一点的正应力 $\boldsymbol{p}$ 可表示为

$$\boldsymbol{p}=p_{xx}\boldsymbol{i}+p_{yy}\boldsymbol{j}+p_{zz}\boldsymbol{k}=(-p+\Delta p_{xx})\boldsymbol{i}+(-p+\Delta p_{yy})\boldsymbol{j}+(-p+\Delta p_{zz})\boldsymbol{k} \tag{5-34}$$

(2) **附加正应力与流体流动**　为进一步阐明附加黏性正应力的物理意义，不妨考查流体只沿 x 方向流动的情况。此时，$u_y=u_z=0$，$\nabla\cdot\boldsymbol{u}=\partial u_x/\partial x$，故根据式(5－33)有

$$\Delta p_{xx}=\frac{4}{3}\mu\frac{\partial u_x}{\partial x}$$

由此可见，附加黏性正应力的产生是流体速度沿流动方向的变化所导致的。加速时 $\partial u_x/\partial x>0$，所以 $\Delta p_{xx}>0$；减速时 $\partial u_x/\partial x<0$，所以 $\Delta p_{xx}<0$。物理意义上，因为加速时同方向一前一后两流体质点将处于分离趋势，流体线的变形为拉伸变形，故由此产生的附加黏性正应力为拉应力(正)；反之，减速时同方向一前一后两流体质点将处于挤压趋势，流体线的变形为压缩变形，故由此产生的附加黏性正应力为压应力(负)。

如果加速过程中线变形率 $\partial u_x/\partial x$ 很大，使得 $\Delta p_{xx}=p$，则流体将发生分离，失去连续性，故对于连续的真实流体，总有 $p_{xx}=-p+\Delta p_{xx}\leqslant 0$，即不承受拉应力。特殊情况下，如果该流动是等速的，即 $\partial u_x/\partial x=0$，则必然有 $\Delta p_{xx}=0$。

(3) **正应力与静压力**　由 $p_{xx}=-p+\Delta p_{xx}$ 可知，流体静止条件下，因 $\Delta p_{xx}=0$，所以 $p_{xx}=-p$。由此得到一般性结论：静止条件下流体的正应力数值上等于流体静压力 p，且为压应力，即

$$p_{xx}=p_{yy}=p_{zz}=-p \tag{5-35}$$

但对于运动流体，因附加黏性正应力的存在，其正应力一般不等于流体静压力。对于附加黏性正应力 $\Delta p_{xx}>0$、$\Delta p_{xx}<0$、$\Delta p_{xx}=0$ 三种情况，相应有 $|\Delta\sigma_{xx}|<p$、$|\Delta\sigma_{xx}|>p$、$|\Delta\sigma_{xx}|=p$。但如果将牛顿流体本构方程式(5－32)中三个正应力相加，因为 $\Delta p_{xx}+\Delta p_{yy}+\Delta p_{zz}=0$，所以有

$$p=-\frac{p_{xx}+p_{yy}+p_{zz}}{3} \tag{5-36}$$

这说明，虽然运动流体的三个正应力在数值上一般不等于压力值，但它们的平均值却总是与静压力大小相等。

特殊情况下，对于不可压缩流体的一维流动，设流动沿 x 方向，则因为 $u_y=0$、$u_z=0$，且根据连续性方程又有 $\partial u_x/\partial x=0$，于是由本构方程得：$p_{xx}=p_{yy}=p_{zz}=-p$。这说明不可压缩流体作一维流动时，其流场中任一点的正应力与静止流体的情况一样，都等于流体静压产生的压应力 $-p$。这正是一维流动分析中，在微元体表面上直接标出压力 p 作为法向表面力的原因。

将式(5－31)和式(5－32)代入式(5－30)，就可将式(5－30)中的应力消去。以其第一式为例得

$$X+\frac{1}{\rho}\frac{\partial}{\partial x}\left[-p+2\mu\frac{\partial u_x}{\partial x}-\frac{2}{3}\mu\left(\frac{\partial u_x}{\partial x}+\frac{\partial u_y}{\partial y}+\frac{\partial u_z}{\partial z}\right)\right]+$$
$$\frac{\mu}{\rho}\frac{\partial}{\partial y}\left(\frac{\partial u_x}{\partial y}+\frac{\partial u_y}{\partial x}\right)+\frac{\mu}{\rho}\frac{\partial}{\partial z}\left(\frac{\partial u_z}{\partial x}+\frac{\partial u_x}{\partial z}\right)=\frac{\mathrm{d}u_x}{\mathrm{d}t}$$

整理得

$$X-\frac{1}{\rho}\frac{\partial p}{\partial x}+\frac{\mu}{\rho}\left(\frac{\partial^2 u_x}{\partial x^2}+\frac{\partial^2 u_x}{\partial y^2}+\frac{\partial^2 u_x}{\partial z^2}\right)+\frac{1}{3}\frac{\mu}{\rho}\frac{\partial}{\partial x}\left(\frac{\partial u_x}{\partial x}+\frac{\partial u_y}{\partial y}+\frac{\partial u_z}{\partial z}\right)=\frac{\mathrm{d}u_x}{\mathrm{d}t}$$

对于不可压缩流体 $\frac{\partial u_x}{\partial x}+\frac{\partial u_y}{\partial y}+\frac{\partial u_z}{\partial z}=0$，代入得到 x 方向的运动方程为

$$X-\frac{1}{\rho}\frac{\partial p}{\partial x}+\nu\left(\frac{\partial^2 u_x}{\partial x^2}+\frac{\partial^2 u_x}{\partial y^2}+\frac{\partial^2 u_x}{\partial z^2}\right)=\frac{\mathrm{d}u_x}{\mathrm{d}t}$$

同理可得到 y、z 方向的运动方程，与 x 方向的运动方程一起组成方程组，有

$$\left.\begin{aligned}X-\frac{1}{\rho}\frac{\partial p}{\partial x}+\nu\left(\frac{\partial^2 u_x}{\partial x^2}+\frac{\partial^2 u_x}{\partial y^2}+\frac{\partial^2 u_x}{\partial z^2}\right)=\frac{\mathrm{d}u_x}{\mathrm{d}t}\\Y-\frac{1}{\rho}\frac{\partial p}{\partial y}+\nu\left(\frac{\partial^2 u_y}{\partial x^2}+\frac{\partial^2 u_y}{\partial y^2}+\frac{\partial^2 u_y}{\partial z^2}\right)=\frac{\mathrm{d}u_y}{\mathrm{d}t}\\Z-\frac{1}{\rho}\frac{\partial p}{\partial z}+\nu\left(\frac{\partial^2 u_z}{\partial x^2}+\frac{\partial^2 u_z}{\partial y^2}+\frac{\partial^2 u_z}{\partial z^2}\right)=\frac{\mathrm{d}u_z}{\mathrm{d}t}\end{aligned}\right\}\tag{5-37}$$

这就是**不可压缩黏性流体的运动微分方程**，一般称为**纳维-斯托克斯方程**(Navier-Stokes equation)，简称 N-S **方程**，是不可压缩流体最普遍的运动微分方程。

以上三式加上不可压缩流体的连续性方程

$$\frac{\partial u_x}{\partial x}+\frac{\partial u_y}{\partial y}+\frac{\partial u_z}{\partial z}=0$$

共四个方程，原则上可以求解方程组中的四个未知量，即流速分量 u_x，u_y，u_z 和压强 p。

由于速度是空间坐标 x，y，z 和时间 t 的函数，式(5-37)中的加速度项可以展开为四项，例如

$$\frac{\mathrm{d}u_x}{\mathrm{d}t}=\frac{\partial u_x}{\partial t}+\frac{\partial u_x}{\partial x}\frac{\mathrm{d}x}{\mathrm{d}t}+\frac{\partial u_x}{\partial y}\frac{\mathrm{d}y}{\mathrm{d}t}+\frac{\partial u_x}{\partial z}\frac{\mathrm{d}z}{\mathrm{d}t}=\frac{\partial u_x}{\partial t}+u_x\frac{\partial u_x}{\partial x}+u_y\frac{\partial u_x}{\partial y}+u_z\frac{\partial u_x}{\partial z}\tag{5-38}$$

在流速分量 u_x 对时间 t 求全微分时，指的是某一任取的流体质点的速度对时间的微分，因此就是加速度，此时 $u_x=u_x(x,\ y,\ z,\ t)=u_x[x(t),\ y(t),\ z(t),\ t]$。这种描述方法是拉格朗日法，故函数中的变量 x，y 和 z 指的是该质点在运动过程中的位置坐标，因此是时间 t 的函数，并非独立变量。而式(5-38)右端的四项中的各项又是独立变量 x，y，z 和 t 的函数，是欧拉描述方法。这样，式(5-38)就完成了对加速度分量 $\mathrm{d}u_x/\mathrm{d}t$ 的描述由拉格朗日

法到欧拉法的转换。

式(5-38)中右边第一项表示空间固定点的流速随时间的变化(对时间的偏导数)，称为**时变加速度**或**当地加速度**，后三项表示固定质点的流速由于位置的变化而引起的速度变化，称为**位变加速度**，式(5-38)第二项中，$\frac{\partial u_x}{\partial x}$ 表示在同一时刻由于在 x 方向上位置不同引起的单位长度上速度的变化，u_x 表示流体质点在单位时间内在 x 方向上位置变化，因此两者乘积 $u_x \frac{\partial u_x}{\partial x}$ 表示流体质点的流速分量 u_x 在单位时间内单纯由于在 x 方向上的位移所产生的速度变化。

这样，纳维-斯托克斯方程又可写成

$$\left.\begin{aligned}
X-\frac{1}{\rho}\frac{\partial p}{\partial x}+\nu\left(\frac{\partial^2 u_x}{\partial x^2}+\frac{\partial^2 u_x}{\partial y^2}+\frac{\partial^2 u_x}{\partial z^2}\right)=\frac{\partial u_x}{\partial t}+u_x\frac{\partial u_x}{\partial x}+u_y\frac{\partial u_x}{\partial y}+u_z\frac{\partial u_x}{\partial z}\\
Y-\frac{1}{\rho}\frac{\partial p}{\partial y}+\nu\left(\frac{\partial^2 u_y}{\partial x^2}+\frac{\partial^2 u_y}{\partial y^2}+\frac{\partial^2 u_y}{\partial z^2}\right)=\frac{\partial u_y}{\partial t}+u_x\frac{\partial u_y}{\partial x}+u_y\frac{\partial u_y}{\partial y}+u_z\frac{\partial u_y}{\partial z}\\
Z-\frac{1}{\rho}\frac{\partial p}{\partial z}+\nu\left(\frac{\partial^2 u_z}{\partial x^2}+\frac{\partial^2 u_z}{\partial y^2}+\frac{\partial^2 u_z}{\partial z^2}\right)=\frac{\partial u_z}{\partial t}+u_x\frac{\partial u_z}{\partial x}+u_y\frac{\partial u_z}{\partial y}+u_z\frac{\partial u_z}{\partial z}
\end{aligned}\right\}$$

(5-39)

纳维-斯托克斯方程是流体力学中最有用的一组方程之一，它们可以用于建模天气、洋流、管道中的水流、星系中恒星的运动、翼型周围的气流，也可以用于飞行器和车辆的设计、血液循环的研究、电站的设计、污染效应的分析等。

N-S 方程与世界七大“千禧难题”　2000 年美国克莱数学研究所的科学顾问委员会把 N-S 方程列为七个“千禧难题”之一，描述如下：

起伏的波浪跟随着我们的正在湖中蜿蜒穿梭的小船，湍急的气流跟随着我们的现代喷气式飞机的飞行。数学家和物理学家深信，无论是微风还是湍流，都可以通过理解 N-S 方程的解，来对它们进行解释和预言。虽然这些方程是 19 世纪写下的，我们对它们的理解仍然极少。挑战在于对数学理论作出实质性的进展，使我们能解开隐藏在 N-S 方程中的奥秘。

以数学的观点来看，纳维-斯托克斯(N-S)方程是一个针对任意维度向量场的非线性偏微分方程。17 世纪，牛顿(Newton)和莱布尼茨(Leibniz)开创了对人类影响深远的微积分。偏微分方程起源于 18 世纪，是欧拉(Euler)、达朗贝尔(D'Alembert)、拉格朗日(Lagrange)和拉普拉斯(Laplace)等用于分析的重要工具。1822 年，纳维(Navier)从分子运动角度分析并建立了黏性流体的基本运动方程。1823 年，柯西(Cauchy)引入流体微团的应力张量概念，从而推导出柯西动量方程，将流体运动不同于固体运动的规律呈现出来。1843 年，圣维南(Saint-Venant)对黏性不可压缩流体运动基本方程也进行了研究。1845 年，斯托克斯(Stokes)结合纳维对黏度的认识和柯西的张量思维，提出了三个假设：(1) 应力和应变率存在线性关系；(2) 流体各向同性；(3) 静止时的法向应力等于静压强，最终从连续介质力学推导获得了 N-S 方程。勒雷(Leray)提出能量方法和紧致性方法来分析 N-S 方程，在 1934 年证明了方程弱解的存在性。1951 年，霍普夫(Hopf)用泛函分析的方法将勒雷的结果推广到高维的情形，一般将这种解称为 Leray-Hopf 弱解。1957 年，基谢列夫(Kiselev)等证明了二维空间下光滑解的整体适定性，以及三维空间下小初值光滑解的整体适定性。N－S 方程是当今非线性科学研究中最重要的物理模型之一，已成为非线性偏维分方程、数值分析和动力系统研究的推动力量。

5.5.2 欧拉方程

当流体为理想流体时，运动黏度 $\nu=0$，则 N－S 方程(5－39)可简化为

$$\left.\begin{aligned}X-\frac{1}{\rho}\frac{\partial p}{\partial x}=\frac{\partial u_x}{\partial t}+u_x\frac{\partial u_x}{\partial x}+u_y\frac{\partial u_x}{\partial y}+u_z\frac{\partial u_x}{\partial z}\\Y-\frac{1}{\rho}\frac{\partial p}{\partial y}=\frac{\partial u_y}{\partial t}+u_x\frac{\partial u_y}{\partial x}+u_y\frac{\partial u_y}{\partial y}+u_z\frac{\partial u_y}{\partial z}\\Z-\frac{1}{\rho}\frac{\partial p}{\partial z}=\frac{\partial u_z}{\partial t}+u_x\frac{\partial u_z}{\partial x}+u_y\frac{\partial u_z}{\partial y}+u_z\frac{\partial u_z}{\partial z}\end{aligned}\right\}\tag{5-40}$$

式(5－40)中 X，Y，Z 是单位质量力在 x，y，z 方向上的分量，这组方程称为**欧拉平衡微分方程**(Euler equilibrium differential equation)，简称**欧拉方程**，与式(3－12)的理想流体运动微分方程等价。

由于该方程组包含 $u_x\dfrac{\partial u_x}{\partial x}$ 等非线性项，为了得到方程的解，需要结合具体情况进行简化。假设流体不可压缩、做定常运动，且作用在流体上的质量力只有重力，根据第三章内容可知，由欧拉方程可导出伯努利方程，即

$$Z+\frac{p}{\rho g}+\frac{u^2}{2g}=常数$$

5.5.3 运动方程的定解条件

从运动方程推导的过程可以看出，它只是表示流体运动的牛顿定律的数学形式。要确定某一特定情况下运动的速度、压力的变化规律，要对方程给出初始条件和边界条件，即方程的定解条件，定解条件必须与方程匹配。

(1) 初始条件

如果流动是非定常的，必须给出初始条件，初始条件决定所求函数在某一给定时刻的值，即未知变量初始时的空间分布。对不可压缩流体的运动，要求给定 $t=t_0$ 时的 u_x，u_y，u_z，p 即

$$u_x(x, y, z, t_0)=f_1(x, y, z)$$

$$u_y(x, y, z, t_0)=f_2(x, y, z)$$

$$u_z(x, y, z, t_0)=f_3(x, y, z)$$

$$p(x, y, z, t_0)=f_4(x, y, z)$$

式中，f_1，f_2，f_3，f_4 都是 t_0 时刻的已知函数。

(2) 边界条件

流动微分方程表示了流体流动的共性——遵从动量守恒定律，而不同几何空间内流场分布的不同，即流体流动的个性，则是由边界条件确定的。对于工程问题，常见的流场边界条件可分为(或简化为)以下三类。

① **固壁-流体边界**　由于流体具有黏滞性，故在与流体接触的固体壁面上，流体的速度将等于固体壁面的速度。特别地，在静止的固体壁面上，流体的速度为零。例如，在图 5－12 所示的固体壁面上：$u_1 |_{y=0} = 0$。

② **液体-液体边界**　由于穿越液-液界面的速度分布或切应力分布具有连续性，故液-液界面两侧的速度或切应力相等。在图 5－12 中有：$u_1 |_{y=h} = u_2 |_{y=h}$，$\tau_{yx,1} |_{y=h} = \tau_{yx,2} |_{y=h}$。

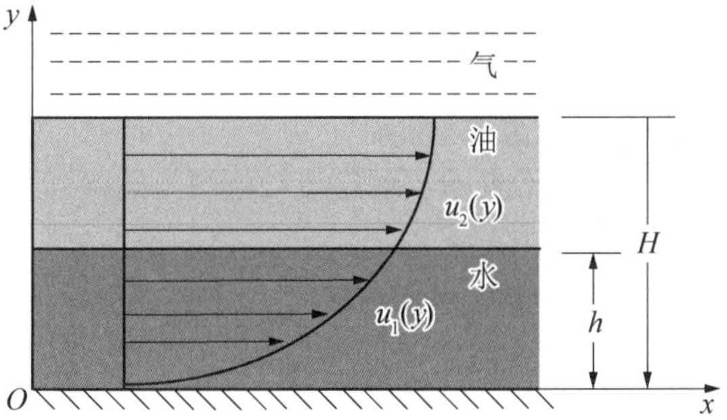

图 5－12　常见流动边界

③ **气体-液体边界**　对于非高速流动，气液界面上的切应力相对于液相内的切应力很小，故通常认为气液界面上切应力为零，由牛顿剪切定理可知，这等同于认为气液界面上速度梯度为零。例如，对图 5－12 所示的气液界面，如果 $\tau_{yx,2} |_{y=H} = 0$，则 $(\mathrm{d}u_2/\mathrm{d}y) |_{y=H} = 0$。

此外，流动参数在流场中分布的对称性条件、固壁边界对流场影响范围有限等条件，也是经常采用的定解条件。例如，对于圆管中的流动，管道中心线上 $\partial u/\partial r = 0$；对于边界层流动，在边界层以外的流体速度将等于来流速度，即 $u |_{y \geqslant \delta} = u_0$。

5.5.4　N－S 方程的求解

解 N－S 方程可以得到流动问题的精确解，但是因为 N－S 方程是二阶非线性非齐次偏微分方程。对于大多数工程中的复杂的不可压缩黏性流体的流动问题，特别是湍流脉动，N－S方程无法精确求解，只能通过计算机数值计算或实验研究得到。

黏性流体运动方程组中有四个未知数(三个速度分量 u_x，u_y，u_z 及压力 p)，它们是独立变量 x，y，z，t 以及一些参数如 μ，ρ，g 等的函数。假设 μ，ρ 是常数，质量力仅有重力，则四个未知数有四个方程式，问题是可解的。但由于这组方程中包含未知数的乘积，如 $u_x \dfrac{\partial u_x}{\partial x}$，因而方程是非线性的。求它的一般解，在数学上有极大的困难，因此，只能在若干特定情况下求解。求解运动方程有三种方法：精确解、近似解和数值解。

(1) 精确解

这组方程建立一百五十多年以来，已经得到约八十个精确解。从求解情况看，绝大多数是忽略位变加速度的非线性项而求得的线性解。涉及的流动类型及流场几何形状，有库特流(定常及非定常)、管流、驻点流、旋转流以及具有移动边界的流动、边界上的吸入流等。

(2) 近似解

为扩大基本方程组的可解范围，解决更多的工程实际问题，发展了许多近似解法。例如,摄动法、准定常近似等。对 N－S 方程的近似也可以依照雷诺数的大小,分成低雷诺数 ($Re \ll 1$) 近似和高雷诺数 ($Re \gg 1$) 近似。

(3) 数值解

随着高性能电子计算机的飞速发展,数值计算有了强有力的工具。黏性流体运动方程的数值解法也日益发展,形成了流体力学中的一个重要分支——计算流体力学。目前应用最广泛的数值解法是有限差分法、有限元法和有限体积法,具体内容参见第九章。

例 5－3 泊谡/库特(Poiseuille/Couette)流——平行平板间的流动

不可压缩的牛顿流体,在压力梯度 $\dfrac{\partial p}{\partial x}$ 作用下,于相距为 h 的两平行平板之间作定常流动(泊谡流),当上面的一块板以均匀速度 U_0 沿 x 方向运动时,称为库特流,如图 5－13 附图(a)所示。假定流动是缓慢的,黏性引起的发热可以忽略。试求远离进、出口处流体的速度分布与流量。

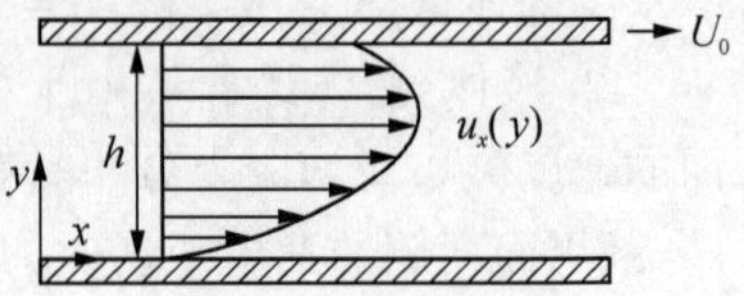

图 5－13 附图(a)

解 假定 $u_x = u_x(y)$, $u_y = 0$, $u_z = 0$, $p = p(x, y)$ 以及温度 $T=$常数,不计质量力。

按照这些假定,可忽略非线性项,简化基本方程,得到库特流的微分方程。由连续性方程,可得 $\dfrac{\partial u_x}{\partial x} = 0$

由运动方程(5－37),可得

$$x\ 方向:-\frac{\partial p}{\partial x} + \mu \frac{\mathrm{d}^2 u_x}{\mathrm{d}y^2} = 0$$

$$y\ 方向:\frac{\partial p}{\partial y} = 0$$

由于 $u_x = u_x(y)$, $\dfrac{\partial^2 u_x}{\partial y^2}$ 至多只能是 y 的函数,因此根据微分理论,上式两边必为同一常数。边界条件是 $y = 0$, $u_x = 0$; $y = h$, $u_x = U_0$。

将方程 $-\dfrac{\partial p}{\partial x} + \mu \dfrac{\mathrm{d}^2 u_x}{\mathrm{d}y^2} = 0$ 积分,并由边界条件决定积分常数,得到速度分布

$$u_x = U_0\left(\frac{y}{h}\right) - \frac{h^2}{2\mu}\frac{\partial p}{\partial x}\left[\frac{y}{h} - \left(\frac{y}{h}\right)^2\right]$$

对于单位板宽,板间的体积流量

$$Q = \int_0^1\int_0^h u_x \mathrm{d}y\mathrm{d}z = h\int_0^1 u_x \mathrm{d}\left(\frac{y}{h}\right) = \frac{1}{2}h u_0 - \frac{h^3}{12\mu}\frac{\partial p}{\partial x}$$

考查式 $u_x = U_0\left(\dfrac{y}{h}\right) - \dfrac{h^2}{2\mu}\dfrac{\partial p}{\partial x}\left[\dfrac{y}{h} - \left(\dfrac{y}{h}\right)^2\right]$ 可知,所得速度分布是两种运动叠加的结果,上板运动给出线性分布,梯度给出抛物线分布,随着 U_0 和压力梯度的不同,将出现不同特征的速度分布,如图 5－13 附图(b)所示。

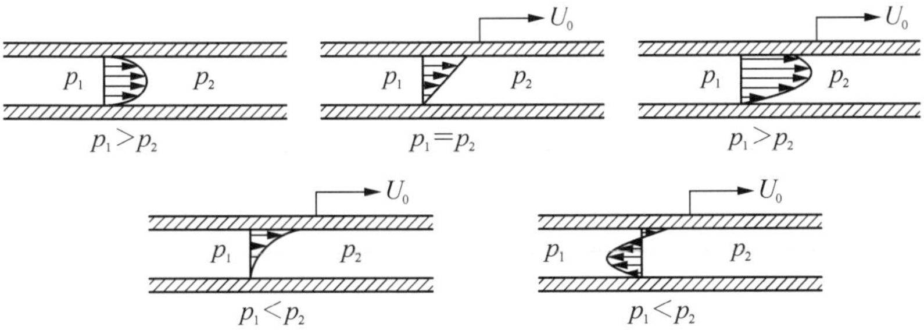

图 5-13　附图(b)

例 5-4　一块与水平面成 θ 角的斜平板，在垂直图面的 z 方向为无限长。动力黏度为 μ 的液体，在重力作用下沿平板做定常层流运动。假定液体层厚度为 h，上表面是大气压 p_a，如图 5-14 所示。试求流层内的压强和速度分布表达式，以及 z 方向取单位长度的流量表达式。

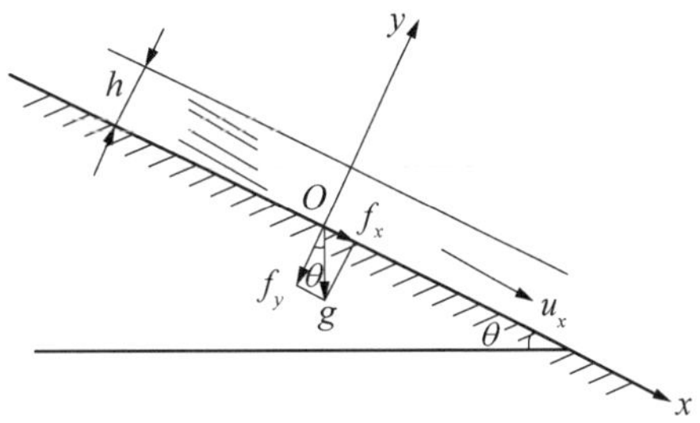

图 5-14　例 5-4 示意图

解　如图所示建坐标系。液体沿 x 方向单向流动。用 N-S 方程和微元体受力分析两种方法求解此题。

(1) 用 N-S 方程求解

对定常流动 $\frac{\partial}{\partial t}=0$；$z$ 方向为无限长，则为二维流动；液体沿 x 方向单向流动，y 和 z 方向的速度 $v=w=0$，有关 v、w 的各阶导数也为零；质量力各分量分别为 $f_z=0$，$f_x=g\sin\theta$，$f_y=-g\cos\theta$。N-S 方程成为

$$x\text{ 方向：}u\frac{\partial u}{\partial x}=f_x-\frac{1}{\rho}\frac{\partial p}{\partial x}+\nu\left(\frac{\partial^2 u}{\partial x^2}+\frac{\partial^2 u}{\partial y^2}\right)\tag{a}$$

$$y\text{ 方向：}f_y-\frac{1}{\rho}\frac{\partial p}{\partial y}=0\tag{b}$$

$$z\text{ 方向：}\frac{1}{\rho}\frac{\partial p}{\partial z}=0\tag{c}$$

由式(b)得

$$\frac{\partial p}{\partial y}+\rho g\cos\theta=0$$

积分得

$$p=-\rho g y\cos\theta+C_1$$

可见在流动的横截面上压强按线性分布，当 $y=h$ 时，$p=p_a$ 为大气压强，而此压强分布沿 x 不变，故 $\frac{\partial p}{\partial x}=0$。

将 $y=h$，$p=p_a$ 的边界条件代入得 $C_1=p_a+\rho g h\cos\theta$，故压强分布为

$$p = p_a + \rho g(h - y)\cos\theta \tag{d}$$

因为

$$\frac{\partial v}{\partial y} = \frac{\partial w}{\partial z} = 0$$

所以连续性方程有 $\frac{\partial u}{\partial x} = 0$，加上条件 $\frac{\partial p}{\partial x} = 0$，以及 $\frac{\partial^2 u}{\partial x^2} = 0$，代入式(a)得

$$\frac{d^2 u}{dy^2} + \frac{\rho}{\mu} g\sin\theta = 0 \tag{e}$$

积分得

$$\frac{du}{dy} = -\frac{\rho}{\mu} g y\sin\theta + C_2$$

对 y 再次积分得

$$u = -\frac{\rho g}{2\mu} y^2 \sin\theta + C_2 y + C_3$$

$$\text{由 } y = 0, u = 0, \text{ 得 } C_3 = 0$$

$$\text{由 } y = h, \frac{du}{dy} = 0, \text{ 得 } C_2 = \frac{\rho}{\mu} g h \sin\theta$$

所以速度分布为

$$u = \frac{\rho g \sin\theta}{2\mu}\left(2hy - y^2\right) \tag{f}$$

单位宽度流量为

$$Q = \int_0^h u\,dy = \int_0^h \frac{\rho g\sin\theta}{2\mu}(2hy - y^2)\,dy = \frac{\rho g h^3}{3\mu}\sin\theta \tag{g}$$

(2) 用微元体受力分析方法求解

在流层内取一长为 dx，深为 dy 的微元流体，则由 y 向力的平衡得

$$p\,dx = \left(p + \frac{dp}{dy}dy\right)dx + \rho g\cos\theta\,dx\,dy$$

即

$$\frac{dp}{dy} + \rho g\cos\theta = 0$$

积分得

$$p + \rho g y\cos\theta = C_1$$

按边界条件 $y = h$，$p = p_a$ 代入得

$$C_1 = p_a + \rho g h \cos\theta$$

故

$$p = p_a + \rho g(h - y)\cos\theta$$

由 x 向力的平衡得

$$\left(\tau + \frac{\partial \tau}{\partial y}\mathrm{d}y\right)\mathrm{d}x + \rho g \sin\theta \mathrm{d}x\mathrm{d}y - \tau\mathrm{d}x = 0$$

即

$$\frac{\partial \tau}{\partial y} + \rho g \sin\theta = 0 \tag{h}$$

因为

$$\tau = \mu \frac{\mathrm{d}u}{\mathrm{d}y}$$

所以,式(h)为

$$\mu \frac{\mathrm{d}^2 u}{\mathrm{d}y^2} + \rho g \sin\theta = 0 \tag{i}$$

式(i)与式(e)形式完全一样,积分并代入边界条件,则能得到与式(f)一致的速度分布式,以及与式(g)一致的流量表达式。

习 题

5-1 已知平面流场内的速度分布为 $u_x = x^2 + xy$, $u_y = 2xy^2 + 5y$,求在点(1, −1)处流体微团的线变形速度、角变形速度和旋转角速度。

5-2 已知有旋流动的速度场为 $u_x = 2y + 32$, $u_y = 2z + 3x$, $u_z = 2x + 3y$,试求旋转角速度、角变形速度和涡线方程。

5-3 试确定下列各流场是否满足不可压缩流体的连续性条件。

(1) $u_x = kx$, $u_y = -ky$, $u_z = 0$;

(2) $u_x = y + z$, $u_y = z + x$, $u_z = x + y$。

5-4 已知平面流场的速度分布为 $u_x = 4t - \dfrac{2y}{x^2 + y^2}$, $u_y = \dfrac{2x}{x^2 + y^2}$。求 $t = 0$ 时,在(1, 1)上流体质点的加速度。

5-5 如图 5-15 所示为流体在倾斜平板上的降膜流动。液膜厚度为δ,表面与大气接触。液膜沿 x 轴方向作一维层流流动,速度 $u = u(y)$,在 y、z 方向的速度均为零。主流方向(x 轴正向)与重力加速度 g 方向之间的夹角为 β。设流动可视为充分发展的层流流动。试针对图中的微元体列出 y 方向动量方程并求解。

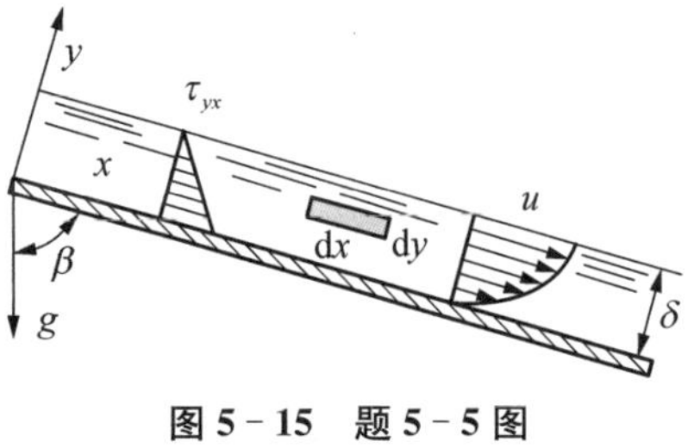

图 5-15 题 5-5 图

5-6 设两平板之间的距离为 $2h$,平板长宽皆为无限大,如图 5-16 所示。在已知压力梯度 $\partial p/\partial z$ 的作用下,流体沿

z 方向流动。试用黏性流体运动微分方程,求此不可压缩流体恒定流的流速分布。

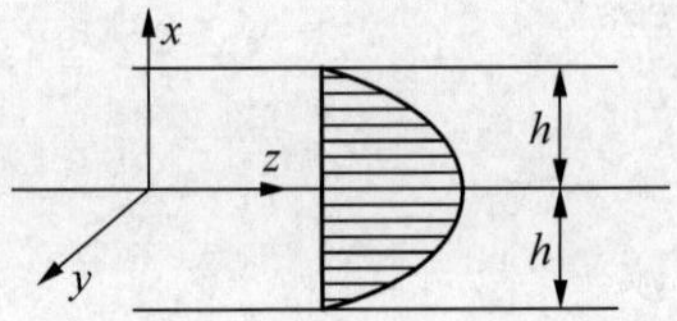

图 5-16　题 5-6 图

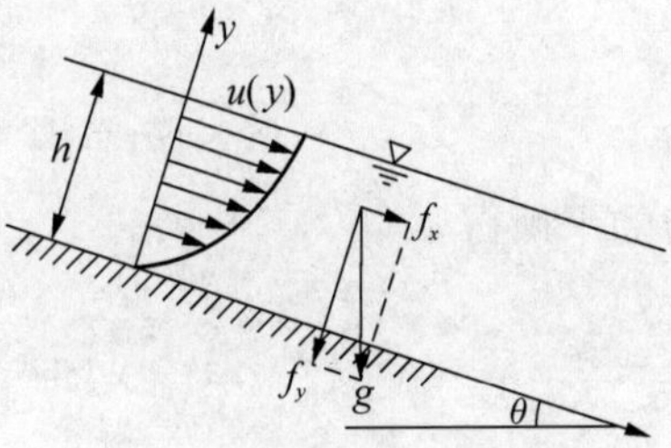

图 5-17　题 5-7 图

5-7　不可压缩牛顿黏性流体的运动黏度为 v,在重力作用下沿倾斜角为 θ 的斜坡作二维定常层流流动,如图 5-17 所示。设液面上为大气压强,流层深度为 h。试求在图示坐标系中:

(1) 流层中的速度分布 $u(y)$;(2) 压强分布 $p(y)$;(3) 切应力分布 $\tau(y)$;(4) 流量 Q。

第六章

典型流体流动

本章结合流体力学基本运动规律，重点讲述流体力学常见的流动问题的基本原理和应用，包括绕流、射流和撞击流等。

6.1 绕流

6.1.1 曲面边界层分离

在工程实际中，对流体机械和机翼的绕流（round flow），以及管道内外热交换时的绕圆柱管道流动等，物体壁面都是曲面，绕流时边界层外边界上沿流动方向速度不断变化，边界层内的压强也将随之发生相应的改变。

根据理想流体势流理论的分析，在图 6-1 所示的曲面体 MM' 断面之前，由于过流断面的收缩，流速沿程增加。因而压强沿程减小$\left(即\dfrac{\partial p}{\partial x}<0\right)$。在 MM' 断面之后，由于断面不断扩大，速度不断减小，因而压强沿程增加$\left(即\dfrac{\partial p}{\partial x}>0\right)$。由此可见，在附面层的外边界上，$M'$ 必然具有速度的最大值和压强的最小值。由于在附面层内，沿壁面法线方向的压强都是相等的$\left(即\dfrac{\partial p}{\partial y}\approx 0\right)$，故以上关于压强沿程的变化规律，不仅适用于附面层的外边界，也适用于附面层内。在 MM' 断面前，附面层为减压加速区域，流体质点一方面受到黏性力的阻滞作用；另一方面又受到压差的推动作用，即部分压力势能转为流体的动能，故附面层内的流动可以维持。当流体质点进入 MM' 断面后面的增压减速区，情况就不同了，流体质点不

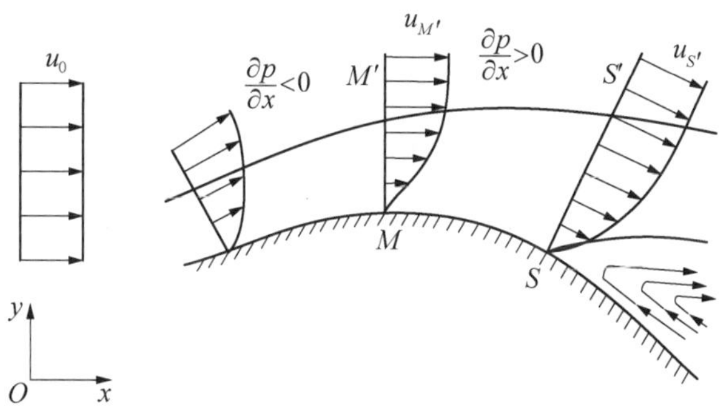

图 6-1 曲面附面层的分离

仅受到黏性力的阻滞作用,压差也阻止着流体的前进,越是靠近壁面的流体,受黏性力的阻滞作用越大。在这两个力的阻滞下,靠近壁面的流速就趋近于零。S 点以后的流体质点在与主流方向相反的压差作用下,将产生反方向的回流。但是离物体壁面较远的流体,由于附面层外部流体对它的带动作用,仍能保持前进的速度。这样,回流和前进这两部分运动方向相反的流体相接触,就形成旋涡。旋涡的出现势必使附面层与壁面脱离,这种现象称为**附面层的分离**,而 S 点就称为**分离点**。由上述分析可知,附面层的分离只能发生在断面逐渐扩大而压强沿程增加的区段内,即增压减速区。

附面层分离后,物体后部形成许多无规则的旋涡,由此产生的阻力称为**形状阻力**。因为分离点的位置、旋涡区的大小,都与物体的形状有关,故称形状阻力。对于有尖角的物体,流动在尖角处分离,愈是流线型的物体,分离点愈靠后。飞机、汽车、潜艇的外形尽量做成流线型,就是为了推后分离点,缩小旋涡区,从而达到减小形状阻力的目的。

6.1.2 绕流阻力

绕流阻力(drag of round flow)包括**形状阻力**(form drag)和**摩擦阻力**(friction drag)两部分,物体所受到的阻力与边界层分离现象直接相关。

在绕流物体边界层分离点下游形成的旋涡区,通常称为**尾流**(wake flow)。由于尾流中旋涡消耗能量,使得尾流区物体表面的压强低于来流的压强,而物体迎流面的压强大于来流的压强,造成物体表面非对称压强分布,即物体前部是高压区,后部是低压区,这种由于前后部的压力差产生的阻力叫作**形状阻力**,也称为**压差阻力**。要减小形状阻力,一般应尽量避免或推迟边界层分离现象,以减小尾流的范围。工程中,经常将物体设计成流线型物体,它的形状相对于钝性物体如圆柱、圆球等可大大减缓边界层分离现象,所以在同样的迎流面积下,流线型物体的形状阻力要比钝性物体小得多。当有严重边界层分离时,此时的物体形状阻力计算比较困难,目前主要靠实验来决定。

绕流总阻力 F_D 包括流体的摩擦阻力 F_f 和压差阻力(形状阻力)F_p 两个部分,前者等于物体壁面切应力在来流方向的合力,后者等于物体壁面上压力在来流方向上的合力(例如,图 6-2 所示的流体垂直于平板的流动中,流体所受到的平板阻力就主要是压差阻力)。绕流总阻力 F_D 与摩擦阻力 F_f 和压差阻力(形状阻力)F_p 的关系为

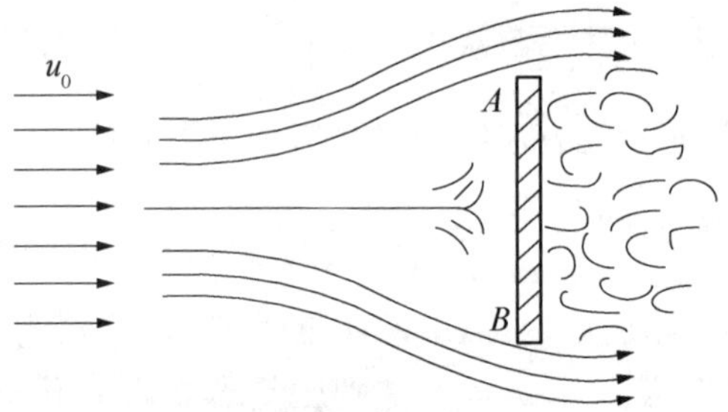

图 6-2　垂直于平壁的流动

$$F_D = F_f + F_p \tag{6-1}$$

分别引入总阻力系数 C_D、摩擦阻力系数 C_f 和形状阻力系数 C_p,则绕流总阻力 F_D、摩擦阻力 F_f 和压差阻力(形状阻力)F_p 可分别表示为

$$F_D = C_D \frac{\rho u_0^2}{2} A_D,\ F_f = C_f \frac{\rho u_0^2}{2} A_f,\ F_p = C_p \frac{\rho u_0^2}{2} A_D \tag{6-2}$$

式中,A_D 为物体垂直于流动方向的投影面积;A_f 为物体的表面积。

通过理论或实验确定 C_D、C_p、C_f 与 Re 的关系是绕流问题研究的主要目标之一。例如，通过在不同 Re 数下测定物体在流动方向受到的总力 F_D，然后用式(6-2)计算出 C_D，即可建立 C_D 与 Re 之间的关系。显然，对于一般绕流问题，测试 F_D 比分别测试 F_p 和 F_f 更容易。由于工程实际中通常更关心的是总阻力 F_D，且总阻力系数 C_D 的测试相对容易，所以绕流问题中一般不是通过分别计算 F_p 和 F_f 来确定 F_D，而是直接采用总阻力系数 C_D 的经验式或经验值计算流动阻力 F_D。

绕流阻力系数 C_D 主要由以下因素决定：雷诺数、物体的形状、物体表面粗糙度等。一般情况下，C_D 很难由理论计算得出，多由实验确定。图 6-3 所示是圆球、圆盘及无限长圆柱的绕流阻力系数 C_D 的实验曲线。为便于实际应用，附录Ⅹ给出了部分二维物体的阻力系数，附录Ⅺ给出了部分三维物体的阻力系数，更多的数据可在相关文献或手册中查阅到。

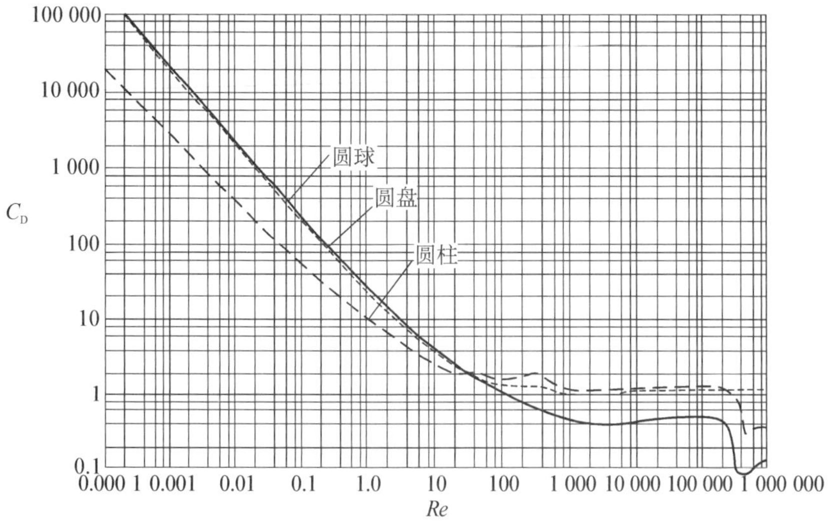

图 6-3　圆球、圆盘及无限长圆柱的绕流阻力系数曲线

6.1.3　绕球体的流动

定义流体绕球体或颗粒流动的雷诺数 $Re = U_0 d/\nu$，其中 d 为球体或颗粒直径。圆球绕流情况与圆柱体绕流情况类似。

当 $Re < 2$ 时，流动有对称性，属于斯托克斯(Stokes)流区域。

当 $2 < Re < 20$ 时，边界层处于层流状态，无分离现象，且随着雷诺数的增大，迎流面的边界层与背流面出现不对称。其中，当 $Re = 10$ 时不对称已很明显，这时球的阻力主要为摩擦阻力。当 $Re \approx 20$ 时，背流面出现边界层分离，产生有旋涡的尾迹流。

当 $20 < Re < 130$ 时，产生的尾迹流中旋涡较稳定，边界层仍保持层流状态。这时球的阻力由摩擦阻力和压差阻力两部分组成，且大小相当。

当 $130 < Re < 400$ 时，尾迹区的旋涡从球面脱落，尾迹区的流动呈稳定状态。其中在 $Re > 270$ 的条件下，尾迹区为湍流状态。总阻力以压差阻力为主。

当 $400 < Re < 3 \times 10^5$ 时，圆球绕流与圆柱体绕流情况类似，表现出大雷诺数的绕流特征。在 $Re > 3 \times 10^5$ 条件下，边界层内的流动逐渐向湍流过渡。在这两种情况下，总阻力约等于压差阻力。

(1) 球体绕流的总阻力

与圆柱体绕流类似，阻力系数 C_D 是雷诺数 Re 的函数，其总阻力按下式计算

$$F_D = C_D \frac{\rho u_0^2}{2} A_D = C_D \frac{\rho u_0^2}{2} \frac{\pi d^2}{4} \tag{6-3}$$

对于球形颗粒，在不同的雷诺数范围内，可由 Re 计算出对应的阻力系数值。

$Re < 2$ 为斯托克斯定律区 $\quad C_D = \dfrac{24}{Re}$ (6-4)

$2 < Re < 500$ 为阿仑(Allen)区 $\quad C_D = \dfrac{18.5}{Re^{0.6}}$ (6-5)

$500 < Re < 2\times10^5$ 为牛顿定律区 $\quad C_D \approx 0.44$ (6-6)

当 $Re > 3\times10^5$ 时，阻力系数急剧减小，$C_D \approx 0.2$。

(2) 颗粒的沉降速度

质量为 m、密度为 ρ_p 的颗粒在静止流体中沉降时所受到的力主要包括：

重力 $\quad F_g = mg$ (6-7)

浮力 $\quad F_b = \dfrac{m}{\rho_p}\rho g$ (6-8)

阻力 $\quad F_D = C_D \dfrac{\rho u_0^2}{2} A_D$ (6-9)

式中，u_0 表示颗粒相对于流体的运动速度。注意：当颗粒在离心力作用下沉降时，可用离心加速度 $r\omega^2$ 代替式(6-7)和式(6-8)中的重力加速度 g。

根据牛顿第二定律有

$$F_g - F_b - F_D = m\frac{du}{dt} \tag{6-10}$$

将式(6-7)～式(6-9)代入颗粒的运动微分方程为

$$\frac{du}{dt} = \left(\frac{\rho_p - \rho}{\rho_p}\right)g - \frac{C_D A_D}{2m}\rho u^2 \tag{6-11}$$

对于直径为 d 的球形颗粒，运动微分方程可写为

$$\frac{du}{dt} = \left(\frac{\rho_p - \rho}{\rho_p}\right)g - \frac{3C_D}{4d}\frac{\rho}{\rho_p}u^2 \tag{6-12}$$

颗粒自由沉降速度是指颗粒在流体中沉降时，所受到的力相平衡时达到的相对速度 u_t，亦称终端速度。对于球形颗粒，当 $du/dt = 0$ 时，由式(6-12)可得

$$u_t = \sqrt{\frac{4dg(\rho_p - \rho)}{3C_D\rho}} \tag{6-13}$$

在不同的雷诺数范围取不同的 C_D 值，可得不同的自由沉降速度公式。

若处于斯托克斯定律区（$Re < 2$），则有

$$u_t = \frac{d^2(\rho_p - \rho)g}{18\mu} \tag{6-14}$$

在阿仑区（$2 < Re < 500$），则有

$$u_t = 0.152\,8\frac{d^{1.143}[(\rho_p - \rho)g]^{0.714\,3}}{\rho^{0.285\,7}\mu^{0.428\,6}} = 0.27\sqrt{\frac{d(\rho_p - \rho)gRe^{0.6}}{\rho}} \tag{6-15}$$

如果在牛顿定律区（$500 < Re < 2\times10^5$），则有

$$u_t = 1.74\sqrt{\frac{d(\rho_p - \rho)g}{\rho}} \tag{6-16}$$

当流体作水平流动时，不会影响颗粒的沉降速度。颗粒一方面跟随流体作水平运动；另一方面以速度 u 下降，且下降速度 u 达到沉降速度 u_t 后保持恒速，据此可求出颗粒的运动轨迹。

当流体垂直向上流动时，颗粒的绝对速度 u_p 等于颗粒沉降速度 u_t 与流体速度 u_f 之差，即

$$u_p = u_f - u_t \tag{6-17}$$

所以，如果 $u_f > u_t$，则 $u_p > 0$，表示颗粒随流体向上运动；如果 $u_f < u_t$，则 $u_p < 0$，表示颗粒向下运动；如果 $u_f = u_t$，表示颗粒静止地悬浮在流体中，例如转子流量计中的转子就处于这种状况。

以上讨论的是稀疏悬浮液中单个球形颗粒的自由沉降速度，实际颗粒的沉降速度还要受到下列因素的影响。

（1）浓度的影响　实际气-固、液-固两相物系中，颗粒的数量很多，存在相互干扰，比如颗粒间的相互碰撞、流体与颗粒之间的附加作用力等，这些因素使得颗粒的干扰沉降速度低于单个颗粒的自由沉降速度。通常，当颗粒出现干涉沉降时，可先按单颗粒计算自由沉降速度，再按浓度进行修正，即

$$u'_t = u_t(1 - c_V)^{5.5} \tag{6-18}$$

式中，c_V 为颗粒体积浓度。

（2）器壁效应　当器壁直径 D 与颗粒直径 d 比值不是太大时，器壁会增加颗粒沉降时的阻力，使颗粒的沉降速度较自由沉降速度小。考虑器壁的影响时，颗粒沉降速度可按下式进行修正

$$u'_t = \frac{u_t}{1 + 2.104\left(d/D\right)} \tag{6-19}$$

（3）非球形度的影响　对于非球形颗粒，由于其迎流投影面积比同体积球形颗粒大，故所受到的阻力较大，实际沉降速度比同体积球形颗粒的小些，可用 ψd_e 代替公式中的颗粒直径 d 计算沉降速度。其中 d_e 为非球形颗粒当量直径，ψ 为颗粒球形度，分别由下式给出

$$d_e = \sqrt[3]{6V_p/\pi} \tag{6-20}$$

$$\psi = A_s/A_p \tag{6-21}$$

式中，V_p 为颗粒的体积；A_p 为颗粒的表面积；A_s 为体积等于 V_p 的球形颗粒的表面积。某些颗粒的球形度参考经验值如下：立方体 $\psi=0.806$，长径比为 1 的圆柱体 $\psi=0.874$，煤粉 $\psi=0.7$，砂 $\psi=0.53\sim0.63$。

例 6-1 球形颗粒的阻力系数与阻力

求直径为 5 mm 的球形颗粒在下列情况下的阻力系数与阻力：① 以 $u_t=2$ cm/s 等速在密度为 925 kg/m³、动力黏度为 0.12 Pa·s 的油中运动；② 以 $u_t=2$ cm/s 等速在 5℃的水中运动；③ 以 $u_t=2$ m/s 等速在 5℃的水中运动。

解 ① 计算雷诺数 $$Re=\frac{\rho u_t d}{\mu}=\frac{925\times0.02\times0.005}{0.12}=0.771$$

属于斯托克斯区，故阻力系数及阻力分别为

$$C_D=\frac{24}{Re}=\frac{24}{0.771}=33.1$$

$$F_D=C_D\frac{\rho u_t^2}{2}\frac{\pi d^2}{4}=31.1\times\frac{925\times0.02^2}{2}\times\frac{\pi\times0.005^2}{4}=1.13\times10^{-4}(\text{N})$$

② 水在 5℃时的密度为 999.8 kg/m³，黏度为 1.547×10^{-3} Pa·s，计算雷诺数

$$Re=\frac{\rho u_t d}{\mu}=\frac{999.8\times0.02\times0.005}{0.547\times10^{-3}}=64.6$$

属于阿仑区，故阻力系数及阻力分别为

$$C_D=\frac{18.5}{Re^{0.6}}=\frac{18.5}{64.6^{0.6}}=1.52$$

$$F_D=C_D\frac{\rho u_t^2}{2}\frac{\pi d^2}{4}=1.52\times\frac{999.8\times0.02^2}{2}\times\frac{\pi\times0.005^2}{4}=5.97\times10^{-6}(\text{N})$$

③ 改变速度计算雷诺数 $$Re=\frac{\rho u_t d}{\mu}=\frac{999.8\times2\times0.005}{0.547\times10^{-3}}=6\,460$$

属于牛顿区，阻力系数为 0.44，阻力为

$$F_D=C_D\frac{\rho u_t^2}{2}\frac{\pi d^2}{4}=0.44\times\frac{999.8\times2^2}{2}\times\frac{\pi\times0.005^2}{4}=0.017\,3(\text{N})$$

6.1.4 圆柱绕流

分析钝体绕流阻力最典型例子是圆柱绕流。流体绕圆柱体流动时，在圆柱体后半部，尾流的形态图形主要取决于流动雷诺数 $Re=\frac{U_0 d}{\nu}$。

(1) 当$Re \ll 1$时，称为低雷诺数流动。流体可平顺地绕过圆柱，几乎无流动分离。此时阻力几乎全是摩擦阻力且与速度一次方成正比关系，如图 6-4(a)所示。

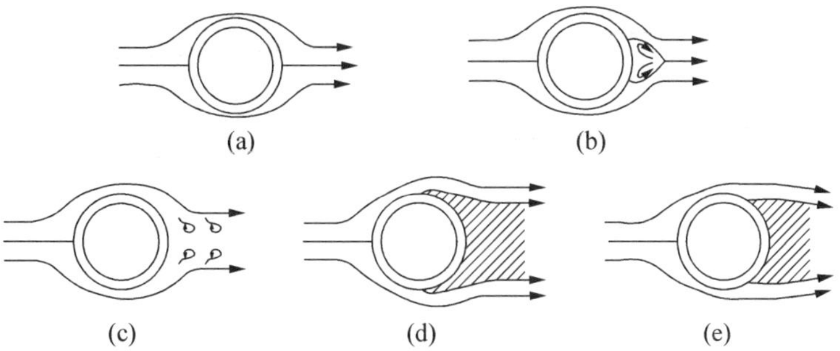

图 6-4　不同雷诺数下圆柱绕流示意图

(2) 当$1 \leqslant Re \leqslant 500$时，此时要产生流动分离。当$Re > 40$时，圆柱后部出现一对驻涡，如图 6-4(b)所示。当$Re > 60$时，从圆柱后部交替释放出涡旋且被带向下游，这些涡旋排成两列呈有规则的交错组合，称为**卡门涡街**(Karman vortex street)，如图 6-4(c)所示。此时阻力中既有摩擦阻力又有形状阻力，大致与速度的 1.5 次方成正比关系。若脱落频率正好与圆柱体横向振动的自然频率相近或相等，就会产生共振。例如：电线的“风鸣声”，在管式热交换器中使管束振动，并发出强烈的振动噪声，更为严重的是它对绕流周期性的压强合力可能会引起共振。美国华盛顿州塔克马吊桥(Tacoma，1940)因设计不当，在一次暴风雨中由桥体诱发的卡门涡街在几分钟内将桥摧毁。卡门涡街不仅仅限于圆柱绕流，一般钝体后也会出现。

在圆柱体后面的卡门涡街中，两列旋转方向相反的旋涡周期性地交替脱落，其脱落频率f与流体的来流速度U_0成正比，而与圆柱体的直径d成反比，即

$$f = Sr\frac{U_0}{d} \tag{6-22}$$

式中，Sr为斯特劳哈尔(Strouhal)数，与Re数有关。当Re数大于10^3时，Sr近似等于常数0.21。根据这一性质，可制成涡街流量计，详见第八章。

(3) 当$500 \leqslant Re \leqslant 2 \times 10^5$时，此时流动严重分离。从$Re = 10^4$起，边界层甚至从圆柱的前部就开始分离，如图 6-4(d)所示，形成相当宽的分离区。此时阻力以形状阻力为主，且与速度的二次方成正比关系。

(4) 当$2 \times 10^5 \leqslant Re < 5 \times 10^5$时，由于分离点前的层流边界层变为湍流边界层，使得分离点往后推移，从而分离区大大缩小如图 6-4(e)所示。至$Re = 5 \times 10^5$时分离区为最小。阻力系数达到最小，$C_D = 0.3$。

(5) 当$5 \times 10^5 \leqslant Re \leqslant 3 \times 10^6$时，分离点又向前移，阻力系数$C_D$有所回升。

(6) 当$Re > 3 \times 10^6$时，分离区相对稳定，一般称为自模区。

6.1.5　理想流体绕圆柱流动

重力场中物体从静止开始在理想流体中运动，或者无穷远处均匀来流绕物体运动，由于符合理想、正压、体积力有势等条件，因而这种运动是无旋的。利用拉普拉斯方程的线性性

质,将已经确立的若干无旋流的势函数叠加,当方程和边界条件都得到满足时,即可得到所讨论的流场的解答。

物体在流体中作均匀直线运动,用静止坐标系考察流场,其周围速度分布是非定常的,若采用随物体一起移动的坐标系进行考察,则问题转化为流体绕静止物体的运动,运动为定常。这在数学上相当于叠加一个均匀流。因此,在前述基础上,可用均匀流函数叠加偶极流求解流体绕长圆柱的流动。

设理想流体的均匀来流速度为 U_0,压力为 p_0,绕过半径为 r_0 的圆柱,见图 6-5。由于柱体很长,忽略端效应,可视为二维流动。解柱坐标拉普拉斯方程可得解,但此处用基本解叠加求取流函数、势函数,从而得到速度分布,再由伯努利方程求得压力分布。这样解题更为简便,避免了采用特殊函数等复杂数学方法。

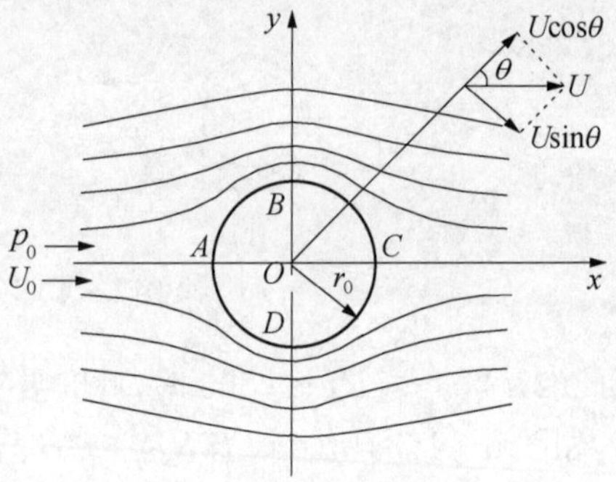

图 6-5　绕圆柱体的流动

绕经圆柱体的流函数,可根据式(5-21)及式(5-24)求得

$$\psi = U_0 y - \frac{M}{2\pi}\frac{y}{x^2+y^2} = U_0 y\left(1 - \frac{M}{2\pi U_0}\frac{1}{x^2+y^2}\right) \tag{6-23}$$

为了满足边界条件,应适当地选定式中的 M 值。

流函数等于常数,即得流线

$$\psi = U_0 y\left(1 - \frac{M}{2\pi U_0}\frac{1}{x^2+y^2}\right) = C \tag{6-24}$$

常数 $C=0$ 时,得 $\psi=0$ 的零流线方程

$$y\left(1 - \frac{M}{2\pi U_0}\frac{1}{x^2+y^2}\right) = 0 \tag{6-25}$$

因此就有

$$y=0 \text{ 或 } x^2+y^2 = \frac{M}{2\pi U_0} \tag{6-26}$$

由于运动流体中的物体表面是不能被流体穿透的,所以 $\psi=0$ 的零流线可以看作是绕圆柱体的势流的边界流线。因此,满足边界条件的偶极矩应选取为

$$\frac{M}{2\pi U_0} = r_0^2$$

由方程式(6-26)得到零流线为 $y=0$ 或 $x^2+y^2=r_0^2$,这说明 $\psi=0$ 的零流线是圆心位于坐标原点、半径为 r_0 的一个圆,以及与此圆相连的 Ox 轴的两个分支,点 A 和点 C 是两个分支点。流体绕过圆柱体时,先在 A 点分开,然后在 C 点汇合。这样,所求得的流函数就是

$$\psi = U_0 y\left(1 - \frac{r_0^2}{x^2+y^2}\right) = U_0\left(1 - \frac{r_0^2}{r^2}\right) r\sin\theta \tag{6-27}$$

式中,$r \geqslant r_0$,小于 r_0 的值无意义。

(1) 势函数　绕经圆柱体的势函数,亦可由均匀流叠加偶极流得到

$$\varphi = U_0 x + \frac{M}{2\pi}\frac{x}{x^2+y^2} = U_0 x\left(1+\frac{r_0^2}{x^2+y^2}\right) = U_0 r\cos\theta\left(1+\frac{r_0^2}{r^2}\right) \tag{6-28}$$

由于拉普拉斯方程的线性性质,因此以上由叠加所求得的 φ 和 ψ 必然满足该方程。

(2) 速度分布　由已知的速度势,不难求出速度分布。在极坐标中有

$$u_r = \frac{\partial\varphi}{\partial r} = U_0\left(1-\frac{r_0^2}{r^2}\right)\cos\theta \tag{6-29}$$

$$u_\theta = \frac{1}{r}\frac{\partial\varphi}{\partial\theta} = -U_0\left(1+\frac{r_0^2}{r^2}\right)\sin\theta \tag{6-30}$$

在圆柱体表面上,即当 $r=r_0$ 时,得 $u_r=0$,边界条件得到满足。此外,还有

$$u_\theta = -2U_0\sin\theta \tag{6-31}$$

这就是说,圆柱体表面上的速度沿着圆周切线的方向且大小等于 $2U_0\sin\theta$,负号表示流体沿着与 θ 角相反的方向流动(见图 6-5)。当 $\theta=180^\circ$ (点 A)和 $\theta=0$(点 C)时,速度等于零,这两点分别称为前、后临界点或驻点。当 $\theta=90^\circ$ 时,速度具有最大值,并且等于无限远处流动速度的两倍。

由式(6-29)及式(6-30)可知,径向速度随离开圆柱体距离的增大而逐渐增加,当 $r=\infty$时,达到 $U_0\cos\theta$ 值。与此相反,切向分速度随 r 的增加而减少,当 $r=\infty$时,达到 $-U_0\sin\theta$ 值。这两个表达式给出了无限远处来流速度的投影。

(3) 压力分布　由伯努利方程,如果不考虑重力影响,$Z=$常数,则在上述流场中有

$$p+\frac{\rho u^2}{2} = p_0+\frac{\rho U_0^2}{2}$$

或

$$\frac{p-p_0}{\frac{1}{2}\rho U_0^2} = 1-\left(\frac{u}{U_0}\right)^2 \tag{6-32}$$

将速度分布式(6-29)、式(6-30)代入,得

$$\frac{p-p_0}{\frac{1}{2}\rho U_0^2} = 1-\frac{u_\theta^2+u_r^2}{U_0} = -2\frac{r_0^2}{r^2}(\sin^2\theta-\cos^2\theta)-\frac{r_0^4}{r^4} \tag{6-33}$$

在圆柱面上,$r=r_0$ 得

$$\frac{p-p_0}{\frac{1}{2}\rho U_0^2} = 1-4\sin^2\theta \tag{6-34}$$

当 $\theta=0$ 和 $\theta=180^\circ$ 时

$$p_A = p_C = p_0 + \frac{1}{2}\rho U_0^2 \tag{6-35}$$

当 $\theta = \frac{\pi}{2}$ 或 $\theta = \frac{3}{2}\pi$ 时

$$p_B = p_D = p_0 - \frac{3}{2}\rho U_0^2 \tag{6-36}$$

这表明,驻点压力大于无限远处来流的压力,且圆柱体中间截面上的压力是最低的。

图 6-6(a)为沿圆柱体周线的速度分布。图 6-6(b)为压力分布的计算值与实验值的比较。由图可知,自中间截面到 C 点范围内,计算值和实验值有很大的差别,这是由于没有考虑黏性力的影响所致。实际流体流过圆柱体时,当在表面附近时,黏性影响很大;当 $\theta = 100° \sim 70°$ 时(此处 θ 由后驻点算起,若由前驻点算,则 θ 在 80°~110°的范围内),流动不再贴着壁面,而与柱体分离,在柱体后缘形成涡旋区,以致压力的实验值远比计算值低。

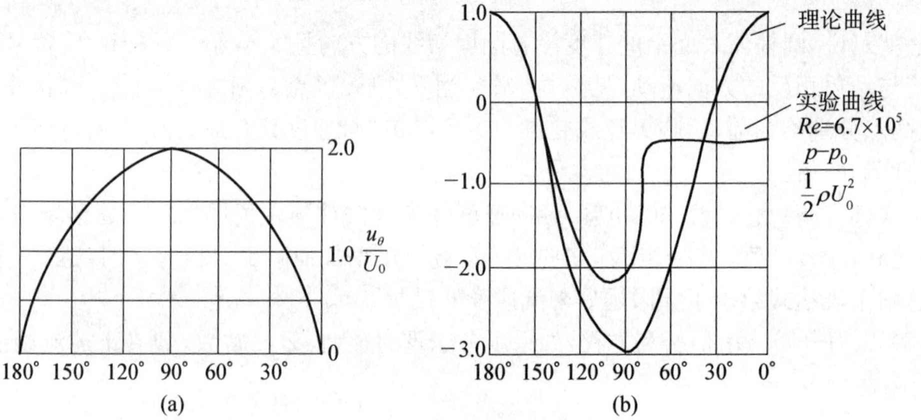

图 6-6 绕圆柱体流动的速度与压力分布

已知柱体表面上的压力分布之后,可以计算出流体对柱体的作用力。计算表明,理想流体的势流绕经圆柱体时,对柱体的总压力的水平和垂直分量都等于零。这是速度分布特点所决定的。从前驻点开始,质点动能增加,至 $\frac{\pi}{2}$ 时达最大值,这一动能足以与压力增加相抗衡,使流体质点到达后驻点,因而后半球上的力与前半球上的力相抵消。对于黏性流体,由于边界层中流体动能损失,不能推动流体到达后驻点,不存在对称性压力。

当圆柱体在理想流体中运动时,柱体只受来自流体的对称性压力,因此阻力等于零,这显然与实际情况是相违背的,这就是著名的达朗伯定理。这一矛盾显示了理想流体模型的局限性。

6.2 射流

射流(jet)是指流体在一定条件下,从某一通道射入一速度和密度均匀的流体中(简称环境流体),是流体运动的一种重要类型,它在许多工程技术领域中都有着广泛的应用价值,如射流切割、喷射燃烧、液压传动、水力开采等。根据不同标准我们可以对其进行各种分类：根据流体的运动状态(雷诺数的大小)可分为层流射流和湍流射流；根据射流环境空间的限制可分为自由射流和受限射流；根据喷嘴的结构可分为平面射流和圆射流等。工程上所遇到的射流，多数处于湍流状态，为此以下几节将着重讨论湍流射流。

6.2.1　自由射流

自由射流(free jet)是指出流到无限大空间中，流动不受固体边壁的限制，也称无限空间射流。

6.2.1.1　自由射流的卷吸机理

图 6－7(a)为高速摄像仪拍摄的自由圆射流的烟线照片，图中喷嘴口径为 30 mm，喷嘴出口的平均气速为 2.36 m/s，喷嘴出口处雷诺数约为 5 000，相机拍摄时曝光速度为 0.001 s。从图中可以看出，在离喷嘴很近的区域，烟线基本为直线，该区域流体保持了喷嘴出口的速度；在距离喷嘴一定距离的射流的边界层中，出现了旋涡结构，这些旋涡尺度不断增长，最终破碎成更小的旋涡。图 6－7(a)中描述的自由射流的结构和发展过程的示意图见图 6－7(b)。

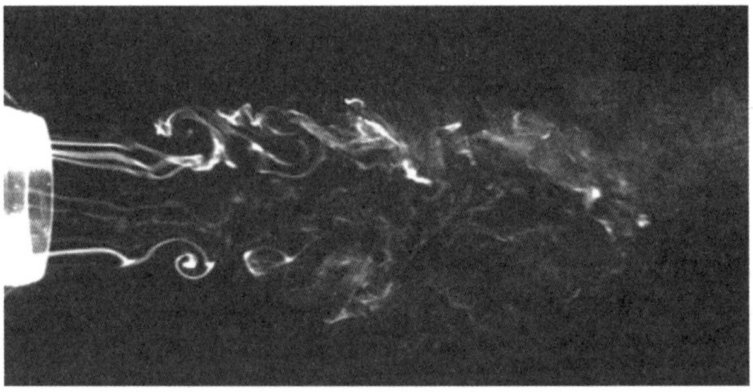

(a)

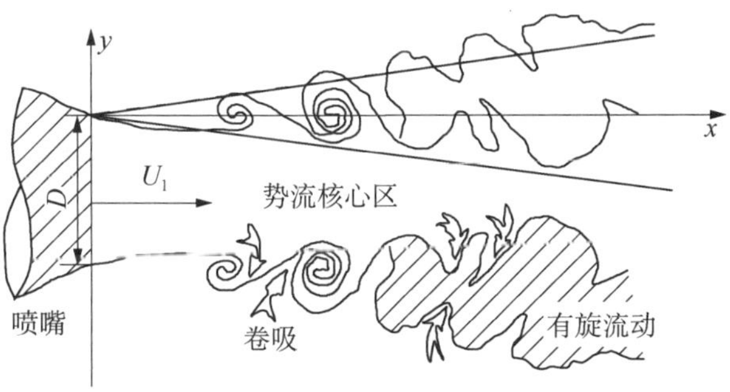

(b)

图 6－7　湍流射流的涡旋生长和卷吸

自由射流其基本过程是一股快速流动的流体射入相对速度较小的环境中，这种主流速度与环境速度的差别在射流边界将产生剪切层，由于剪切层不稳定性的迅速增长，形成旋涡。正是由于旋涡导致射流对周围流体的卷吸。关于剪切层不稳定形成涡旋的过程，可以通过图 6-8 做进一步说明。

首先是由于扰动使含有涡量的区域边界变形，如图 6-8(a)所示；并进一步周期性地增厚和减薄，如图 6-8(b)所示；涡旋区域即将出现，如图 6-8(c)所示；最后形成单个涡旋，如图 6-8(d)所示。由于流体黏性的作用，每个涡旋影响其他涡旋，使相邻的涡旋配对。由于两个涡旋接近并不断地相互绕着旋转，以致产生合并和缠绕，最后形成新的更大的涡旋。这些涡旋运动发生的同时将湍流射流流体带至周围无旋流体，使周围无旋流体卷入射流中。以上过程的不断发生，使射流宽度不断增加。

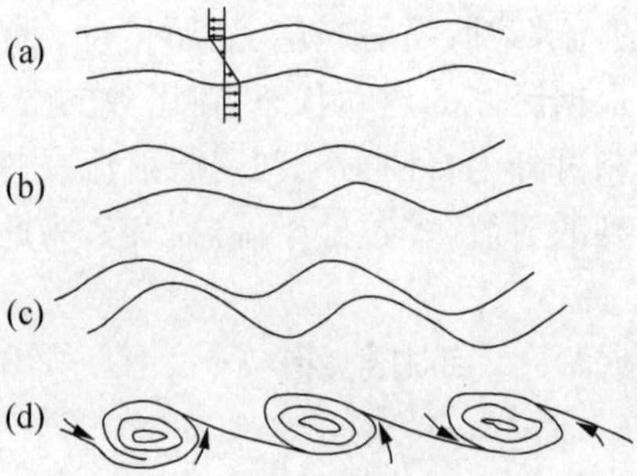

图 6-8　剪切层起始不稳定性涡旋形成

6.2.1.2　自由射流的发展

假定气流沿 x 轴的正方向自直径为 d 的喷嘴流出，初速度为 u_0，且周围是静止的相同流体(密度、黏度及温度相同)，射流外边界的交点称为**射流极点**(jet pole)。只要流出的速度不是很慢，则射流经过很短的距离，即变成完全的湍流。由于湍流脉动作用引起射流与周围静止流体相混，流体则被射流卷吸而向下游流动，使射流的质量增加、宽度变大，但射流的速度却逐渐衰减，并一直影响到射流的中心轴线上，最后消失。在这段距离内，经历了从发展到消失的过程，如图 6-9 所示的射流发展过程可看出自由射流可分为如下三个区域。

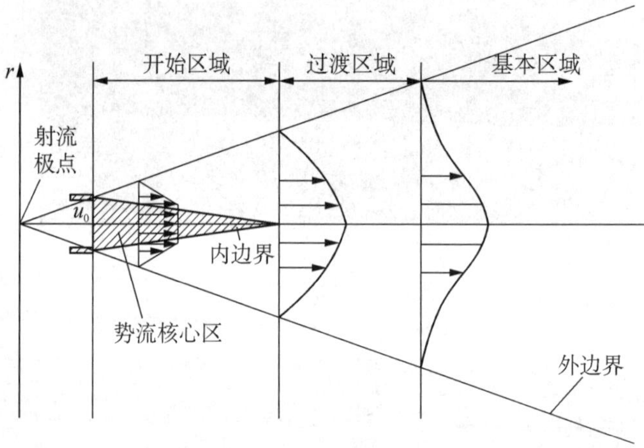

图 6-9　自由射流的发展过程

(1) **开始区域**　射流刚离开喷嘴在出口截面处，未经扰动保持初速 u_0。随着沿 x 轴方向流动，由于射流的卷吸作用，射流的宽度变大。但在中心部分有一个速度保持从喷嘴流出时速度 u_0 的区域，这一区域称为**势流核心区**(potential core region)，简称**势核区**。在该区域中，流体速度保持不变，区域的宽度随 x 轴增长而减小，直至为零，这就是射流发展过程中的开始区域。势流核心区的外围是混合区，混合区内有速度梯度，流动速度沿径向逐渐减小，至外边界速度为零。开始区域的长度约为 $6.4d$。

(2) **过渡区域**　从这个区域开始射流轴线上的速度开始降低，不再保持为起始速度。在过渡区域内，速度分布趋于完成，整个区域均属混合区。这个区域的长度很短，位于 x 轴上 6.4d～8d 内，作为工程上的近似，常可忽略该区域。

(3) **基本区域**　在这个区域内，射流已充分发展。沿 x 轴方向，轴向时均速度的横向分布，在不同截面上具有相似的几何形状，即有相似的速度分布。基本区域的长度有 100d 甚至更长。当射流中心速度为零时，射流能量完全消失，射流终结。

6.2.1.3　自由射流速度分布

(1) 平面自由湍流射流

对于平面自由射流（图 6-10），取射流的宽度为 1，则由动量守恒可得

$$2\int_0^b \rho u^2 \mathrm{d}y = 2\rho_0 u_0^2 b_0$$

由于 $\rho=\rho_0$，上式可写成量纲为 1 的形式

$$\left(\frac{u_m}{u_0}\right)^2 \frac{b}{b_0}\int_0^1 \left(\frac{u}{u_m}\right)^2 \mathrm{d}\left(\frac{y}{b}\right) = 1 \tag{6-37}$$

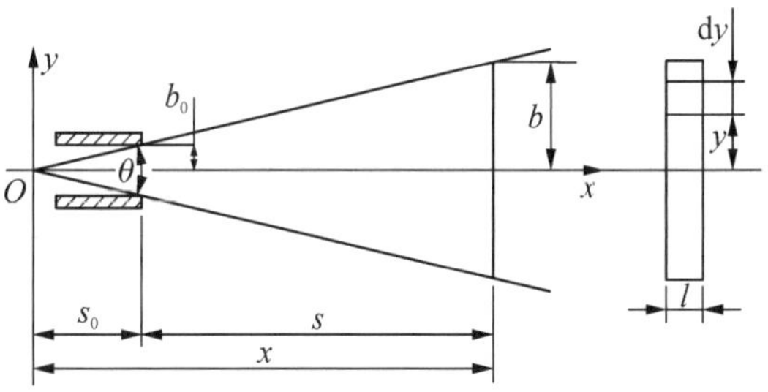

图 6-10　平面自由湍流射流

式中，u_m 表示轴线流速，同样，根据实验结果的经验公式，以及 u_m 和 b 随 x 的变化关系，可计算定积分

$$\int_0^1 \left(\frac{u}{u_0}\right)^2 \mathrm{d}\left(\frac{y}{b}\right) = 0.2847$$

代入式(6-37)，得

$$\frac{u_m}{u_0} = \frac{1.21}{\sqrt{ax/b_0}} \tag{6-38}$$

式中，a 为一常数，其数值与喷嘴形状、喷嘴出口初始速度分布以及湍流强度有关。研究结果表明，喷嘴出口湍流强度增大，a 值增大，势核区长度急剧减小。对于平面射流，$a=0.1$～0.11，射流扩散角 $\theta=27°\sim30°$。

在射流基本区起始截面上 $u_m=u_0$，得势核区长度为

$$x_T = 1.46\frac{b_0}{a} \tag{6-39}$$

工程计算中，常以喷嘴出口截面的中心作为起始点，即 $s=x-s_0$ 或 $s=x+s_0$，代入式(6-38)得到

$$\frac{u_m}{u_0} = \frac{1.21}{\sqrt{\frac{as}{b_0}+0.417}} \tag{6-40}$$

在射流充分发展的区域，平面射流不同截面上 x 方向的速度分布如图 6-11(a)所示，在每一截面上，u_x 从中心的最大值 u_{max} 不断降低，直至离中心一定距离处变为零。将上述分布曲线量纲为 1，整理为 $\frac{u}{u_m}$-$\frac{y}{b_{1/2}}$ 进行标绘，会发现不同截面上的速度分布，将在一条曲线上

重叠如图 6－11(b)所示，即**不同截面上速度分布是相似的**。图中 s 为离开喷嘴的距离，$b_{1/2}$ 为射流半宽，通常规定为 $u_x=0.5u_m$ 时的 y 值。u_m 和 $b_{1/2}$ 在此作为使速度和距离量纲为 1 的特征速度和特征长度，均随 s 变化而变化。由于在不同截面使用了不同的比例尺进行度量，从而使速度分布具有相似性，因此又称 u_m 和 $b_{1/2}$ 为**速度比尺和长度比尺**。

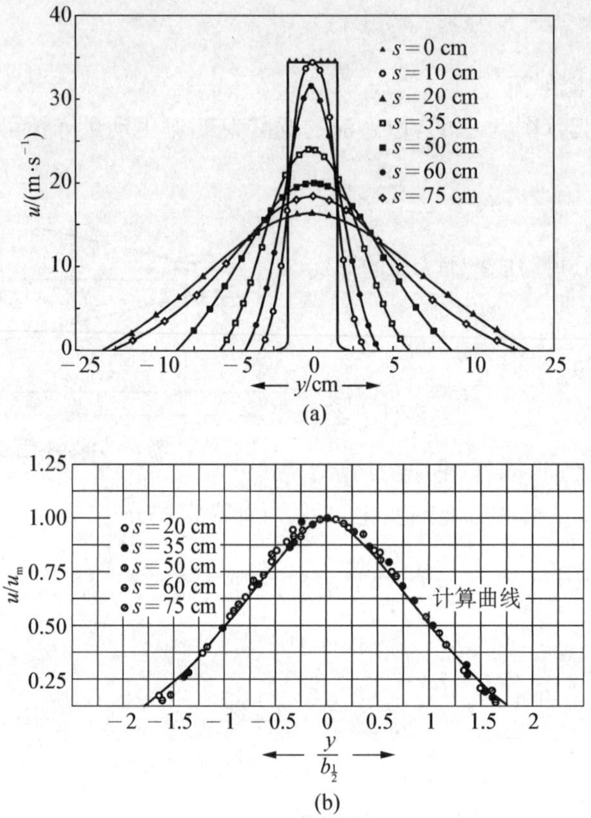

图 6－11　平面射流的速度分布图

由前文分析可知，平面射流在基本区的截面上的速度分布具有高斯分布的形式，大致可表示为

$$\frac{u_x}{u_m}=\exp\left\{-0.69\frac{y^2}{(b_{1/2})^2}\right\} \tag{6-41}$$

(2) 圆形断面的自由湍流射流

对于圆形断面射流，根据图 6－12 所示，$dA=2\pi r dr$，由动量守恒可得

$$2\pi\int_0^R \rho u^2 r dr=\pi\rho_0 u_0^2 R_0^2$$

因为射流与周围流体的温度和密度相同，即 $\rho=\rho_0$，可以将上式写成量纲为 1 的形式，即

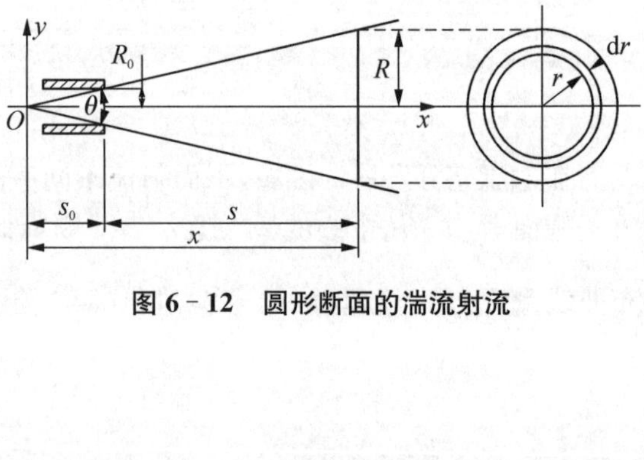

图 6－12　圆形断面的湍流射流

$$2\int_0^{R/R_0}\left(\frac{u}{u_0}\right)^2\frac{r}{R_0}\mathrm{d}\left(\frac{r}{R_0}\right)=1$$

将上式中量纲为 1 的纵坐标 $\frac{r}{R_0}$ 改写成 $\frac{r}{R}\cdot\frac{R}{R_0}$，其中 $\frac{R}{R_0}$ 只决定于该横截面至射流极点的距离 x，而与该点在横截面上的位置(r)无关。同样，量纲为 1 的速度 $\frac{u}{u_0}$，可写为 $\frac{u}{u_m}\cdot\frac{u_m}{u_0}$，其中 $\frac{u_m}{u_0}$ 也与该点在横截面上的位置无关。这样，上式可写成

$$2\left(\frac{u_m}{u_0}\right)^2\left(\frac{R}{R_0}\right)^2\int_0^1\left(\frac{u}{u_m}\right)^2\frac{r}{R}\mathrm{d}\left(\frac{r}{R}\right)=1 \tag{6-42}$$

式中，u_m 为射流截面轴心线上的速度。

根据实验结果整理得到速度分布 $\frac{u}{u_m}$ 的经验公式，以及 u_m 和 R 随 x 的变化关系，可以求出定积分

$$\int_0^1\left(\frac{u}{u_m}\right)^2\frac{r}{R}\mathrm{d}\left(\frac{r}{R}\right)=0.046\,4$$

代入式(6－42)计算得到

$$\frac{R}{R_0}=3.28\frac{u_0}{u_m} \tag{6-43}$$

对于圆形截面喷管，a 的平均值为 0.07～0.08，得到射流扩散角 $\theta=27°\sim30°$。根据实验结果分析，得到圆射流有 $R/ax=3.4$，或 $R=3.4ax$，代入式(6－43)中得到

$$\frac{u_m}{u_0}=3.28\frac{R_0}{R}=\frac{3.28R_0}{3.4ax}=0.966\frac{R_0}{ax} \tag{6-44}$$

对于射流基本区起始截面有 $u_m=u_0$，得势核区长度为

$$x_T=0.966\frac{R_0}{a} \tag{6-45}$$

一般工程计算中，习惯以喷嘴出口截面的中心作为起始点，即 $s=x-s_0$，或 $x=s+s_0$，代入式(6－44)得到

$$\frac{u_m}{u_0}=0.966\frac{R_0}{ax}=\frac{0.966}{\frac{as}{R_0}+0.294} \tag{6-46}$$

由上述计算得到的射流中心速度与实验值能够很好地吻合。

流过任一截面上的流量

$$Q=2\pi\int_0^R ur\mathrm{d}r=2\pi R_0^2u_0\left(\frac{R}{R_0}\right)^2\frac{u}{u_\mathrm{m}}\frac{r}{R}\mathrm{d}\left(\frac{r}{R}\right)$$
$$=2Q_0\left(\frac{R}{R_0}\right)^2\frac{u_\mathrm{m}}{u_0}\int_0^1\left[1-\left(\frac{r}{R}\right)^{3/2}\right]^2\frac{r}{R}\mathrm{d}\left(\frac{r}{R}\right)$$

式中，Q_0 为从喷嘴流出的最初流体流量，$Q_0=\pi R_0^2u_0$。

采用同样方法，经积分整理，并由实验修正得到

$$\frac{Q}{Q_0}=2.13\frac{u_0}{u_\mathrm{m}} \tag{6-47}$$

将式(6-46)代入上式得

$$\frac{Q}{Q_0}=2.20\left(\frac{as}{R_0}+0.294\right) \tag{6-48}$$

圆射流中的速度分布具有高斯分布的形式，速度分布大致为

$$\frac{u_x}{u_\mathrm{m}}=\exp\left\{-\frac{r^2}{(b_{1/2})^2}\right\} \tag{6-49}$$

从式(6-38)、式(6-39)和式(6-44)、式(6-45)可以得出，无论是平面射流还是圆射流，当增加射流的初速度 u_0 和喷管出口尺寸时，都会使射流的轴向速度 u_m 增加，即可增加射流的射出能力。

由于平面射流中，轴向速度 u_m 的减小与射出距离 x(或 s)的平方根成反比关系，而圆射流 u_m 的减小与 x(或 s)成反比关系，所以在射流初速 u_0 相同的条件下，圆射流速度衰减更快。

6.2.2 受限射流

在工程上，射流喷入尺寸有限的设备中就形成**受限射流**(confined jet)，也称**有限空间射流**。受限射流的特点是周围有一定的壁面边界。受限射流喷出后要卷吸周围介质，而周围介质因受壁面限制又不能无限供应被卷吸的流量，所以在射流喷出后的周围空间内形成回流区，这和自由射流有所不同。

由于在实际工程中有着广泛的应用，很多研究者对受限射流进行了深入细致的研究，得到了很多重要的结论。斯林和纽比(Thring & Newby)以自由射流和受限射流的物理过程的简单概念为基础，得到了**斯林-纽比准数**(Thring-Newby parameters)θ

$$\theta=\frac{d}{D} \tag{6-50}$$

式中，d 为喷嘴直径，D 为受限空间通道的直径。

受限射流的另一个重要参数是**回流比**，定义如下

$$R=\frac{Q_\mathrm{R}}{Q_0} \tag{6-51}$$

式中，Q_R和Q_0分别为受限通道的回流量和喷嘴出口的初始流量。

图 6－13 所示为单喷嘴受限射流流场结构示意图。从图中可以看出，单喷嘴受限射流气中，回流量随着离喷嘴间距的增大先增大后减小，在回流涡涡眼位置处达到最大。

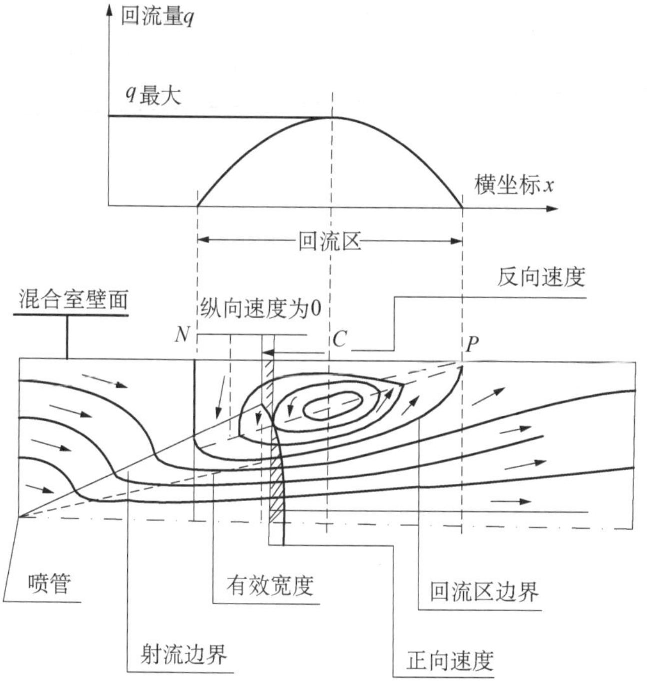

图 6－13 受限射流沿流动方向流场特征

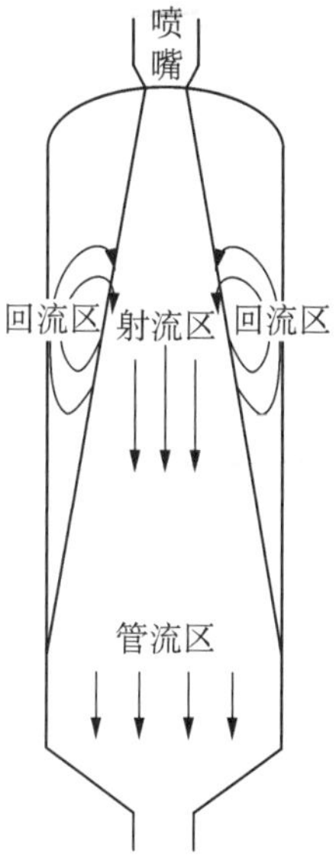

图 6－14 单喷嘴受限射流气化炉的三区模型

喷嘴设置在气化炉顶部的气流床气化炉通常称为单喷嘴气化炉，已广泛应用于油气化、煤气化等领域，气化原料可以是液态燃料，也可以是固态粉料。于遵宏等对这种单喷嘴受限射流气化炉流场进行了较为详尽的研究，提出了单喷嘴顶置受限射流气化炉的三区模型，即**回流区**、**射流区**和**管流区**，如图 6－14 所示。

6.2.3 同轴射流

在圆射流中心线处再加一股圆射流就形成了**同轴射流**(coaxial jet)，由于两股同轴的自由射流相互作用，使得流动变得复杂化。同轴射流的流场结构如图 6－15 所示，按流动的发展可分为**初始混合区**、**过渡混合区**和**充分混合区**；射流区内在初始区和过渡区内存在着内射流核心区、外射流核心区内、内混合区和外混合区。同轴水射流流场如图 6－16 所示，图中同轴射流内外环直径分别为 D_1 和 D_2，对应射流速度分别为 U_1 和 U_2，喷嘴出口处的速度和湍流强度测量结果如图 6－17 所示。

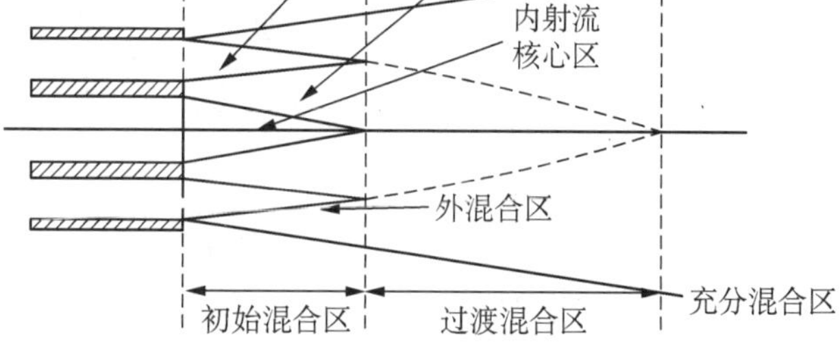

图 6－15 同轴射流的流场结构示意图

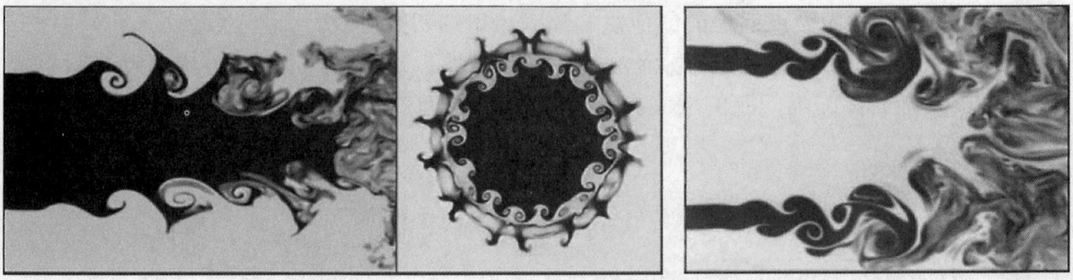

(a) 内通道射流　　(b) 环隙通道射流

图 6-16　同轴水射流流动可视化图($U_2/U_1=4$, $Re=1\,400$)

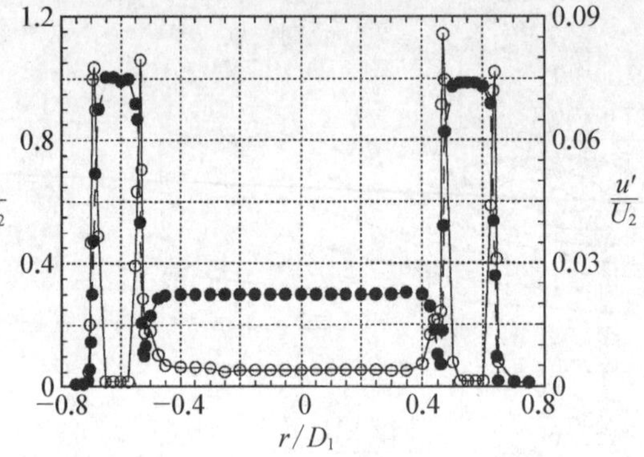

图 6-17　同轴射流喷嘴出口处的速度(●)和湍流强度(○)的分布

同轴喷嘴与复杂浆体雾化　同轴射流在工业中有广泛的应用,包括气-固同轴射流和气-液同轴射流等。图 6-18(a)为工业上广泛应用的同轴射流喷嘴的示意图,中心通道为固体颗粒或者液体,环隙为高速气体。图 6-18(b)为气-固两相射流的照片,中心通道为玻璃微珠,工业中的粉煤气化喷嘴多采用这种结构。图 6-18(c)为同轴双通道喷嘴水煤浆的破裂和雾化,中心通道为水煤浆。华东理工大学多喷嘴对置式水煤浆气化喷嘴采用了典型预膜式同轴三通道结构,中心通道和外环通道为氧气,中间环形通道为水煤浆,如图 6-18(d)所示。预膜式喷嘴雾化效果好,使用寿命长,性能先进。

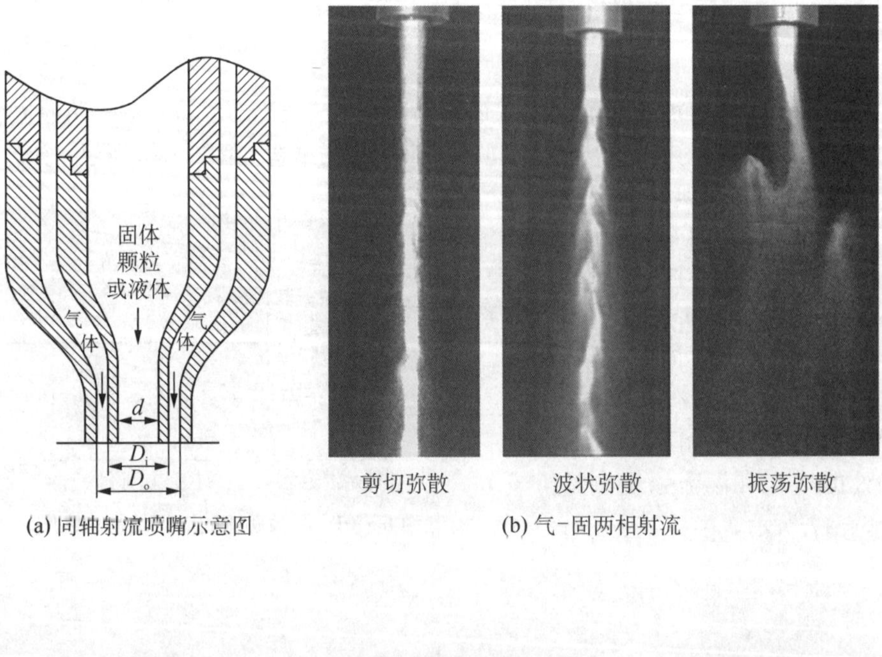

(a) 同轴射流喷嘴示意图　　(b) 气-固两相射流

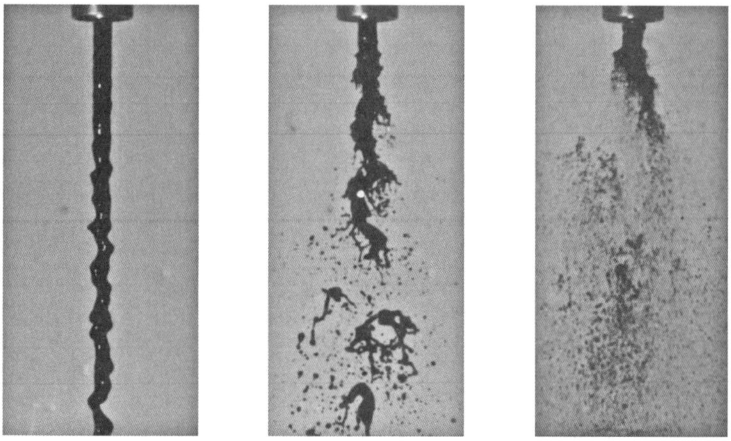

(c) 同轴双通道喷嘴水煤浆的破裂和雾化

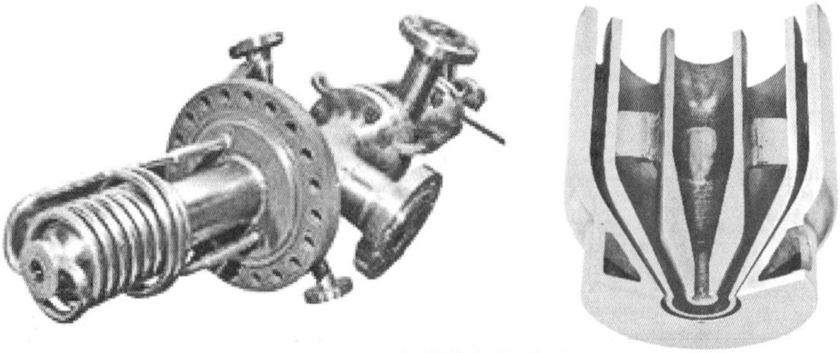

(d) 水煤浆气化喷嘴

图 6－18　同轴射流

6.3　撞击流

6.3.1　撞击流基本原理

撞击流(impinging stream)流动过程如图 6－19 所示，两股射流离开喷嘴后相向流动、撞击，在喷嘴中间形成一个高度湍动的撞击区，轴向速度趋于零，并转为径向流动。撞击流流场一般可以分为三个区域：一是流体离开喷嘴以后到还没有撞击之前，如同单喷嘴的自由射流，称为**射流区**；二是相向运动的流体撞击后形成**撞击区**(也称滞止区)；三是撞击后流体改变方向形成的区域，称为**径向射流区**(也称折射流区)。

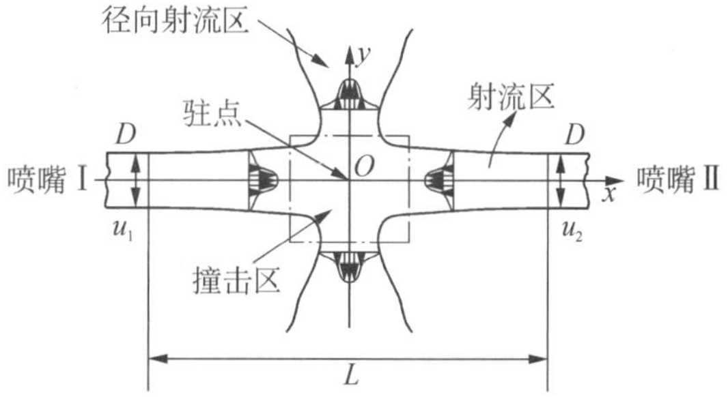

图 6－19　两喷嘴对置撞击流示意图

撞击流由于撞击后产生一个高湍动撞击区，能够有效地降低传递过程中的外部阻力，强化热质传递，促进混合。因而撞击流在干燥、吸收、气体和固体的冷却和快速加热、混合、多相反应等多种工业过程中有着广阔的应用前景。

6.3.2 撞击流的分类

撞击流按照喷嘴出口的雷诺数大小来分，可以分为层流撞击流和湍流撞击流；从喷嘴的数目来分，撞击流可分为撞壁流与对置撞击流，对置撞击流又可以分为两股对置撞击流和多股对置撞击流(三股、四股及以上)；以喷嘴的形状来分，又可以分为平面射流撞击流和圆射流撞击流；从两股对置射流的出口初始速度是否相等来分，还可以分为对称对置撞击流和不对称对置撞击流。

(1) 单股撞壁流

在撞壁流中，由于射流区受撞击影响较小，射流区域内的流场与自由射流相似；在撞击区内，由于壁面阻滞作用导致静压很高；对于折射流区内，折射流速度也具有自相似，但由于壁面作用，在速度分布上与自由射流有很大的差别。撞壁流的另一个特性是在射流区与折射流区都存在丰富的拟序涡结构，如图 6-20 所示，这些涡结构对撞击混合和热传递都起到十分重要的作用。

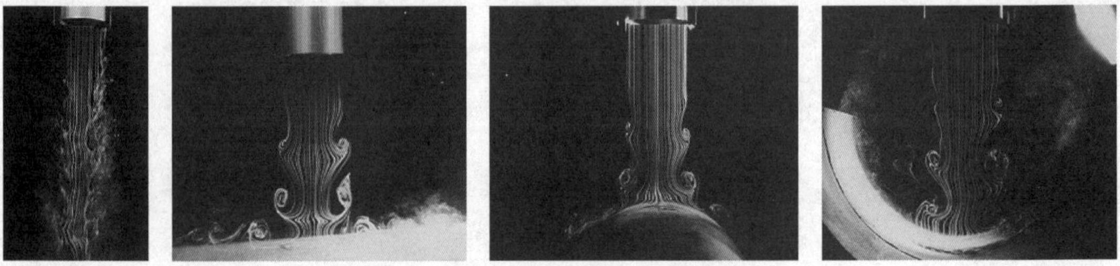

图 6-20　自由射流与撞壁流的流动显示(Re=6 000)

(2) 对置撞击流

两股高速射流相向碰撞是一种很有意义而又很复杂的现象，迄今文献中尚无充分的阐述，仅在近几十年才有较深入的研究。较早的撞击流理论采用了“镜像”概念，认为两股相距 L 的射流撞击，相当于一股射流撞击与之相距 $L/2$ 的平面。但后来关于撞击流中流场特性的实验研究表明，在流体与流体的撞击面上有压力波动和撞击不稳定性产生，并以反馈的机理增强。

编者利用热线风速仪测量和烟线流场显示的方法对不同喷嘴间距范围内湍流撞击流撞击面驻点的偏移规律进行了研究。当两喷嘴射流雷诺数为 4 700 时，得到的不同喷嘴间距下烟线流场显示照片，见图 6-21(a)～(e)。从图中可以看出，在 $L=D$、$2D$、$6D$ 以及 $8D$ 时，同一工况得到的烟线照片的撞击面基本位于喷嘴连线的中心位置，所以图中只给出了一张典型的照片。但是当 $L=4D$ 时，却发现尽管努力地调节两个流量计气量相等，但是撞击面很难位于中心位置，不是位于靠近上面喷嘴的出口位置，就是位于靠近下面喷嘴出口的位置。图中撞击面位于中心位置的照片是极偶然的机会抓拍到的，但是撞击面在这个位置的时间也是“稍纵即逝”，很快会运动到两个靠近上下喷嘴出口的位置。从这些现象可以看出撞击流在 $L=4D$ 时具有**不稳定性**(instability)。

图 6-22(a)～(e)为不对称撞击流流场的烟线照片，图中上、下方的喷嘴射流速度之比

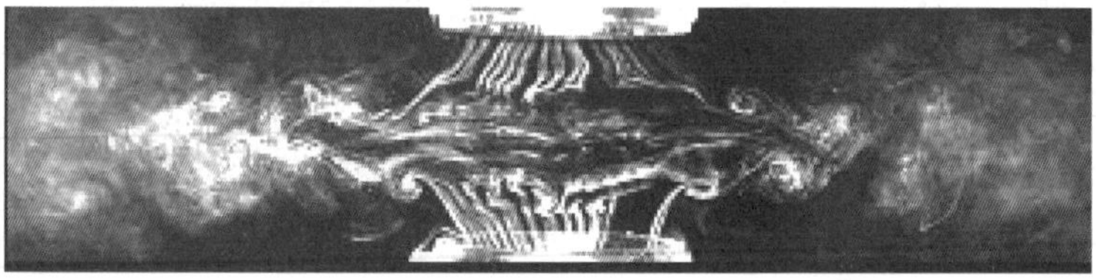

(a) $L=D$

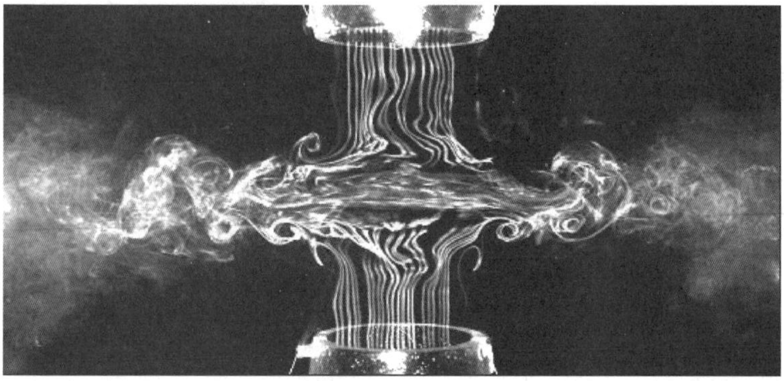

(b) $L=2D$

(c) $L=4D$

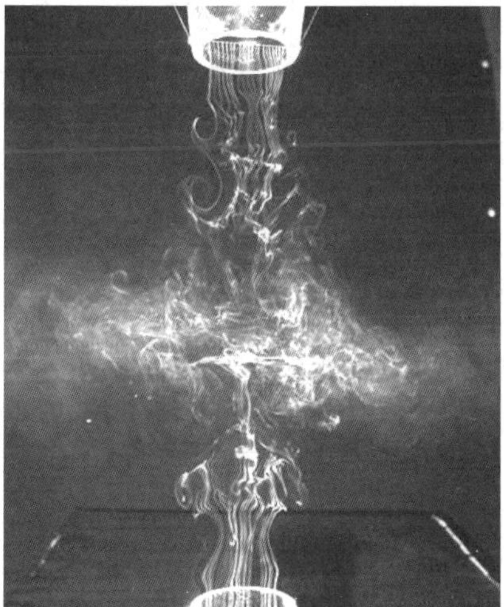

(d) $L=6D$

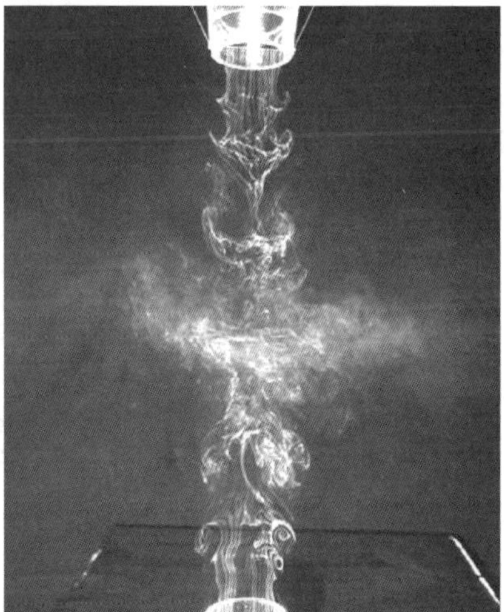

(e) $L=8D$

图 6-21　气速相等时不同喷嘴间距下烟线流场瞬时照片

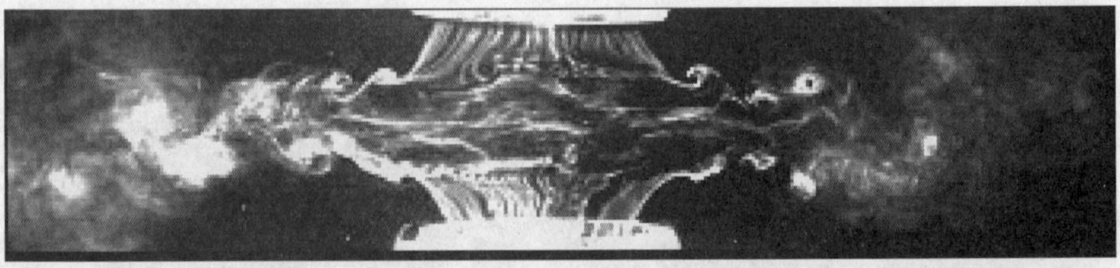

(a) $L=D$

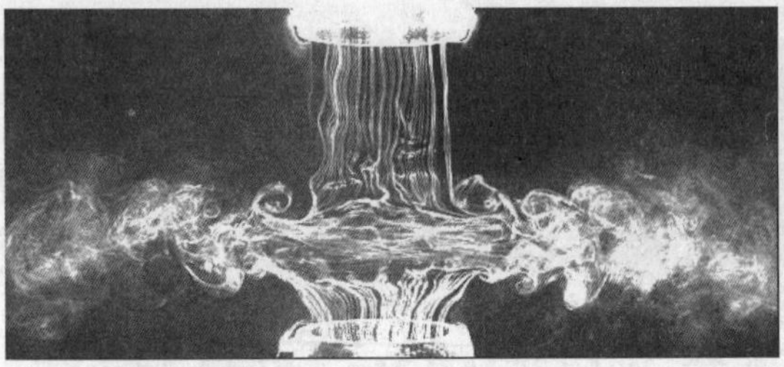

(b) $L=2D$

(c) $L=4D$

(d) $L=6D$

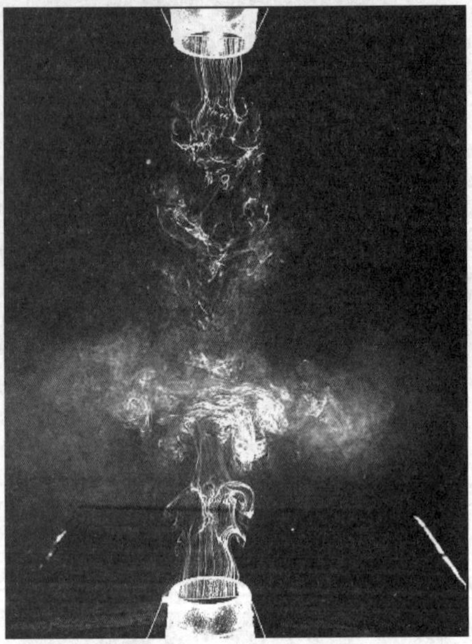

(e) $L=8D$

图 6-22　上下喷嘴气速比为 1.03 时不同喷嘴间距下烟线流场瞬时照片

为 1.03。从图中可以看出驻点偏移时流场的两个特点。第一,尽管两喷嘴气速相差不大,但是撞击面的驻点却发生了不同程度的偏移。$L=2D$、$4D$ 和 $6D$ 时,驻点偏移量很大,分别达到了大约 $0.5D$、$1.4D$ 和 $1.33D$,撞击面已经非常接近气速小的喷嘴出口;$L=D$ 和 $8D$ 时,驻点偏移程度相对小得多。第二,驻点发生偏移后,$L=4D$ 时,撞击面的不稳定现象消失了,驻点位置相对气速相等时要稳定得多。

研究结果表明:在喷嘴间距为 $2D\sim8D$ 时,驻点位置对气速比的变化很敏感,气速比的微小改变可以引起驻点较大程度的偏移;在上述范围之外,随着喷嘴间距的减小或者增大,气速比对撞击面驻点位置的影响逐渐变得不显著。并且,喷嘴间距在这个范围内时,气速比对撞击面驻点偏移的影响是**非线性**(nonlinear)的。

由于在撞击流中，流体流动呈现出强烈的**各向异性**、**流线弯曲**特点，撞击流的理论研究一直是学者们十分感兴趣的研究课题。已有文献表明，小喷嘴间距下（$L \leqslant 2D$）的撞击流轴线速度的近似解析式可表示为

$$u=-\frac{4u_0x}{L}\left(1+\frac{x}{L}\right),\ x<0$$

$$u=-\frac{4u_0x}{L}\left(1-\frac{x}{L}\right),\ x>0$$

式中，u_0为两喷嘴出口气速，L 为喷嘴间距。

将撞击流方法用于燃烧、气化等高温反应过程时，为防止流体撞击后形成的径向速度较大的高温气体对反应器壁产生烧蚀，一般均采用较大的喷嘴间距，此时流体撞击前已处于射流充分发展区。

6.3.3　撞击流的工业应用

撞击流由 Elperin 等首先提出，后来在以色列得到较多的研究，这种技术的成功应用开始主要集中在以色列和苏联。他们得到这样的结论：化学工程领域中的任何一种过程，几乎都可以用撞击流来实现，而且撞击流比传统的方法效率更高，能耗更低。撞击流技术在化学工程和其他工程领域中必将成为一种通用的技术方法。撞击流反应器因其混合效率高、结构简单、操作容易等优点，已广泛应用在气化、燃烧、干燥、催化反应，以及吸收萃取等工业过程中。从直径数毫米的微/小型撞击流反应器到直径数米的大型撞击流反应器都已成功开发应用，显示出独特优点和巨大的应用潜力。

图 6－23 给出若干种已实验过的撞击流装置的结构形式，其中已有多种形式的撞击流得到了工业应用。

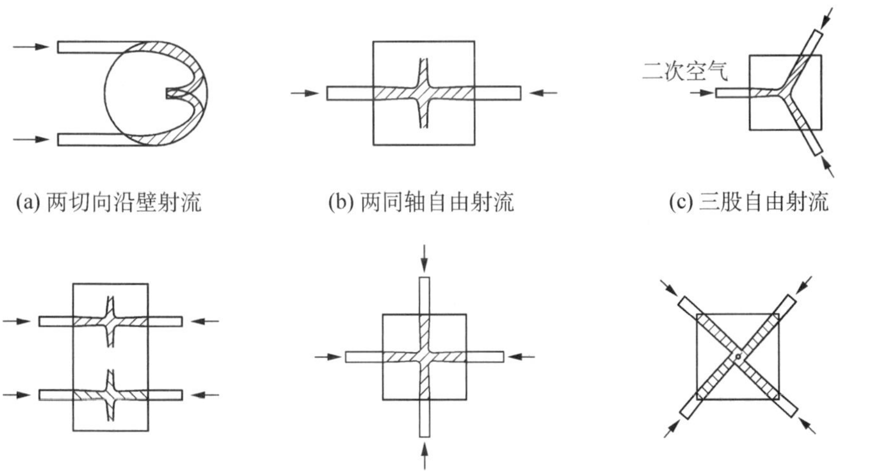

(a) 两切向沿壁射流　(b) 两同轴自由射流　(c) 三股自由射流

(d) 两对同轴自由射流　(e) 四股自由射流　(f) 形成涡流的四股自由射流

图 6－23　撞击流装置的结构形式示意图

6.3.3.1　微/小型撞击流反应器

对于许多撞击流的应用,往往需要在分子尺度上快速地达到混合均匀,而微/小型撞击流反应器能够有效减小混合的初始尺度,从而减小下游层状结构的厚度,大幅提高流体间的接触面积,最终达到减少混合时间的目的。

最常见的微/小型撞击流反应器为轴对称撞击流反应器(confined impinging jet reactor, CIJR)和T形反应器(T-jets reactor, T-type mixer),反应器的结构示意图见图6-24。轴对称撞击流反应器为具有两个对置圆射流的圆柱形反应器,T形反应器为具有两个对置矩形射流的长方体形撞击流反应器。不同雷诺数和几何结构的反应器内流动模式如图所示。微/小型撞击流反应器因其快速、高效的混合性能,广泛应用于聚合物注射快速成型、生物细胞破碎及纳米微颗粒合成等领域。其中,反应注塑成型(reaction injection molding, RIM)是一种用来生产聚合物的撞击流反应器,已成功被商业化应用。实验中典型RIM反应器腔室直径为1 cm左右,圆形喷嘴直径为1～3 mm,而工业中RIM装置混合室的尺寸一般为89 mm,喷嘴直径为13 mm。撞击流反应器在纳米材料制备方面具有独特的优势,与传统纳米材料制备方法相比,采用撞击流反应器具有可连续制备、操作简单、控制方便、成本低廉、制备快速等优点。撞击流反应器制备所得的纳米材料颗粒粒径分布窄、组分均匀性好,已经成功制备出多种纳米颗粒。

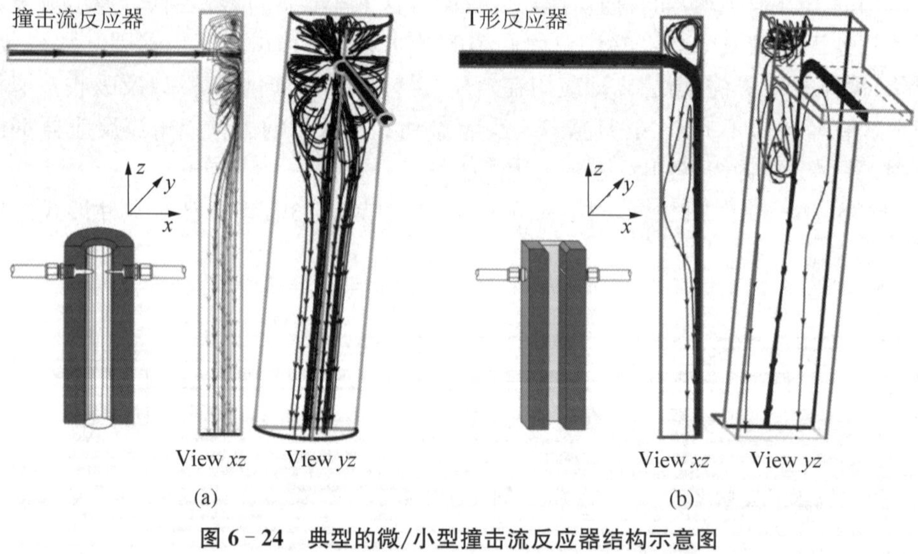

图6-24　典型的微/小型撞击流反应器结构示意图

文献中的研究结果表明,在微/小型轴对称撞击流反应器内主要存在两种流动模式:分离流模式和径向振荡模式,如图6-25所示。当两股射流$Re<100$时,撞击面上两股流体处于稳定的分离流模式,混合效果较差;当$Re>100$时,射流和撞击不稳定性增大,撞击面呈现一种近似周期性的偏转振荡行为,在涡卷吸作用下轴对称撞击流反应器内的流体之间发生拉伸和折叠,达到较好的混合效果。

经典的T形反应器结构中,两股流体从对置的矩形通道进入,相互撞击后偏转90°,从另外一个矩形出口通道流出。众多学者对这种T形反应器内的流动形态进行了研究,发现随着雷诺数的增大,反应器内将依次出现多种不同的流动模式,即分离流模式(segregated or stratified flow regime)、涡流模式(vortex flow regime)、吞噬流模式(engulfment flow regime)以及振荡模式等,如图 6-26 所示。

不同射流雷诺数和结构参数下 T 形反应器内流动模式的可视化结果如图 6-27 所示,图中 w 为进口射流宽度,h 为进口射流高度,L 为两股射流之间间距。在 $w/h=1$, $L/h=2$ 的经典 T 形反应器中,当 $Re\leqslant 50$ 时,出现稳定的分离流模式。在该流动模式下,两股流体的接触面积只有位于反应器中央的撞击面,两股流体的混合仅依靠撞击面上因浓度差引起的分子扩散。当 $Re=100$ 时,反应器中出现吞噬流模式。反应器腔室两侧的流股变得不对称,两股旋转的流体开始相互吞噬、缠绕,增加了两流体的接触面积,进而促进了两流体的混合。当雷诺数增大到 200 时,流动形态变得不再稳定,撞击面开始发生剧烈摆动,该流动模式称为自持摆动振荡,混合效果得到进一步增强。

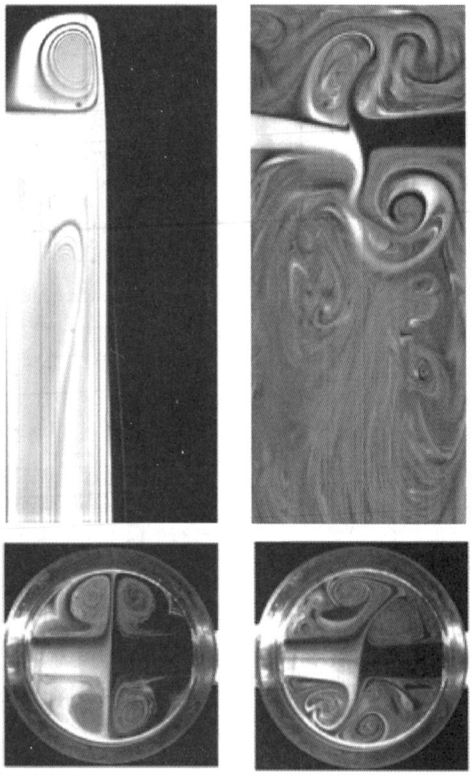
(a) 分离流模式,Re=75 (b) 径向振荡模式,Re=150

图 6-25 轴对称撞击流反应器内的流动模式可视化结果

对于 $L/h=10$ 的 T 型反应器,当 $Re=25$ 时,反应器顶部形成两个涡旋,由于喷嘴间距的增大出现微小失稳,反应器下游的撞击面不再维持在反应器中心轴上,但撞击面未出现明显的摆动,能够微弱地提高反应器出口的混合效果。当 $Re\geqslant 50$ 时,反应器内就开始转变为偏转振荡模式。随着雷诺数的进一步增大,偏转振荡频率增大,下游产生的涡旋尺度减小、

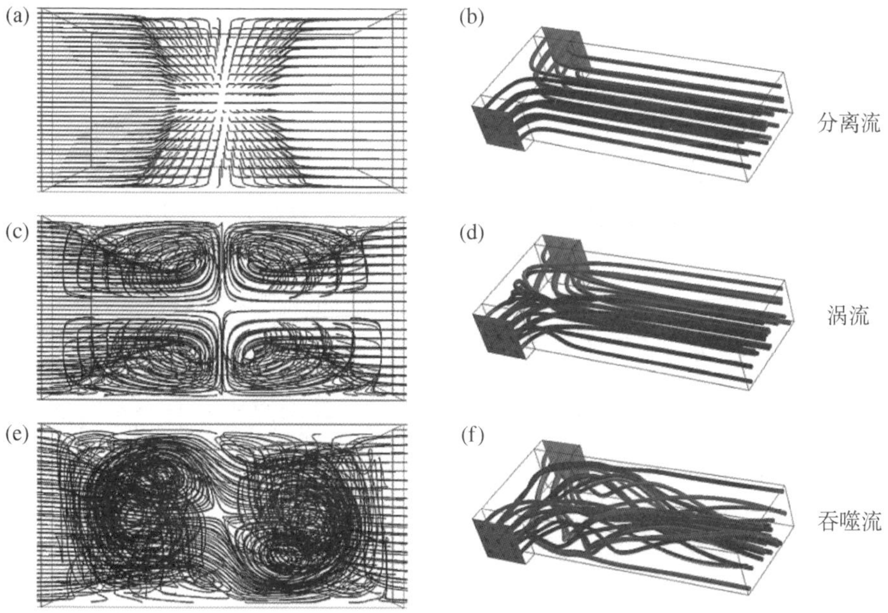

图 6-26 T 形反应器内的流动模式示意图

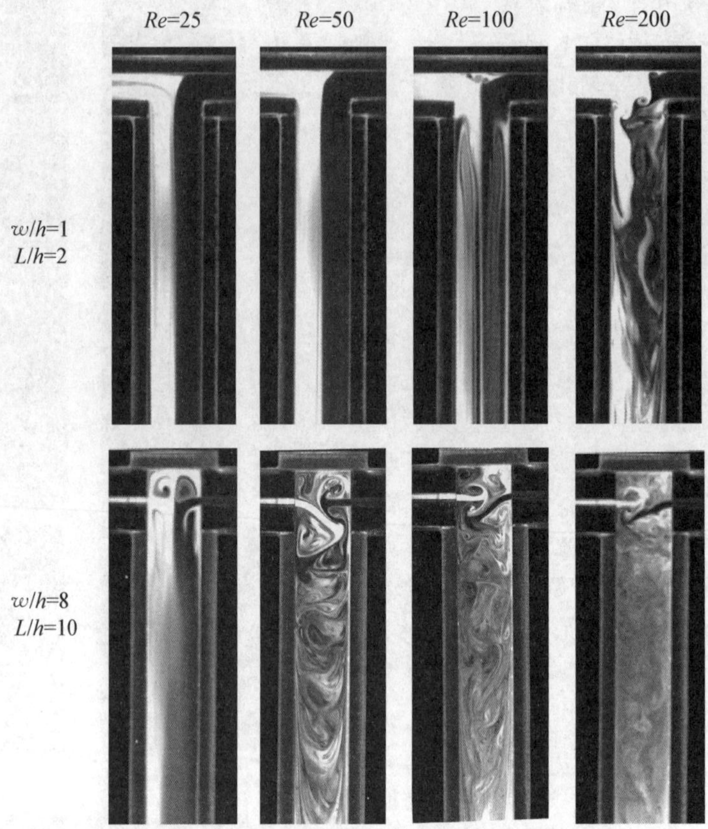

图 6-27　T 形反应器内的流动模式可视化实验结果

数量增加,出口处混合效果提高。在偏转振荡模式下,由于两股流体不断地交错接触,有效地增大了两股流体的接触面积,进而极大地提高了混合效果。

6.3.3.2　撞击流在气化技术中的应用

在我国缺油、少气,而煤炭资源相对丰富的能源形势下,洁净煤技术和现代煤化工有了很大发展,以煤气化为基础的多联产系统受到了广泛重视。在固定床(移动床)、流化床和气流床三种气化方式中,气流床气化因其大规模、高效、洁净的特点代表了煤气化技术的发展方向,现已形成了分别以水煤浆和干煤粉为原料的两大类气流床气化技术。

由于以下原因,撞击流在煤气化过程强化方面有很大的潜力。

(1) 两流体在撞击区达到良好的混合,颗粒与气流间相对速度显著增大,在可控制的条件下颗粒的振荡运动增加了它们在燃烧室中的平均停留时间。

(2) 撞击流能够让火焰位于反应器中央位置,避免高温火焰对反应器壁面的烧蚀,从而延长其寿命。

秉承"汗水哲学精神",开发撞击流气化炉　水煤浆气化压力通常为 4.0～8.7 MPa,温度为 1 200～1 400℃。在此高温下,气流床气化炉内气化反应速率极快,与流动密切相关的混合过程起着极为重要的作用,只有强化混合,促进热质传递过程,才能充分利用有限的炉内空间,确保煤的高效转化。

华东理工大学煤气化团队秉承于遵宏先生"汗水哲学精神",三十年如一日,创新性地将撞击流技术应用到气流床煤气化炉中，成功开发出具有自主知识产权的多喷嘴对置式气化炉，打破了国外跨国公司对大型煤气化技术的垄断，并实现了单炉日处理煤从 1 000 吨级到 4 000 吨级的跨越，技术性能达到同类技术世界领先水平，显著提升了我国现代煤化工技术的核心竞争力。

多喷嘴对置气化炉基于“过程强化”思想，采用受限射流条件下多喷嘴对置形成撞击流，水煤浆/粉煤通过四个对称布置在气化炉中上部同一水平面的喷嘴，与氧气一起对喷进入气化炉，在炉内形成撞击流，撞击区内速度脉动剧烈，湍流强度大，混合作用好。多喷嘴撞击流气化炉流场如图 6-28 所示，由**射流区(Ⅰ)**、**撞击区(Ⅱ)**、**径向射流流股(Ⅲ)**、**回流区(Ⅳ)**、**再回流区(Ⅴ)和管流区(Ⅵ)**组成。通过喷嘴对置、优化炉型结构及尺寸，在炉内形成撞击流，以强化混合和热质传递过程，并形成炉内合理的流场结构，优化了物料的停留时间分布，从而达到良好的工艺与工程效果：有效气成分高、碳转化率高、耐火砖寿命长，工艺指标全面超越引进技术。

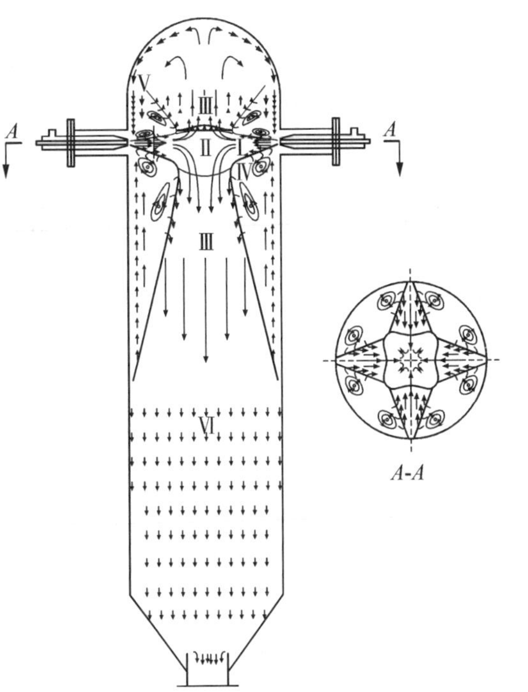

图 6-28　多喷嘴对置式气化炉流场示意图

习　　题

6-1　绕流阻力分为________和________。

6-2　根据自由射流的发展可分为________区、________区和________区。

6-3　一轿车高 1.5 m、长 4.5 m、宽 1.8 m，汽车底盘离地 0.16 m，其平均摩擦阻力系数 $C_f=0.08$，压差阻力系数 $C_p=0.25$，近似将轿车看成长方体，求轿车以 60 km/h 的速度行驶时克服空气阻力所需功率(若空气密度为 1.2 kg/m^3)。

6-4　平面射流中，轴向速度 u_m 的减小与射出距离 x 的平方根成________比，而圆形截面射流 u_m 的减小与 x 成________比。

6-5　空气以 8 m/s 的速度从直径 200 mm 的圆柱形喷口喷出，求距离喷口 1.5 m 处的轴线流速(取 $a=0.08$)。

6-6　平面射流的喷口长 2 m，高 0.05 m，喷口速度为 10 m/s，求距孔口射程 2 m 处的轴线流速(取 $a=0.11$)。

6-7　简述撞击流的原理及应用。

6-8　比较单喷嘴顶置气化炉和四喷嘴对置气化炉的流场特点。

第七章

流体输送机械

为了将流体由低能位向高能位输送，必须使用各种流体输送机械。用以输送液体的机械通称为泵(pump)，用以输送气体的机械通称为风机(blower)。泵和风机在工业生产和日常生活中占据重要地位，被广泛应用于能源、化工、水利、环保、建筑和运输等领域。

南水北调和西气东输中的流体输送机械 南水北调工程是国家重大战略性工程，分东、中、西三条线路，东线工程起点位于江苏扬州江都水利枢纽，中线工程起点位于汉江中上游丹江口水库。仅东线一期工程就设立13个梯级泵站，共22处枢纽、34座泵站，水通过一个一个泵站，闸坝一级一级提升，爬升13个台阶到达黄河，之后继续向北输水。抽水扬程65米，具有规模大、泵型多、扬程低、流量大、年利用小时数高等特点。南水北调工程以水资源为纽带，串联起能源、粮食、矿产等资源，打破了地理单元的局限性，基本改变我国北方地区严重水资源短缺的状况，破解影响北方经济发展的水资源"瓶颈"，受益人口超1.5亿。南水北调工程沟通了长、黄、淮、海四大流域，初步构筑了我国南北调配、东西互济的水网格局，改变了广大北方地区供水格局，全局性优化了水资源配置格局，是畅通南北经济循环的生命线。

西气东输工程是我国距离最长、口径最大的输气管道工程，主要包括西一线、西二线、西三线等，惠及我国西部、长三角、珠三角和中原等地区。工程采用高压力、大管径的长距离输气管道系统，压气站是其中的重要组成部分。天然气长输管线一般每隔100～200公里设有一个由多台压缩机组成的压气站，如同一串跳动的"心脏"，通过不断加压，克服流动过程中的摩擦阻力，保证天然气的长距离输送。西气东输工程不仅让西部资源与东部市场实现了对接，使中国能源消费结构悄然转变，更令3亿多人口使用清洁能源的梦想成为现实，对于维护我国能源战略安全、调整国家能源结构、促进环境保护具有重大意义。

本章主要介绍常用流体输送机械的工作原理和特性，以便恰当地选择和使用这些流体输送机械。通过本章的学习，应该了解泵与风机的工作原理，掌握离心泵的流量调节方法和扬程的计算方法。

7.1 泵与风机的类型

泵与风机的用途广泛，种类繁多，按工作原理及结构特点可分为叶片式和容积式两大类。

7.1.1 叶片式泵与风机

叶片式(vane type)泵与风机都具有叶轮，叶轮中的叶片对流体做功，使流体获得能量。

但因获得能量的方式不同，又分为**离心式**、**轴流式**和**斜流式**。

离心式泵与风机的工作原理是利用旋转叶轮产生离心力，借离心力的作用，输送流体，并提高其压力。由于离心式泵与风机性能范围广、效率高、体积小、质量轻，能与高速电动机直联，所以应用最广泛。

轴流式泵与风机的工作原理是利用旋转叶轮、叶片对流体作用的升力来输送流体，并提高其压力。流体沿轴向进入叶轮并沿轴向流出。

斜流式又称混流式，是介于轴流式和离心式之间的一种叶片泵，斜流泵的工作原理是部分利用了离心力，部分利用了升力，在两种力的共同作用下，输送流体，并提高其压力，流体轴向进入叶轮后，沿圆锥面方向流出。

7.1.2　容积式泵与风机

因工作方式的不同，**容积式**(volume type)泵与风机又可分为**往复式**和**回转式**两类。

往复式泵与风机的工作原理是利用工作容积周期性的改变来输送流体，并提高其压力。现以活塞式为例来说明其工作过程。活塞泵主要由泵缸和活塞组成，活塞由曲柄、连杆带动，将电动机的回转运动变为往复运动。输送液体的称为活塞泵，输送气体的称为活塞式压缩机。其产生的压力较高，但流量小而不均匀，不利于与高速电动机直联，调节较为复杂。往复式泵与风机适用于压力高、流量小的场合。

回转式泵与风机是利用一对或几个特殊形状的回转体如齿轮、螺杆或其他形状的转子，在壳体内作旋转运动来输送流体并提高其压力。齿轮泵一般输送黏度较大的液体。螺杆泵效率比齿轮泵高，可与原动机直联。

7.2　离心泵的主要构件及性能参数

7.2.1　离心泵的主要构件

离心泵的种类很多，但因工作原理相同，构造大同小异。如图 7-1 所示，离心泵的基本构造是由六部分组成的，分别是**叶轮**、**泵体**、**泵轴**、**轴承**、**密封环**和**填料函**。

(1) 叶轮是离心泵的核心部分，它转速高、输出力大，叶轮上的叶片又起到主要作用，叶轮在装配前要通过静平衡实验。叶轮上的内外表面要求光滑，以减少水流的摩擦损失。

(2) 泵体也称泵壳，它是水泵的主体，起到支撑固定作用，并与安装轴承的托架相连接。

(3) 泵轴的作用是借联轴器和电动机相连接，将电动机的转矩传给叶轮，所以它是传递机械能的主要部件。

(4) 轴承是套在泵轴上支撑泵轴的构件，有滚动轴承和滑动轴承两种。

(5) 密封环又称减漏环。叶轮进口与泵壳间的间隙过大会造成泵内高压区的水经此间隙流向低压区，影响泵的出水量，效率降低，间隙过小会造成叶轮与泵壳摩擦产生磨损。为了增加回流阻力减少内漏，延缓叶轮和泵壳的使用寿命，在泵壳内缘和叶轮外缘结合处装有密封环，密封的间隙保持在 0.25～1.10 mm 为宜。

(6) 填料函主要由填料、水封环、填料筒、填料压盖和水封管组成。填料函的作用主要

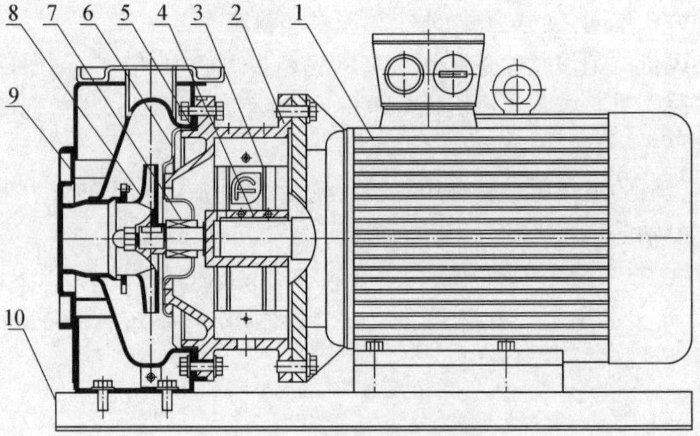

图 7-1　离心泵装置简图

1—电机;2—泵头;3—防护板;4—泵轴;5—橡胶零件;
6—泵头衬里;7—机械密封;8—叶轮 ;9—泵体;10—底座

是为了封闭泵壳与泵轴之间的空隙,不让泵内的水流流到外面,也不让外面的空气进入泵内。始终保持水泵内的真空,当泵轴与填料摩擦产生热量时,就要靠水封管注水到水封圈内使填料冷却,保持水泵的正常运行。所以在水泵的运行巡回检查过程中对填料函的检查是特别要注意的,在运行600个小时左右时就要对填料进行更换。

叶轮是离心泵直接对液体做功的部件,其上有若干后弯叶片,一般为4~8片。如图7-2所示,离心泵在工作时,叶轮由电机驱动作高速旋转运动(1 000~3 000 r/min),迫使叶片间的液体作近似于等角速度的旋转运动,同时因离心力的作用,使液体由叶轮中心向外缘作径向运动。在叶轮中心处吸入低势能、低动能的液体,液体在流经叶轮的运动过程中获得能量,在叶轮外缘可获得高势能、高动能的液体。液体进入蜗壳后,由于流道的逐渐扩大而减速,又将部分动能转化为势能,最后沿切向流入压出管道。在液体受迫由叶轮中心流向外缘的同时,在叶轮中心形成低压。液体在吸液口和叶轮中心处的势能差的作用下源源不断地吸入叶轮。

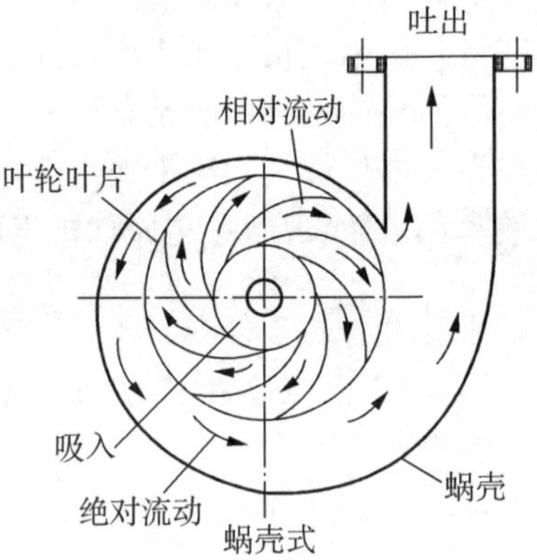

图 7-2　液体在泵内的流动

当泵壳内存有空气时,因空气的密度比液体的密度小得多而产生较小的离心力,所以贮槽液面上方与泵吸入口处之压力差不足以将贮槽内液体压入泵内,即离心泵无自吸能力,使离心泵不能输送液体,此种现象称为"**气缚现象**"(aerial binding phenomenon)。为了使泵内充满液体,通常在吸入管底部安装一带滤网的底阀,该底阀为止逆阀,滤网的作用是防止固体物质进入泵内损坏叶轮或妨碍泵的正常操作。

7.2.2　离心泵的性能参数

(1) **流量**(capacity)　单位时间内泵所输送的流体体积称为流量,用 Q 表示,常用单位为 L/s、m^3/s 或 m^3/h。

(2) **扬程**(head or lift)　泵的扬程是指单位重量液体从泵进口断面至出口断面所获得

的能量增值。常以符号 H 表示，单位为 m。

（3）**功率**(power)　泵的输入功率，即电动机传到泵轴上的功率，称**轴功率**。用符号 N 表示，单位为 W 或 kW。泵的输出功率，即单位时间内流体从泵或风机中所获得的实际能量，称为**有效功率**，用符号 N_e 表示，单位为 W 或 kW。

$$N_e = \rho g Q H = p Q \tag{7-1}$$

由于流体通过泵时要产生一系列损失，有效功率必然小于轴功率。

（4）**效率**(efficiency)　泵输出的有效功率与输入的轴功率之比，称为泵或风机的效率，用符号 η 表示。

$$\eta = \frac{N_e}{N} = \frac{\rho g Q H}{N} = \frac{pQ}{N} \tag{7-2}$$

泵的效率是评价泵性能好坏的重要指标，η 越大，能量损失越小。

（5）**转速**(rotational speed)　转速是指泵叶轮每分钟的转数，用符号 n 表示，单位为转/分(r/min)。

为方便用户使用，每台泵或风机的机壳上都钉有一块铭牌。铭牌上简明地列出了该泵或风机在设计转速下运行且效率为最高时的流量、扬程(或全压)、转速、电功率等重要参数。常用的单级单吸离心泵的性能参数表见附录Ⅷ。

7.3　泵与风机的理论和实际特性曲线

泵与风机的性能是由流量 Q、扬程 H(或风压 p)、轴功率 N、效率 η 和转速 n 等参数表示的，这些参数之间存在一定的函数关系，这种函数关系用曲线表示，就是泵与风机的**特性曲线**(characteristic curve)。特性曲线通常是在转速一定的情况下，以流量为自变量，讨论其他性能参数的变化，主要有以下三种。

（1）泵或风机所提供的流量与扬程之间的关系，用 $H = f_1(Q)$ 来表示。

（2）泵或风机所提供的流量与轴功率之间的关系，用 $N = f_2(Q)$ 来表示。

（3）泵或风机所提供的流量与设备本身效率之间的关系，用 $\eta = f_3(Q)$ 来表示。

7.3.1　泵与风机的理论特性曲线

叶轮流道的几何形状如图 7-3 所示。其中 D_0 为叶轮进口直径，D_1、D_2 为叶片的进出口直径，b_1、b_2 为叶片的进出口宽度。

流体在叶轮的运动可分解为随叶轮旋转所做的圆周牵连运动和沿叶片切向的相对运动，牵连运动和相对运动合成了流体在叶轮中的绝对运动。图 7-4 所示为叶片进口、出口处流体的运动情况。

绝对运动的速度向量 $\boldsymbol{v}$ 等于牵连运动的速度向量 $\boldsymbol{u}$ 与相对运动的速度向量 $\boldsymbol{w}$ 的矢量和，即

$$\boldsymbol{v} = \boldsymbol{u} + \boldsymbol{w} \tag{7-3}$$

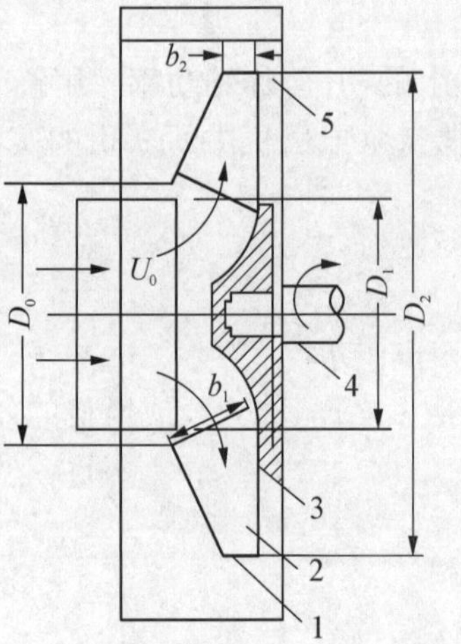

图 7-3　叶轮流道的几何形状

1—叶轮前盘；2—叶片；3—叶轮后盘；4—轴；5—机壳

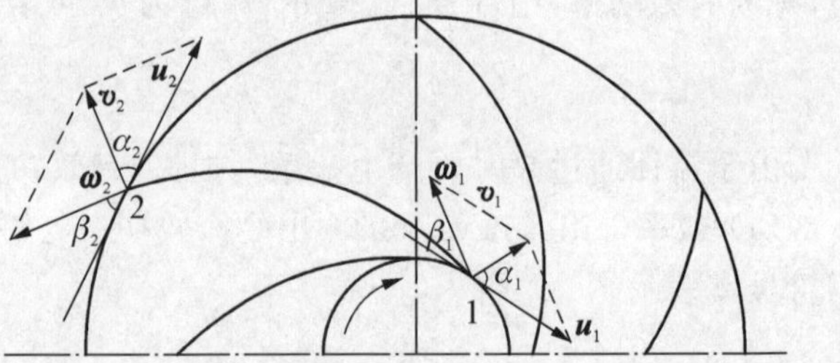

图 7-4　叶片进、出口处的流体运动情况

1—进口；2—出口；
u_1，u_2—叶片进出口的圆周速度；ω_1，ω_2—叶片进出口的相对速度；v_1，v_2—叶片进出口的绝对速度；β_1，β_2—叶片的进出口安装角；α_1，α_2—叶片的进出口工作角

为便于分析，常将绝对速度 $\boldsymbol{v}$ 分解为与流量有关的径向分速度 v_r 和与压头有关的切向分速度 v_u。流体质点的速度三角形如图 7-5 所示。速度三角形清楚地表达了流体在叶轮流道中的流动情况，是研究泵或风机性能的重要手段。泵与风机的性能主要取决于叶轮进口及出口处流体的运动情况。

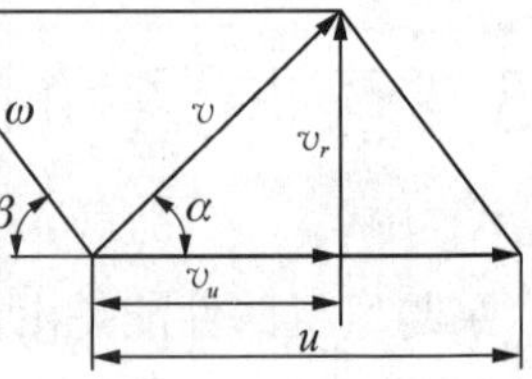

图 7-5　流体质点在叶轮中运动的速度三角形

当叶轮流道的几何形状和尺寸确定后，安装角 β（叶片进出口处的切线与圆周速度反方向线之间的夹角，表明叶片的弯曲方向）、叶片直径 D 或半径 R、叶片宽度 b 就确定了。如果已知叶轮转速 n 和流经叶轮的流量 Q_T，则可求得叶轮内任何半径 R 上某点的速度三角形。

该点的圆周速度 u 为

$$u=\omega R=\frac{\pi D n}{60} \tag{7-4}$$

由于流经叶轮的流量 Q_T 等于该点径向分速度 v_r 乘以垂直于 v_r 的过流断面面积 F，即

$$Q_T=v_r F=v_r 2\pi R b\varepsilon \tag{7-5}$$

式中，ε 为叶片排挤系数，它反映了叶片厚度对流道过流面积的遮挡程度。求得 u、v_r 后，又已知 β，则该点速度三角形不难绘出。

若流体沿径向流入叶片，通过理论计算，理论扬程 H_T 可表示为

$$H_T=\frac{1}{g}u_2 v_{u2} \tag{7-6}$$

其中

$$u_2=\frac{\pi D_2 n}{60},\ v_{u2}=u_2-v_{r2}\cot\beta_2$$

对于大小一定的泵与风机，转速不变时，用 Q_T 表示理论流量，通过理论计算，理论扬程可表示为

$$H_T = A - BQ_T \tag{7-7}$$

式中，A，B 为常数，分别为

$$A = \frac{u_2^2}{g},\ B = \frac{u_2^2}{g} \cdot \frac{\cot\beta_2}{\varepsilon\pi D_2 b_2}$$

式(7-7)说明在固定转速下，不论叶型如何，泵或风机的理论扬程与理论流量成线性关系，图7-6绘出了三种不同叶型泵或风机理论上的 H_T-Q_T 曲线。在无流动损失条件下，理论上的有效功率就等于轴功率，即

$$N_T = N_{eT} = \rho g Q_T H_T$$

将式(7-7)代入，得

$$N_T = \rho g (AQ_T - BQ_T^2) \tag{7-8}$$

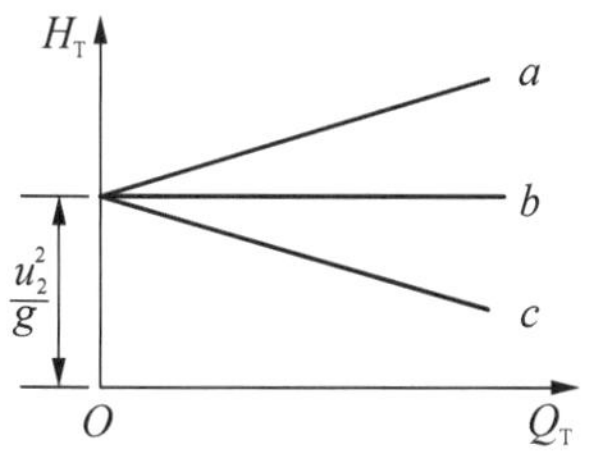

图7-6　三种叶型的 H_T-Q_T 曲线

a—前向式；b—径向式；c—后向式

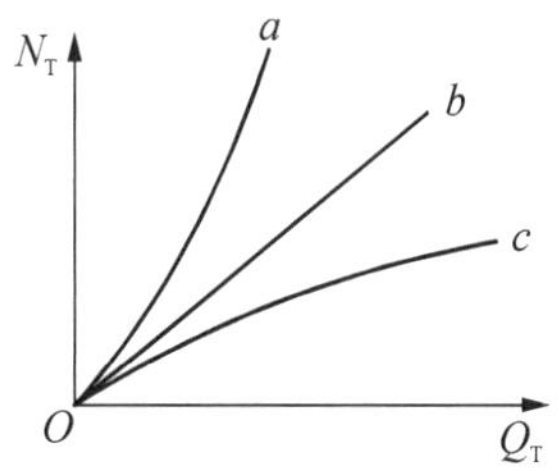

图7-7　三种叶型的 N_T-Q_T 曲线

a—前向式；b—径向式；c—后向式

可见对于不同的 β_2 值具有不同形状的曲线，如图7-7所示。但当 $Q_T=0$ 时，三种叶型的理论轴功率都等于零，三条曲线同交于原点。

因为理想条件下(无能量损失)，理论上的有效功率就等于轴功率，所以 $\eta_T = f_3(Q_T) = 1$，为一条直线。

根据以上分析，可以定性地说明不同叶型的理论特性曲线变化趋势。这对于后面研究泵或风机的实际特性曲线是很有意义的。同时从三种叶型的 N_T-Q_T 曲线可以看出，前向叶型风机所需的轴功率随流量的增加而迅速增大，因此这种风机在运行中增加流量时，电动机超载的可能性要比径向叶型风机大得多，而后向叶型的风机几乎不会发生原动机超载的现象。

7.3.2　泵与风机的损失与效率

泵与风机内流体的实际流动并非理想过程，即运行中存在损失，按其产生原因分为三类：**水力损失**、**容积损失**和**机械损失**。研究机内损失问题，可以进一步将上述泵或风机的理论特性曲线过渡到实际的特性曲线。由于流动情况十分复杂，现在还不能精确计算这些损失，但从理论上分析这些损失，指出其产生的原因和影响因素，可以找出减少损失的途径，提高工作效率。

(1) 水力损失　流体流经泵或风机时，必然产生水力损失。这种损失同样也包括局部水头损失和沿程水头损失。水力损失的大小与过流部件的几何形状、壁面粗糙度以及流体的黏性密切相关。主要由进口损失 ΔH_1、撞击损失 ΔH_2 和叶轮中的水力损失 ΔH_3 组成。于是，总水力损失 $\Delta H=\Delta H_1+\Delta H_2+\Delta H_3$。

水力损失常以水力效率 η_H 来衡量，则

$$\eta_H=\frac{H_T-\Delta H}{H_T}=\frac{H}{H_T} \tag{7-9}$$

式中，H 为泵或风机的实际扬程。

(2) 容积损失(或泄漏损失)　由于运动部件和固定部件之间存在着间隙，因此叶轮工作时，间隙两侧的压力差会使流体从高压区通过缝隙泄漏到低压区。这部分回流到低压区的流体流经叶轮时，显然也获得了能量，但未能有效利用。回流量的多少取决于叶轮增压大小，取决于固定部件与运动部件间的密封性能和缝隙的几何形状。对于离心泵来说，还有流过为平衡轴向推力而设置的平衡孔的泄漏回流量等。通常用容积效率 η_V 来表示容积损失的大小。如以 q 表示泄漏的总回流量，则

$$\eta_V=\frac{Q_T-q}{Q_T}=\frac{Q}{Q_T} \tag{7-10}$$

$$Q=Q_T-q$$

式中，Q 为泵或风机的实际流量。

(3) 机械损失　泵与风机的机械损失包括轴承和轴封的摩擦损失，还包括叶轮转动时其外表与机壳内流体之间发生的所谓圆盘摩擦损失。泵的机械损失中圆盘摩擦损失常占主要部分，圆盘损失与叶轮外径、转速以及圆盘外侧与机壳内侧的粗糙度等因素有关。叶轮外径越大，转速越大，则圆盘损失越大。

泵或风机的机械损失常用机械效率 η_m 来表示

$$\eta_m=\frac{N_{eT}}{N_{eT}+\Delta N_m}=\frac{N_{eT}}{N} \tag{7-11}$$

式中，ΔN_m 为轴承、轴封和圆盘摩擦在内的机械损失功率；N_{eT} 为理论有效功率。

(4) 泵与风机的总效率　泵与风机的总效率等于实际有效功率与轴功率之比，即

$$\eta=\frac{N_e}{N}=\frac{\rho gQH}{\dfrac{\rho gQ_TH_T}{\eta_m}}=\eta_m\eta_V\eta_H \tag{7-12}$$

由此可见泵与风机的总效率等于机械效率、容积效率与水力效率三者的乘积。通常情况下，离心式泵的总效率为60%～90%，离心式风机的总效率为50%～90%。

7.3.3　泵与风机的实际特性曲线

由于离心式泵与风机在实际运行时存在机械损失、容积损失和水力损失，实际特性曲线不同于理论特性曲线。由于无法准确计算上述各种损失，故只能在理论曲线的基础上，根据

各项损失的定性分析,估计出实际性能曲线的大致形状,最后通过实验进行测定。

(1) 扬程-流量($H-Q$)曲线 常用的离心式泵与风机的 $H-Q$ 曲线有三种类型:陡降型、缓降型和驼峰型,如图 7-8 所示。陡降型离心式泵与风机适用于流量变化较小的场合;缓降型则适用于流量变化大而扬程或压头变化不大的场合;而驼峰型在一定条件下可能出现不稳定运行,一般应避免出现。

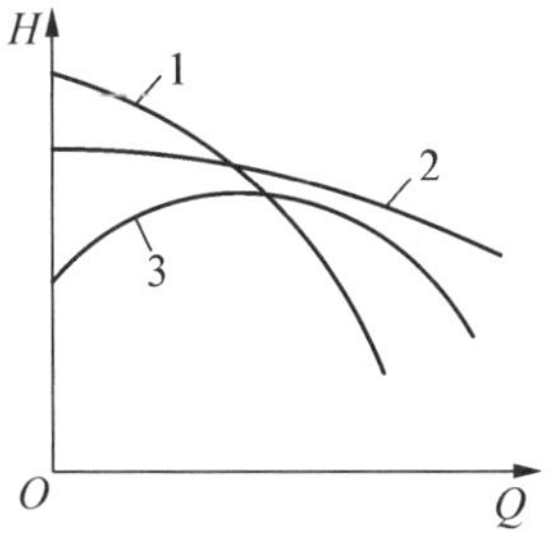

图 7-8 三种不同的 $H-Q$ 曲线

1—陡降型;2—缓降型;3—驼峰型

(2) 实际功率-流量($N-Q$)曲线 由于存在机械损失,实际轴功率大于理论有效功率,即

$$N=N_{eT}+\Delta N_m=\rho g Q_T H_T+\Delta N_m$$

当 $Q=0$ 时,实际功率并不为零。因为空载运转时,机械摩擦损失仍然存在。一般离心式泵与风机的实际功率随流量增大而增大,空载时功率最小。所以离心式泵与风机应空载启动,以免电机超载。

(3) 实际效率-流量($\eta-Q$)曲线 离心式泵与风机的实际效率-流量曲线可由扬程-流量曲线和功率-流量曲线计算出来,即

$$\eta=\frac{\rho g Q H}{N}$$

从式中可以看出,无论 $Q=0$ 还是 $H=0$,η 都等于零。因此一定存在一个最高效率点,$\eta=\eta_{max}$,又称**最佳工况点或额定工况点**。泵与风机在该工况下工作能量损失最小、最经济。通常以 $\eta\geqslant 0.9\eta_{max}$ 作为高效区,只要泵与风机在此范围内工作,就认为是经济的。

$H-Q$、$N-Q$ 和 $\eta-Q$ 三条曲线是泵或风机在一定转速下的基本性能曲线,其中最重要的是 $H-Q$ 曲线,因为它揭示了泵或风机的两个最重要、最有实用意义的性能参数之间的关系。通常将三条曲线绘制在同一张图上,如图 7-9 所示,表示一台离心式泵的性能曲线。

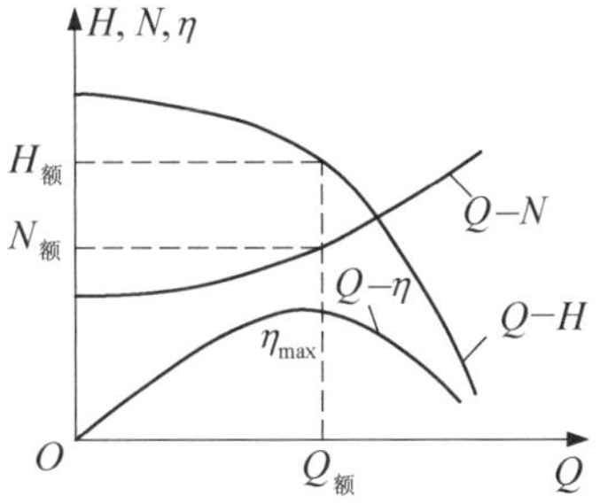

图 7-9 离心式泵的性能曲线

7.4 泵的扬程与安装高度

7.4.1 泵的扬程计算

泵的扬程即单位重量流体从泵入口到出口的能量增量,它与泵的出口水头是两个不同的概念,亦不能理解为泵能将水提升的高度。通常可根据泵上压力表和真空计读数确定扬程或者根据泵所在管路的能量平衡关系来求出扬程。

(1) 根据泵上压力表和真空计读数确定扬程

根据泵出口与入口处所装的压力表和真空计所指示的读数可以近似地表明泵在工作时

所具有的实际扬程。如图 7-10 所示,若真空表和压力表的安装位置比较靠近的时候,可以不考虑两者的高度差和阻力损失。此时,以下水池液面为基准,列出断面 1-1 与2-2 的能量方程后可得出泵的扬程为

$$H=\frac{p_2-p_1}{\gamma}+\frac{u_2^2-u_1^2}{2g}$$

当作用在上水池和下水池液面的压强均为大气压 p_a时,则有如下的关系

$$\frac{p_2}{\gamma}=\frac{p_a+p_M}{\gamma},\ \frac{p_1}{\gamma}=\frac{p_a}{\gamma}-H_B$$

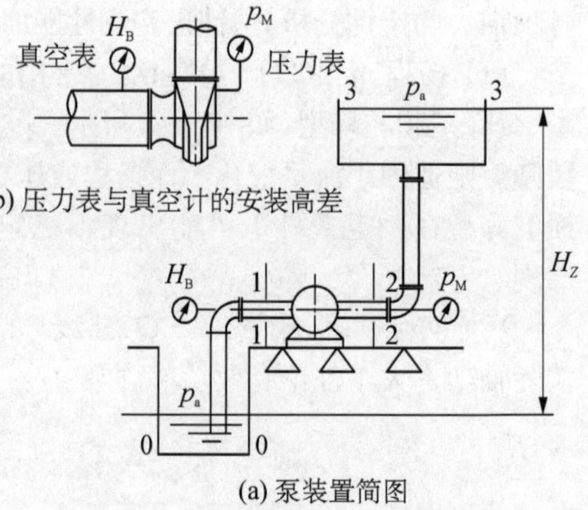

图 7-10　计算泵的扬程的示意图

式中,p_M 为泵出口处压力表的读数,Pa;H_B为泵吸入口处真空计所示的真空度,m,代入用能量方程式表示的扬程计算式,可得

$$\begin{aligned}H&=\frac{p_a+p_M}{\gamma}-\left(\frac{p_a}{\gamma}-H_B\right)+\frac{u_2^2-u_1^2}{2g}\\&=\frac{p_M}{\gamma}+H_B+\frac{u_2^2-u_1^2}{2g}\end{aligned}\tag{7-13}$$

通常泵吸入口与出口的流速相差不大,以 $\frac{u_2^2-u_1^2}{2g}$ 计的速度头可以忽略不计。于是可得

$$H=\frac{p_M}{\gamma}+H_B\tag{7-14}$$

由此可见在泵装置中,一般可以用压力表与真空计的读数近似地表明泵的扬程。

应用式(7-13)及式(7-14)时,应注意压力表与真空计的安装位置是否存在高差,当两者具有高差 Z'[图 7-10(b)]时,则应按下式计算泵的扬程

$$H=\frac{p_M}{\gamma}+H_B+\frac{u_2^2-u_1^2}{2g}+Z'\tag{7-15}$$

(2) 泵在管路中工作时所需扬程的计算

如果希望得到泵的扬程与整个泵与管路系统装置之间的关系,可以列出图 7-10(a)中断面 0-0 与断面 3-3 间的能量方程式来求出

$$H=H_Z+\frac{p_a}{\gamma}+\frac{u_3^2}{2g}+h_1+h_2-\left(\frac{p_a}{\gamma}+\frac{u_0^2}{2g}\right)=\frac{u_3^2-u_0^2}{2g}+H_Z+h_t\tag{7-16}$$

式中　H_Z ——上下两水池液面的高差,也称几何扬水高度,m;

h_t ——整个泵装置管路系统的阻力损失,m,$h_t=h_1+h_2$;

h_1 ——吸入管段的阻力损失,m;

h_2 　压出管段的阻力损失,m。

如果两水池水面够大时,则可以认为上下两水池流速 $u_3=u_0=0$,上式就简化为

$$H=H_Z+h_t \tag{7-17}$$

此式说明泵的扬程为几何水高度和管路系统流动阻力之和,此时泵所提供的能量全部用于能量损失了。通常就是根据式(7-16)和式(7-17)得出的扬程,作为分析工况和选择泵型的依据。

当上部水池不是开式,而是将液体压入压力容器时,例如,锅炉补给水泵需将水由开式补水池(液面压强为大气压 p_a)压入压强为 p 的锅炉内,则在计算时应考虑 $\dfrac{p-p_a}{\gamma}$ 的附加扬程。如从低压容器(压强为 p_0) 向高压容器(压强 p)供水时所需扬程应附加 $\dfrac{p-p_0}{\gamma}$。

例 7-1 今有一台 IS100—80—125 型离心泵,测定其性能曲线时的某一点数据如下:$Q=60\ m^3/h$;真空计读数 $p_v=0.02$ MPa,压力表读数为 0.21 MPa,功率表读数为 5 550 W。已知液体密度 $\rho=1\ 000\ kg/m^3$,真空计与压力计的垂直距离为 0.4 m,吸入管直径为 100 mm,排出管直径为 80 mm,试求此时泵的扬程 H、功率 N_e和效率 η。

解: $H_B=\dfrac{p_v}{\rho g}$,则由式(7-15)可得

$$H=Z'+\frac{p_M+p_v}{\rho g}+\frac{u_2^2-u_1^2}{2g}$$

$$u_2=\frac{60}{3\ 600\times\dfrac{\pi}{4}\times(0.08)^2}=3.32(m/s)$$

$$u_1=\frac{60}{3\ 600\times\dfrac{\pi}{4}\times(0.1)^2}=2.12(m/s)$$

$$\therefore\ H=0.4+\frac{(0.21+0.02)\times10^6}{1\ 000\times9.807}+\frac{(3.32)^2-(2.12)^2}{2\times9.807}$$
$$=0.4+23.44+0.332=24.2(m)$$

$$N_e=Q\cdot H\cdot\rho\cdot g=\frac{60}{3\ 600}\times24.2\times1\ 000\times9.807=3\ 956(W)$$

$$\eta=\frac{N_e}{N}=\frac{3\ 956}{5\ 550}\times100\%=71\%$$

7.4.2 离心泵的安装高度

在图 7-11 所示的管路中,在液面 0-0 与泵进口附近截面 1-1 之间无外加机械能,液体利用势能差流动,1-1 截面上的压强必然小于吸入液面的压强。在一定的温度和大气压下,液体具有确定的饱和蒸气压值。因此,提高泵的安装位置,叶轮进口处的压强可能降至

被输送液体的饱和蒸气压，引起液体部分汽化。

实际上，泵中压强最低处位于叶轮内缘叶片的背面(图中 K 面)。泵的安装位置高至一定距离，首先在该处发生汽化现象。含气泡的液体进入叶轮后，因压强升高，气泡立即凝聚。气泡的消失产生局部真空，周围液体以高速涌向气泡中心，造成冲击和振动。尤其当气泡的凝聚发生在叶片表面附近时，众多液体质点犹如细小的高频水锤撞击着叶片；另外气泡中可能带有的氧气等会对金属材料产生化学腐蚀作用。泵在这种状态下长期运转，将导致叶片的过早损坏。这种现象称为泵的**汽蚀**(cavitation corrosion)。产生汽蚀的原因有以下几种：

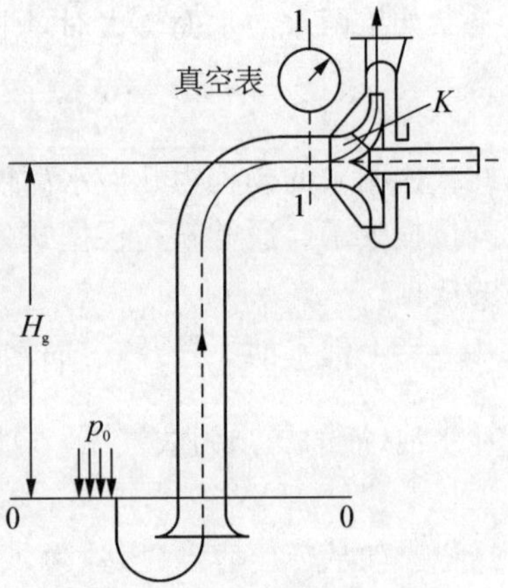

图 7-11　离心泵的安装高度

(1) 泵的安装位置高出吸液面的距离太大；

(2) 泵安装地点的大气压较低；

(3) 泵所输送的液体温度过高。

离心泵在产生汽蚀的条件下运转，泵体会产生振动并发出噪声，流量、扬程和效率都明显下降，严重时甚至吸不上液体。为避免出现汽蚀现象，泵的安装位置不能太高，以保证叶轮中各处压强高于液体的饱和蒸气压。离心泵出厂时，厂家在铭牌上都会标注最小吸入真空度或者最大汽蚀余量，常用的单级单吸离心泵的最大安装高度见附录Ⅶ。

在正常运转时，泵入口截面 1-1 的压强 p_1 和叶轮入口截面 K 的压强 p_K 有关，列截面 1-1至 K 之间的能量衡算式为

$$\frac{p_1}{\rho g}+\frac{u_1^2}{2g}=\frac{p_K}{\rho g}+\frac{u_K^2}{2g}+\sum H_{f(1-K)} \tag{7-18}$$

从式(7-18)可以看出，在一定流量下，p_1 降低，p_K 也相应地减小。当泵内刚发生汽蚀时，p_K 等于被输送液体的饱和蒸气压 p_v，而 p_1 必等于某确定的最小值 $p_{1,\min}$。在此条件下，式(7-18)可写为

$$\frac{p_{1,\min}}{\rho g}+\frac{u_1^2}{2g}=\frac{p_v}{\rho g}+\frac{u_K^2}{2g}+\sum H_{f(1-K)}$$

或

$$\frac{p_{1,\min}}{\rho g}+\frac{u_1^2}{2g}-\frac{p_v}{\rho g}=\frac{u_K^2}{2g}+\sum H_{f(1-K)} \tag{7-19}$$

式(7-19)表明，在泵内刚发生汽蚀的临界条件下，泵入口处液体的机械能 $\frac{p_{1,\min}}{\rho g}+\frac{u_1^2}{2g}$ 比液体汽化时的势能超出 $\frac{u_K^2}{2g}+\sum H_{f(1-K)}$。此超出量称为离心泵的临界汽蚀余量，并以符号$(\mathrm{NPSH})_c$表示，即

$$(\mathrm{NPSH})_c=\frac{p_{1,\min}}{\rho g}+\frac{u_1^2}{2g}-\frac{p_v}{\rho g}=\frac{u_K^2}{2g}+\sum H_{f(1-K)}$$

为确保离心泵工作正常，根据有关标准，将所测定的$(\mathrm{NPSH})_c$加上一定的安全量作为必

需汽蚀余量$(NPSH)_r$，并列入泵产品样本，$(NPSH)_r$值可参见附录Ⅶ。标准还规定实际汽蚀余量 NPSH 要比$(NPSH)_r$大 0.5 m 以上。

要考查离心泵的安装高度，首先必须确定最大允许安装高度$[H_g]$。列从吸入液面 0－0 至叶轮入口截面 K 之间(参见图 7－11)的能量衡算式为

$$Z_0+\frac{p_0}{\rho g}+\frac{u_0^2}{2g}=Z_K+\frac{p_K}{\rho g}+\frac{u_K^2}{2g}+\sum H_{f(0-1)}+\sum H_{f(1-K)}$$

当泵的安装位置达到最大安装高度即 $Z_K-Z_0=H_{g,\max}$ 时，$p_K=p_v$，则可求得最大安装高度为

$$H_{g,\max}=\frac{p_0}{\rho g}-\frac{p_v}{\rho g}-\sum H_{f(0-1)}-\left(\frac{u_K^2}{2g}+\sum H_{f(1-K)}\right)$$

$$=\frac{p_0}{\rho g}-\frac{p_v}{\rho g}-\sum H_{f(0-1)}-(NPSH)_c \tag{7-20}$$

式(7－20)中 $\frac{p_0}{\rho g}$ 和 $\frac{p_v}{\rho g}$ 是已知量，在一定的流量下 $\sum H_{f(0-1)}$ 可根据吸入管的具体情况求出。在求取相应的最大允许安装高度$[H_g]$时，用$[(NPSH)_r+0.5]$代替$(NPSH)_c$，则

$$[H_g]=\frac{p_0}{\rho g}-\frac{p_v}{\rho g}-\sum H_{f(0-1)}-[(NPSH)_r+0.5] \tag{7-21}$$

必须指出，$(NPSH)_r$与流量有关，流量大时，$(NPSH)_r$较大。因此在计算泵的最大允许安装高度$[H_g]$时，必须以使用过程中可能达到的最大流量进行计算。

由图 7－11 列吸液池面 0－0 和泵入口断面 1－1 之间的能量方程为

$$Z_0+\frac{p_0}{\rho g}+\frac{u_0^2}{2g}=Z_1+\frac{p_1}{\rho g}+\frac{u_1^2}{2g}+\sum H_{f(0-1)}$$

$Z_1-Z_0=H_g$ (H_g即泵的安装高度)，则上式可写为

$$\frac{p_0}{\rho g}-\frac{p_1}{\rho g}=H_g+\frac{u_1^2}{2g}+\sum H_{f(0-1)} \tag{7-22}$$

式(7－22)说明，吸液池面与泵吸入口之间泵所提供的压强水头差，是使液体以一定速度$\left(泵吸入口处速度水头为\frac{u_1^2}{2g}\right)$，克服吸入管道阻力 $\left(\sum H_{f(0-1)}\right)$ 而吸升 H_g高度的原动力。

如果吸液池面受大气压 p_a作用，即 $p_0=p_a$，则泵吸入口的压强水头 $\frac{p_1}{\rho g}$ 就低于大气压的水头 $\frac{p_a}{\rho g}$，这恰是泵吸入口处真空压力表所指示的吸入口压强水头 H_s(又称为吸入口真空高度)，其单位为 m。于是式(7－22)可改写为

$$H_s=\frac{p_a-p_1}{\rho g}=H_g+\frac{u_1^2}{2g}+\sum H_{f(0-1)} \tag{7-23}$$

为确保泵的正常运行，制造商规定了一个允许吸入真空高度，用$[H_s]$表示，与最大允许安装高度$[H_g]$相对应，由式(7-23)可知它们之间的关系为

$$[H_g]=[H_s]-\left(\frac{u_1^2}{2g}+\sum H_{f(0-1)}\right) \tag{7-24}$$

必须注意，实际的允许吸入真空高度$[H_s]$值并不是根据式(7-23)计算出的值，而是由泵制造厂家实验测定的值，此值附于泵样本中供用户查用。另外，泵样本中给出的$[H_s]$值是用清水作为工作介质，操作条件为20℃及压力为101.325 kPa时的值，当操作条件及工作介质不同时，需进行修正，修正公式为

$$[H'_s]=[H_s]-(10.33-h_a)+(0.24-h_v) \tag{7-25}$$

式中 $10.33-h_a$——因大气压不同的修正值，其中h_a是当地的大气压强水头(m)；

$0.24-h_v$——因水温不同所做的修正值，其中h_v是与水温相对应的汽化压强水头(m)，可参见附录Ⅷ，0.24为20℃水的汽化压强。

水泵安装高度不能超过计算值，否则，离心泵将会抽不上水来。另外，影响计算值的大小是吸水管道的阻力损失扬程，因此，宜采用最短的管路布置，并尽量少装弯头等配件，也可考虑适当配大一些口径的水管，以减小管内流速。另外，从管道安装技术上来讲，吸水管道要求有严格的密封性，不能漏气、漏水，否则将会破坏离心泵进水口处的真空度，使离心泵出水量减少，严重时甚至抽不上水来。

例7-2 某离心泵从样本上查得允许吸入真空高度$[H_s]=5.7$ m。已知吸入管路的全部阻力为1.5 mH_2O，当地大气压为9.81×10^4 Pa，液体在吸入管路中的动压头可忽略。试计算：

(1) 输送20℃清水时，离心泵的最大允许安装高度；

(2) 输送80℃清水时，离心泵的最大允许安装高度。

解 (1) 当地大气压为9.81×10^4 Pa，且清水温度为20℃，与泵出厂时的实验条件基本相符，由于液体在吸入管路中的动压头忽略，所以根据式(7-24)可得泵的最大允许安装高度为$[H_g]=5.7-(0+1.5)=4.2$(m)。

(2) 当输送80℃清水时，需对$[H_s]$进行修正，

由附录查得80℃水的饱和蒸气压为47.4 kPa，则

$$h_v=47.4/9.807=4.83(mH_2O)$$

$h_a=9.81\times10^4/9\,807=10.00(mH_2O)$，则由式(7-25)可得

$$\begin{aligned}[H'_s]&=[H_s]-(10.33-h_a)+(0.24-h_v)\\&=5.7-(10.33-10)+(0.24-4.83)=0.78(m)\end{aligned}$$

此时，$[H_g]=[H'_s]-\left(\frac{u_1^2}{2g}+\sum H_{f(0-1)}\right)=0.78-1.5=-0.72(m)$

$[H_g]$为负值，表示泵应安装在水池液面以下，至少比液面低0.72 m。

7.5　离心泵的流量调节和组合操作

7.5.1　离心泵的管路特性曲线

安装在管路中的泵的输液量即管路的流量，在该流量下泵提供的扬程必恰好等于管路所要求的压头。因此，**离心泵的实际工作情况(流量、压头)是由泵特性和管路特性共同决定的。**

图 7－12 表示包括输送机械在内的某管路系统。为将流体由低能位 1 处向高能位 2 处输送，单位重量流体需补加的能量为 H，则

$$Z_1+\frac{p_1}{\rho g}+\frac{u_1^2}{2g}+H=Z_2+\frac{p_2}{\rho g}+\frac{u_2^2}{2g}+\sum H_f$$

移项可得

$$H=\left(Z+\frac{p}{\rho g}\right)_2-\left(Z+\frac{p}{\rho g}\right)_1+\frac{\Delta u^2}{2g}+\sum H_f \tag{7-26}$$

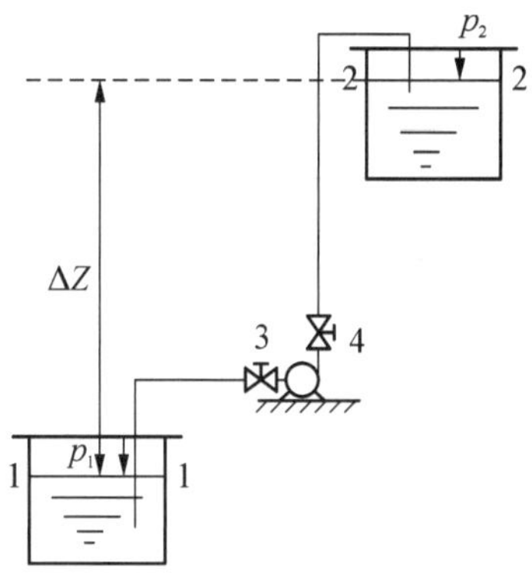

图 7－12　输送系统简图

为管路两端单位重量流体的势能差。

在一般情况下(如图 7－12 所示的输送系统)，式(7－26)中的动能差 $\frac{\Delta u^2}{2g}$ 项可以略去，阻力损失 $\sum H_f$ 的数值视管路条件及流速大小而定。由第四章可知

$$\sum H_f=\sum\left[\left(\lambda\frac{l}{d}+\zeta\right)\frac{u^2}{2g}\right] \tag{7-27}$$

输送管路中的流速为

$$u=\frac{Q}{\frac{\pi}{4}d^2}$$

$$\sum H_f=\sum\left[\frac{8\left(\lambda\frac{l}{d}+\zeta\right)}{\pi^2 d^4 g}\right]Q^2$$

或

$$\sum H_f=KQ^2 \tag{7-28}$$

上式中，系数为

$$K=\sum\frac{8\left(\lambda\frac{l}{d}+\zeta\right)}{\pi^2 d^4 g}$$

其数值由管路特性决定。当管内流动已进入阻力平方区时,系数 K 是一个与管内流量无关的常数。将式(7-28)代入式(7-26)得

$$H=\left(\Delta Z+\frac{\Delta p}{\rho g}\right)+KQ^2 \tag{7-29}$$

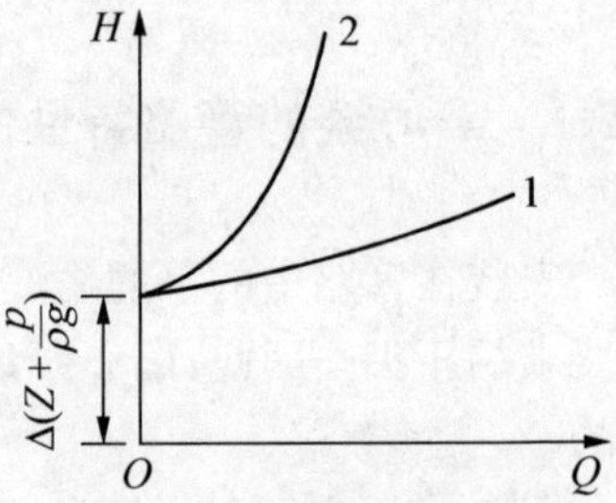

图 7-13　管路特性曲线

1—低阻力管路系统;2—高阻力管路系统

式(7-29)为管路特性方程式,它表明管路中流体的流量与所需补加能量的关系。图 7-13 所示的曲线为**管路特性曲线**。

由式(7-29)可知,需向流体提供能量用于提高流体的势能和克服管路的阻力损失;其中阻力损失项与被输送的流体量有关。显然,低阻力管路系统的特性曲线较为平坦(曲线 1),高阻力管路系统的特性曲线较为陡峭(曲线 2)。

7.5.2　离心泵的工作点

若管路内的流动处于阻力平方区,安装在管路中的离心泵其工作点(扬程和流量)必同时满足:

管路特性方程　　$H=f(Q)$　　(7-30)

泵的特性方程　　$H=\phi(Q)$　　(7-31)

联立求解两方程即得管路特性曲线和泵特性曲线的交点,此交点为泵的**工作点**(operating point)。

7.5.3　流量调节

如果工作点的流量大于或小于所需要的输送量,应设法改变工作点的位置,即进行流量调节。通常的办法有调节阀门的开度、改变电机转速和将离心泵进行组合操作等。

(1) 调节阀门的开度

最简单的调节方法是在离心泵出口处的管路上安装调节阀。改变阀门的开度即改变管路阻力系数,可改变管路特性曲线的位置,使调节后管路特性曲线与泵特性曲线的交点移至适当位置,满足流量调节的要求。如图 7-14 所示,关小阀门,管路特性曲线由 a 移至 a',工作点由 1 移至 1′,流量由 Q 减小为 Q'。

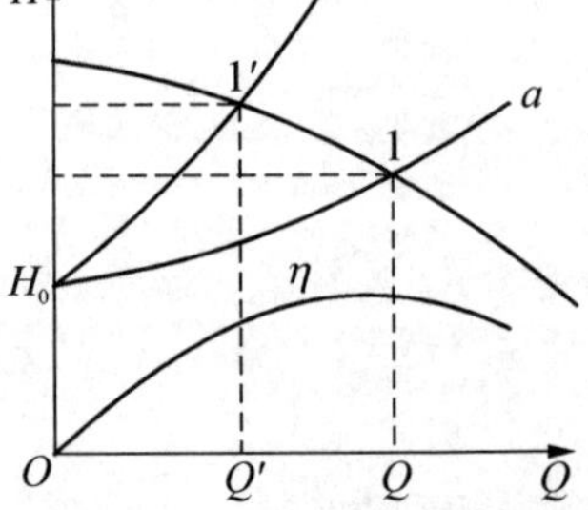

图 7　14　离心泵的工作点

这种通过管路特性曲线的变化来改变工作点的调节方法,不仅增加了管路阻力损失(在阀门关小时),且使泵在低效率点工作,在经济上很不合理。但用阀门调节流量的操作简便、灵活,故应用很广泛。对于调节幅度不大且经常需要改变流量时,此法尤为适用。

(2) 改变电机转速

另一类调节方法是改变泵的特性曲线,如改变转速等(图 7-15)。用这种方法调节流量不额外增加管路阻力,而

且在一定范围内可保持泵在高效率区工作，能量利用较为经济，但调节不方便，一般只有在调节幅度大、时间又长的季节性调节中才使用。

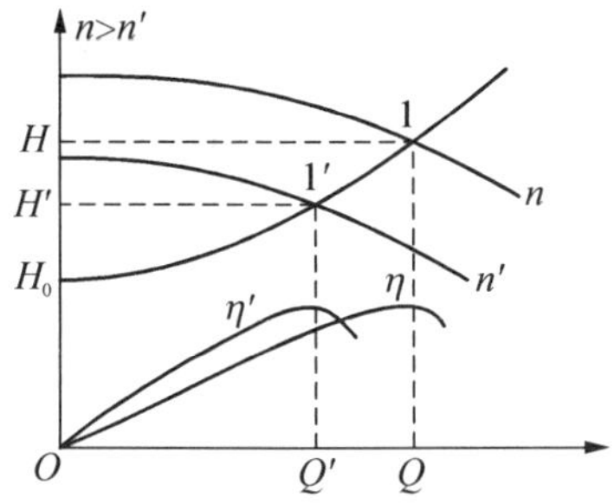

图 7－15　改变泵特性曲线的调节

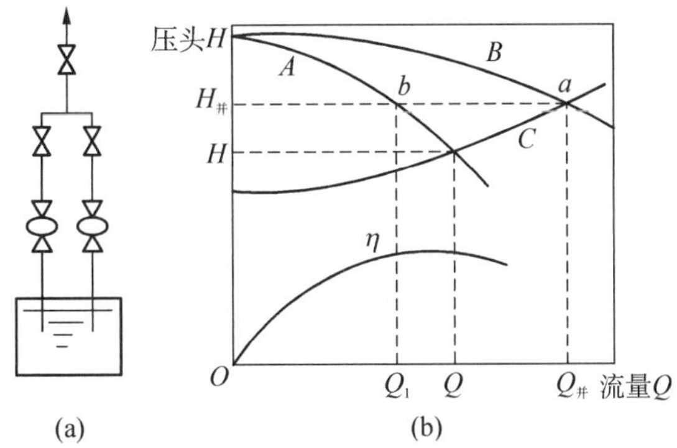

图 7－16　离心泵的并联操作

(3) 离心泵的组合操作

当需较大幅度增加流量或压头时可将几台泵加以组合。离心泵的组合方式原则上有两种：并联和串联。下面以两台特性相同的泵为例，讨论离心泵组合后的特性。

设有两台型号相同的离心泵并联工作(图 7－16)，而且各自的吸入管路相同，则两泵的流量和压头必相同。因此，在同样的压头下，并联泵的流量为单台泵的两倍。这样，将单台泵特性曲线 A 的横坐标加倍，纵坐标保持不变，便可求得两泵并联后的合成特性曲线 B。

并联泵的流量 $Q_{并}$ 和压头 $H_{并}$ 由合成特性曲线与管路特性曲线的交点 a 决定，并联泵的总效率与每台泵的效率(图中 b 点的单泵效率)相同。由图可见，由于管路阻力损失的增加，两台泵并联的总输送量 $Q_{并}$ 必小于原单泵输送量 Q 的两倍。

两台相同型号的泵串联工作时[图 7－17(a)]，每台泵的压头和流量也是相同的。因此，在同样的流量下，串联泵的压头为单台泵的两倍。将单台泵的特性曲线 A 的纵坐标加倍，横坐标保持不变，可求出两泵串联后的合成特性曲线 B，如图 7－17(b)所示。

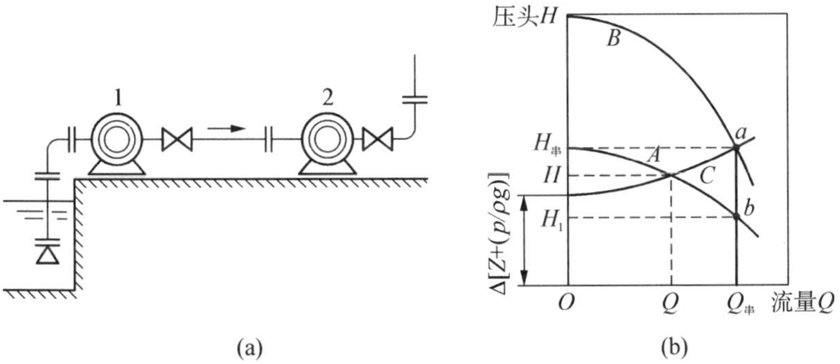

图 7－17　离心泵的串联操作

同理，串联泵的总流量和总压头也是由工作点 a 所决定的。由于串联后的总输液量 $Q_{串}$ 即组合中的单泵输液量 Q，故总效率也为 $Q_{串}$ 时的单泵效率。

例 7－3　图 7－18 所示离心泵输水管路，将敞口低位槽中的水输送到塔设备中。泵的扬程可用 $H_e = 40 - 6 \times 10^4 Q^2$ (H_e 的单位为 m，Q 的单位为 m^3/s)表示，管路均为

ϕ50 mm×2.5 mm,总管长(包括局部阻力当量长度)为 80 m,摩擦系数 $\lambda=0.025$。塔内压强为 0.1 MPa(表),塔内出水口与低位槽液面的垂直高差为 12 m。试求:(1) 管路的流速为多少(m/s)? (2) 泵的有效功率为多少?

解 (1) 取进水口液面的相关参数下标为 1,出水口的相关参数下标为 2,列伯努利方程

$$Z_1+\frac{p_1}{\rho g}+\frac{u_1^2}{2g}+H_e=Z_2+\frac{p_2}{\rho g}+\frac{u_2^2}{2g}+\lambda\frac{l}{d}\frac{u^2}{2g}$$

$$H_e=40-6\times10^4Q^2$$

$$d=(50-2.5\times2)/1\,000=0.045(\text{m})$$

$$Z_2-Z_1=12(\text{m})$$

$$p_2-p_1=0.1(\text{MPa})$$

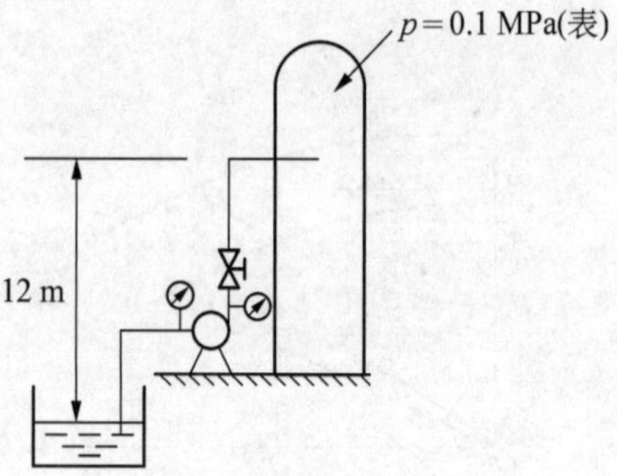

图 7-18 例 7-3 附图

$$u_1=0,\ u_2=0$$

可得

$$u=2.7(\text{m/s})$$

(2) $Q=0.25\times3.14\times(0.045)^2\times2.7=0.004\,292(\text{m}^3/\text{s})$

$$H_e=40-6\times10^4\times0.004\,29^2=38.89(\text{m})$$

$$N_e=\gamma\times H_e\times Q=9\,807\times38.89\times0.004\,29=1\,636(\text{W})$$

7.6 泵的选择与安装

7.6.1 泵的选型原则

选型即用户根据使用要求,在泵的已有系列产品中选择一种适用的、不需要另外设计、制造的泵。选型的主要内容是确定泵的型号、台数、规格、转速以及与之配套的原动机功率。

对泵进行选型,主要有以下五个原则。

(1) 所选用的泵设计参数应尽可能地靠近它的正常运行工况点,从而使泵能长期在高效率区运行,以提高设备长期运行的经济性。

(2) 结构简单紧凑、体积小、质量轻的泵。为此,应在尽可能的情况下,选择高转速。

(3) 运行时安全可靠。对于水泵来说,首先,应该考虑设备的抗汽蚀性能。特别对用于超临界压力大容量机组的锅炉给水泵的首级叶轮,低倍率强制循环锅炉的循环泵,以及在电网中担任调峰任务经常处于滑压运行机组的给水泵。其次,为保证工作的稳定性尽量不选用具有驼峰形状性能曲线的泵。如果曲线具有驼峰时,其运行工况也必须处于驼峰的右边,而且扬程(风压)应低于零流量下的扬程(风压),以利于投入同类设备的并联运行。

(4) 对于有特殊要求的,除上述原则外,还应尽可能满足其他的要求,如安装位置受限时应考虑体积要小、进出口管路能配合等。

(5) 采用的流量、扬程裕量满足相关规定。

7.6.2　泵的选型

7.6.2.1　选型条件

(1) 输送介质的物理化学性能

输送介质的物理化学性能直接影响泵的性能、材料和结构，是选型时需要考虑的重要因素。介质的物理化学性能包括：介质名称、介质特性(如腐蚀性、磨蚀性、毒性等)、固体颗粒含量及颗粒大小、密度、黏度、汽化压力等。

(2) 选型参数

选型参数是泵选型的最重要依据，应根据工艺流程和操作变化范围慎重确定。

① 流量 Q　流量是指泵单位时间输送的介质量，工艺人员一般应给出正常、最小和最大流量。

泵数据表上往往只给出正常和额定流量。选泵时，要求额定流量不小于装置的最大流量，或取正常流量的 1.05～1.10 倍。

② 扬程 H　一般要求泵的额定扬程为装置所需扬程的 1.10～1.15 倍。

③ 进口压力 p_1 和出口压力 p_2　进、出口压力指泵进出接管法兰处的压力，进出口压力的大小影响到壳体的耐压和轴封的要求。

④ 温度 t　指泵的进口介质温度，一般应给出工艺过程中泵进口介质的正常、最低和最高温度。

⑤ 装置汽蚀余量。

⑥ 操作状态　分连续操作和间歇操作两种。

(3) 现场条件

现场条件包括泵的安装位置、环境温度、相对湿度、大气压力、大气腐蚀状况及危险区域的划分等级等条件。

7.6.2.2　泵类型的选择

离心泵由于其适用性广、价格低廉，成为工厂中应用最广的泵，它易于达到大流量，较难产生高压头。往复泵是靠往复运动的柱塞压送液体，因而易于获得高压头而难以获得大流量。旋转泵(齿轮泵、螺杆泵等)也是靠挤压作用产生压头，但输液腔一般很小，故只适用于流量小而压头较高的场合，对高黏度料液尤其适宜。各类泵的详细比较见表 7-1。

表 7-1　各类泵的比较

泵的类型		叶片式			容积式	
		离心泵	轴流泵	旋涡泵	往复泵	旋转泵
流量	均匀性	均匀	均匀	均匀	不均匀	尚可
	恒定性	随管路特性而变			恒定	恒定
	范围	广，易达大流量	大流量	小流量	较小流量	小流量
压头大小		不易达到高压头	低压头	较高压头	高压头	较高压头

(续表)

泵的类型		叶片式			容积式	
		离心泵	轴流泵	旋涡泵	往复泵	旋转泵
效率		稍低,愈偏离额定值愈小	稍低,高效区窄	低	高	较高
操作	流量调节	小幅度调节用出口阀、很简便,大泵大幅度调节可调节转速或换叶轮直径	小幅度调节用旁路阀,有些泵可以调节叶片角度	用旁路阀调节	小幅度调节用旁路阀,大幅度调节可调节转速、行程等	用旁路阀调节
	自吸作用	一般没有	没有	部分型号有自有吸能力	有	有
	启动	出口阀关闭	出口阀全开	出口阀全开	出口阀全开	出口阀全开
	维修	简便	简便	简便	麻烦	较简便
结构与造价		结构简单,造价低廉		结构紧凑,简单,加工要求稍高	结构复杂,振动大,体积庞大,造价高	结构紧凑,加工要求较高
适用范围		流量和压头适用范围广,尤其适用于较低压头、大流量。除高黏度物料不太合适外,可输送各种物料	特别适宜于大流量、低压头	高压头小流量的清洁液体	适宜于流量不大的高压头输送任务;输送悬浮液要采用特殊结构的隔膜泵	适宜于小流量较高压头的输送,对高黏度液体较适合

7.6.2.3 泵系列及型号的选择

泵的系列是指泵厂生产的同一类结构和用途的泵,如IS型清水泵,Y型油泵,ZA型化工流程泵等。当泵的类型确定后,就可以根据工艺参数和介质特性来选择泵的系列和材料。

泵的类型、系列和材料选定后就可以根据泵厂提供的样本及有关资料确定泵的型号。

(1) 额定流量和扬程的确定

额定流量一般直接采用最大流量,如缺少最大流量值时,常取正常流量的1.05～1.10倍。额定扬程一般取装置所需扬程的1.05～1.1倍。对黏度大于20 mm^2/s或含固体颗粒的介质,需换算成输送清水时的额定流量和扬程,再进行以下工作。

(2) 查系列型谱图

可参照相关手册,按额定流量和扬程查出初步选择的泵型号,可能为1种,也可能为2种或2种以上。

(3) 校核

按性能曲线校核泵的额定工作点是否落在泵的高效工作区内;校核泵的装置汽蚀余量是否符合要求。当不能满足时,应采取有效措施加以实现。当符合上述条件者有2种或2种以上规格的泵时,要选择综合指标高者为最终选定的泵型号。具体可比较以下参数:效率(泵效率高者为优)、质量(泵质量轻者为优)和价格(泵价格低者为优)。

7.6.2.4 电机功率的确定

按额定流量以及额定扬程计算泵的轴功率N。电机的配用功率N_g一般按下式计算

$$N_g = K\frac{N}{\eta_m} \tag{7-32}$$

式中，η_m 为泵传动装置效率；K 为电机功率富裕系数。

7.7　气体输送机械

气体输送机械的结构和原理与液体输送机械大体相同。但是气体具有可压缩性和比液体小得多的密度(约为液体密度的 1/1 000)，从而使气体输送具有某些不同于液体输送的特点。

对一定的质量流量，气体由于密度很小，其体积流量很大。因此，气体输送管路中的流速要比液体输送管路中的流速大得多。由前面知识可知，液体在管道中的经济流速为 1～3 m/s，而气体为 15～25 m/s，约为液体的 10 倍。这样，若利用各自最经济流速输送同样的质量流量，经相同管长后气体的阻力损失约为液体阻力损失的 10 倍。换句话说，气体输送管路对输送机械所提出的压头要求比液体管路大得多。

气体因具有可压缩性，故在输送机械内部气体压强发生变化的同时，体积和温度也将随之发生变化。这些变化对气体输送机械的结构、形状有很大影响。因此，气体输送机械除按其结构和作用原理进行分类外，还根据它所能产生的进、出口压强差(如进口压强为大气压，则压差即为表压计的出口压强)或压强比(称为压缩比)进行分类，以便于选择。

(1) 通风机：出口压强不大于 14.7 kPa(表压)，压缩比为 1～1.15。

(2) 鼓风机：出口压强为 14.7 kPa～0.3 MPa(表压)，压缩比小于 4。

(3) 压缩机：出口压强为 0.3 MPa(表压)以上，压缩比大于 4。

(4) 真空泵：用于减压，出口压力为 0.1 MPa(绝压)，其压缩比由真空度决定。

7.7.1　通风机

工业上常用的通风机有轴流式和离心式两类。

轴流式通风机的结构与轴流泵类似，如图 7-19 所示。轴流式通风机排送量大，但所产生的风压甚小，一般只用来通风换气，而不用来输送气体。化工生产中，在空冷器和冷却水塔的通风方面，轴流式通风机的应用还是很广泛的。

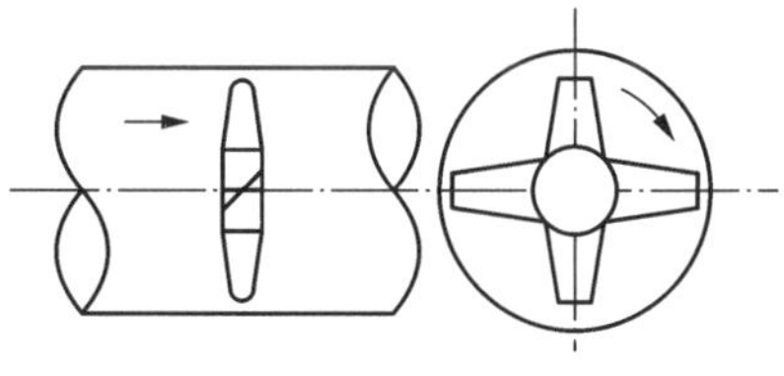

图 7-19　轴流式通风机

离心式通风机的工作原理与离心泵完全相同，其构造与离心泵也大同小异。对于通风机，习惯上将压头表示成单位体积气体所获得的能量，单位与压强相同，所以风机的压头称为全压(又称为风压)。根据所产生的全压大小，离心式通风机又可分为低压、中压、高压离心式通风机。

为适应输送量大和压头高的要求，通风机的叶轮直径一般是比较大的。通风机的叶片形状并不一定是后弯的，为产生较高压头也有径向或前弯叶片。前弯叶片可使结构紧凑，但效率低，功率曲线陡升，易造成原动机过载。因此，所有高效风机都是后弯叶片。离心式通风机的主要参数和离心泵相似，主要包括流量(风量)、全压(风压)、功率和效率。

通风机的风压与气体密度成正比。如取 1 m^3 气体为基准，对通风机进出口截面做能量衡算，可得风机的全压为

$$p_T = \gamma H = (Z_2 - Z_1)\rho g + (p_2 - p_1) + \frac{\rho(u_2^2 - u_1^2)}{2}$$

因式中 $(Z_2 - Z_1)\rho g$ 可以忽略，当空气直接由大气进入通风机时，u_1 也可以忽略，但出口速度通常很大，不能忽略，则上式简化为

$$p_T = \gamma H = (p_2 - p_1) + \frac{\rho u_2^2}{2} = p_s + p_K$$

由上式可以看出，通风机的压头由两部分组成：其中压差 $(p_2 - p_1)$ 习惯上称为静风压 p_s，$\frac{\rho u_2^2}{2}$ 称为动风压 p_K。

和离心泵一样，通风机在出厂前，必须通过实验测定其性能曲线，实验介质是压强为 0.1 MPa、温度为 20℃的空气 ($\rho' = 1.2\ kg/m^3$)。因此，在选用通风机时，如所输送的气体密度与实验介质相差较大时，应做换算后再选型。换算公式如下

$$p'_T = p_T\left(\frac{\rho'}{\rho}\right) = p_T\left(\frac{1.2}{\rho}\right)$$

例 7-4 某塔板冷模实验装置如图 7-20 所示。其中有三块塔板，塔径 $D = 1.5$ m，管路直径 $d = 0.45$ m。要求塔内最大气速为 2.5 m/s，已知在最大气速下，每块塔板的阻力损失约为 1.2 kPa，孔板流量计的阻力损失为 4.0 kPa，整个管路的阻力损失约为 3.0 kPa。设空气温度为 30℃，大气压为 98.6 kPa，试选择一适用的通风机。

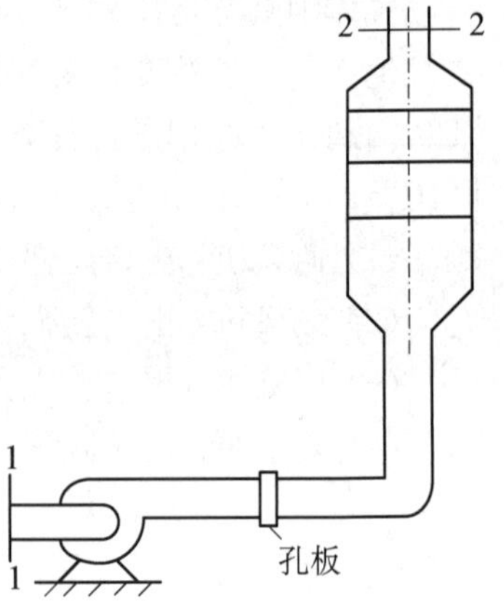

图 7-20 例 7-4 附图

解 首先计算管路系统所需要的全压。为此，可对通风机入口截面 1-1 和塔出口截面 2-2 作能量衡算(以 1 m^3 气体为基准)得

$$p_T = (Z_2 - Z_1)\rho g + (p_2 - p_1) + \frac{\rho(u_2^2 - u_1^2)}{2} + \sum H_f \rho g$$

上式中 $(Z_2 - Z_1)\rho g$ 可忽略，$p_1 = p_2$，$u_1 = 0$，u_2 和 ρ 可以计算如下

$$u_2 = \frac{0.785 \times 1.5^2 \times 2.5}{0.785 \times 0.45^2} = 27.8(m/s)$$

$$\rho = 1.29 \times \frac{273}{303} \times \frac{98.6}{101.3} = 1.13(kg/m^3)$$

将以上各值代入上式

$$p_T = \frac{1.13 \times 27.8^2}{2} + (4 + 3 + 1.2 \times 3) \times 1\,000$$

$$= 1.10 \times 10^4(Pa) = 11.0(kPa)$$

按式(2-37)将所需 p_T 换算成测定条件下的全压 p'_T，即

$$p'_T = \frac{1.2}{1.13} \times 1.1 \times 10^4 = 1.17 \times 10^4 (\text{Pa})$$

根据所需全压 $p'_T = 11.7\text{kPa}$ 和所需流量

$$q_V = 0.785 \times 1.5^2 \times 2.5 \times 3\,600 = 1.59 \times 10^4 (\text{m}^3/\text{h})$$

从风机样本中查得 9—27—No.7(n = 2 900 r/min) 可满足要求，该风机性全压为 11.9 kPa，风量为 17 100 m^3/h，轴功率为 89 kW。

7.7.2 鼓风机

工厂中常用的鼓风机有旋转式和离心式两种类型。

旋转式鼓风机类型很多，罗茨鼓风机是其中应用最广泛的一种。罗茨鼓风机的结构如图 7-21 所示，其工作原理与齿轮泵极为相似。因转子端部与机壳、转子与转子之间缝隙很小，当转子作旋转运动时，可将机壳与转子之间的气体强行排出，两转子的旋转方向相反，可将气体从一侧吸入，从另一侧排出。如改变转子的旋转方向，可使吸入口与排出口互换。

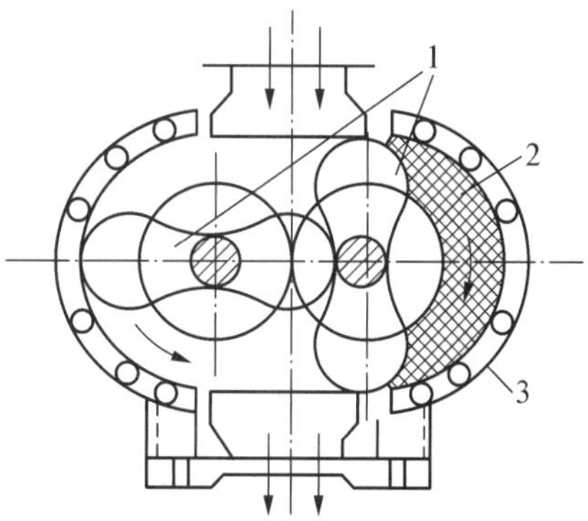

图 7-21 罗茨鼓风机

1—工作转子；2—所输送的气体体积；3—机壳

罗茨鼓风机属于正位移型，其风量与转速成正比，而与出口压强无关。罗茨鼓风机的风量为 0.03～9 m^3/s，出口压强不超过 80 kPa。出口压强太高，泄漏量增加，效率降低。

罗茨鼓风机的出口应安装稳压气柜与安全阀，流量用旁路调节。出口阀不可完全关闭。罗茨鼓风机工作时，温度不能超过 85℃，否则因转子受热膨胀易发生卡住现象。

离心鼓风机又称透平鼓风机，其工作原理与离心通风机相同，但由于单级通风机不可能产生很高风压(一般不超过 50 kPa)，故压头较高的离心鼓风机都是多级的。其结构和多级离心泵类似。离心鼓风机的出口压强一般不超过 0.3 MPa(表压)，因压缩比不大，不需要冷却装置，各级叶轮尺寸基本相等。离心鼓风机的选用方法与离心通风机相同。

离心鼓风机的出口压强(表压)一般不超过 0.3 MPa，因压缩比不大，故不需要冷却装置，各级叶轮尺寸基本相等。

7.7.3 压缩机

化工厂所用的压缩机主要有往复式和离心式两大类。

往复式压缩机的基本结构和工作原理与往复泵相似。但因为气体的密度小、可压缩，故压缩机的吸入和排出活门必须更加灵巧精密；为移除压缩放出的热量以降低气体的温度，必须附设冷却装置。

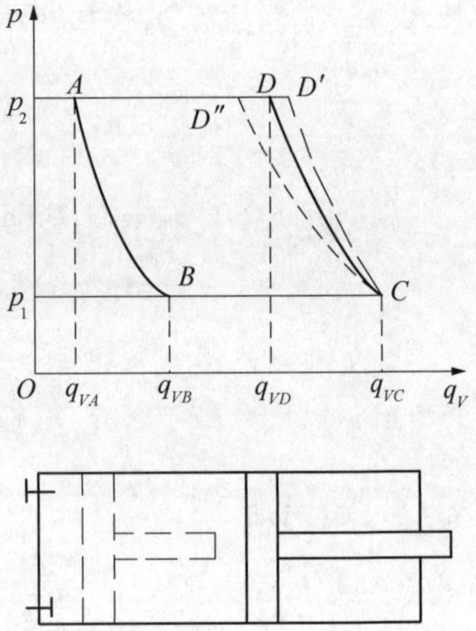

图 7-22　往复式压缩机的工作过程

图 7-22 为单作用往复式压缩机的工作过程。当活塞运动至气缸的最左端(图中 A 点),压出行程结束。因为机械结构上的原因,活塞虽已达行程的最左端,但是气缸左侧还有一些容积,称为余隙容积。由于余隙的存在,吸入行程开始阶段为余隙内压强为 p_2的高压气体膨胀过程,直至气压降至吸入气压 p_1(图中 B 点)吸入活门才开启。压强为 p_1的气体被吸入缸内。在整个吸气过程中,压强 p_1 基本保持不变,直至活塞移至最右端(图中 C 点),吸入行程结束。当压缩行程开始,吸入活门关闭,缸内气体被压缩。当缸内气体的压强增大至稍高于 p_2(图中 D 点)排出活门开启,气体从缸体排出,直至活塞移至最左端,排出过程结束。

由此可见,压缩机的一个工作循环是由膨胀、吸入、压缩和排出四个阶段组成的。四边形 $ABCD$ 所包围的面积,为活塞在一个工作循环中对气体所做的功。

根据气体和外界的换热情况,压缩过程可分为等温(CD'')、绝热(CD')和多变(CD)三种情况。由图可见,等温压缩消耗的功最小,因此压缩过程中希望能较好冷却,使其接近等温压缩。实际上,等温和绝热条件都很难做到,所以压缩过程都是介于两者之间的多变过程。如不考虑余隙的影响,则多变过程出口气温 T_2 和一个工作循环所消耗的外功 W 分别为

$$T_2 = T_1\left(\frac{p_2}{p_1}\right)^{\frac{k-1}{k}} \tag{7-33}$$

和

$$W = p_1 V_C \frac{k}{k-1}\left[\left(\frac{p_2}{p_1}\right)^{\frac{k-1}{k}} - 1\right] \tag{7-34}$$

式中,k 称为多变指数,为一实验常数;V_C为吸入容积。

式(7-33)和式(7-34)说明,影响排气温度 T_2和压缩功 W 的主要因素是:

(1) 压缩比越大,T_2和 W 也越大。

(2) 压缩功 W 与吸入气体量(即式中的 p_1V_C)成正比。

(3) 多变指数 k 越大则 T_2和 W 也越大。压缩过程的换热情况影响 k 值,热量及时全部移除,则为等温过程,相当于 $k=1$;完全没有热交换,则为绝热过程,$k=\gamma$;部分换热则 $1<k<\gamma$。值得注意的是 γ 大的气体 k 也较大。空气、氢气等 $\gamma=1$,而石油气则 $\gamma=1.2$ 左右,因此当石油气压缩机用空气试车或用氮气置换石油气时,必须注意超负荷及超温问题。

压缩机在工作时,余隙内气体无益地进行着压缩膨胀循环,且使吸入气量减少。余隙的这一影响在压缩比 p_2/p_1大时更为显著。当压缩比增大至某一极限值时,活塞扫过的全部容积恰好使余隙内的气体由 p_2膨胀至 p_1,此时压缩机已不能吸入气体,即流量为零。这是压缩机的极限压缩比。此外,压缩比增高,气体温升很高,甚至可能导致润滑油变质,机件损坏。因此,当生产过程的压缩比大于 8 时,尽管离压缩极限尚远,也应采用多级压缩。

图 7-23 为两级压缩机示意图。在第一级中气体沿多变线 ab 被压缩至中间压强 p，以后进入中间冷却器等压冷却到原始温度，体积缩小，图中以 bc 线表示。在第二级压缩中，从中间压强开始，图中以 cd 线表示。这样，由一级压缩变为两级压缩后，其总的压缩过程较接近于等温压缩，所节省的功为阴影面积 $bcdd'$ 所代表。

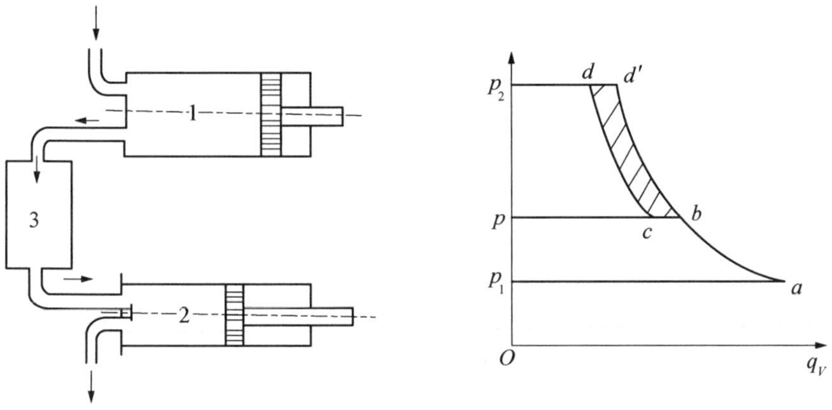

图 7-23　两级压缩机示意图

1，2—气缸；3—中间冷却器

在多级压缩中，每级压缩比减小，余隙的不良影响减弱。

往复压缩机的产品有多种，除空气压缩机外，还有氨气压缩机、氢气压缩机、石油气压缩机等，以适应各种特殊需要。

往复式压缩机的选用主要依据生产能力和排出压强（或压缩比）两个指标。生产能力用 m^3/min 表示，以吸入常压空气来测定。在实际选用时，首先根据所输送气体的特殊性质，决定压缩机的类型，然后再根据生产能力和排出压强，从产品样本中选用适用的压缩机。

与往复泵一样，往复式压缩机的排气量也是脉动的。为使管路内流量稳定，压缩机出口应连接气柜。气柜兼起沉降机作用，气体中夹带的油沫和水沫在气柜中沉降，定期排放。为安全起见，气柜要安装压力表和安全阀。压缩机的吸入口需装过滤器，以免吸入灰尘杂物，造成机件的磨损。

例 7-5　某工艺需将 20℃，0.1 MPa（绝）的原料气压缩至 1 MPa（绝），入口气体流量为 $1\ m^3/s$。压缩过程的多变指数 $k=1.25$，试求下列两种情况下的出口温度 T_2 和所需消耗的外功功率：(1) 一级压缩，压缩比为 10；(2) 二级压缩，气体在离开第一级后被冷却至 20℃ 再进入第二级，每级的压缩比均为 $\sqrt{10}$。

解　(1) 由式(7-33)和式(7-34)得

$$T_2=T_1\left(\frac{p_2}{p_1}\right)^{\frac{k-1}{k}}=293\times10^{\frac{1.25-1}{1.25}}=464(\mathrm{K})=191(℃)$$

$$p=p_1q_{V_1}\frac{k}{k-1}\left[\left(\frac{p_2}{p_1}\right)^{\frac{k-1}{k}}-1\right]=10^5\times1\times\frac{1.25}{1.25-1}\times(10^{\frac{1.25-1}{1.25}}-1)$$

$$=2.92\times10^5(\mathrm{W})$$

(2) 因两级入口温度、气体质量流量、压缩比相同，则出口温度和功率消耗也相同

$$T_2=T_1\left(\frac{p_2}{p_1}\right)^{\frac{k-1}{k}}=293\times\sqrt{10}^{\frac{1.25-1}{1.25}}=369(\text{K})=96(℃)$$

$$p=p_1+p_2=2p_1q_{V_1}\frac{k}{k-1}\left[\left(\frac{p_2}{p_1}\right)^{\frac{k-1}{k}}-1\right]$$

$$=2\times10^5\times1\times\frac{1.25}{1.25-1}\times\left[\sqrt{10}^{\frac{1.25-1}{1.25}}-1\right]$$

$$=2.59\times10^5(\text{W})$$

比较计算结果可知，多级压缩可以降低功率消耗和气体出口温度。

离心式压缩机又称为透平压缩机，其工作原理与离心鼓风机完全相同，离心式压缩机之所以能产生高压强，除级数较多外，更主要的是采用高转速。例如，国产 DA220—71 型离心压缩机，进口为常压，出口约为 1 MPa，其转速高达 8 500 r/min，由汽轮机驱动。为获得更高的压强，叶轮的转速必须更高。

与往复式压缩机相比，离心式压缩机具有体积小、质量轻、运转平稳、操作可靠、调节容易、维修方便、流量大而均匀、压缩气可不受油污染等一系列优点。因此，近年来在化工生产中，往复式压缩机已越来越多地被离心式压缩机所代替。例如，在规模为 1 000 吨/天以上的大型合成氨厂，离心式压缩机在 25～30 MPa 使用获得圆满成功。离心式压缩机的缺点是：制造精度要求高，当流量偏离额定值时效率较低。

7.7.4 真空泵

原则上讲，真空泵就是在负压下吸气、一般大气压下排气的输送机械，用来维持工艺系统要求的真空状态。对于仅几十帕到上千帕的真空度，普通的通风机和鼓风机就行了。但当希望维持较高的真空度，如绝对压强在 20 kPa 以下至几百帕，就需要专门的真空泵。对于需维持绝对压强在 0.1 Pa 以下的超高真空，就需应用扩散、吸附等原理制造的专门设备，这已超出本书介绍的范围。下面就化工常用的几种真空泵作简要介绍。

(1) 往复式真空泵　往复式真空泵的构造和原理与往复式压缩机基本相同。但是，真空泵的压缩比很高(例如，对于 95%的真空度，压缩比约为 20)，所抽吸气体的压强很小，故真空泵的余隙容积必须更小。排出和吸入阀门必须更加轻巧灵活。为减少余隙的不利影响，真空泵气缸设有连通活塞左、右两端的平衡气道。在排出行程结束时，让平衡气道连通一个很短的时间，使余隙中的残留气体从活塞的一侧流至另一侧，从而减小余隙的影响。

往复式真空泵所排放的气体不应含有液体，如果气体中含有大量蒸汽时，必须把可凝性气体设法(一般采用冷凝)除掉之后再进入泵内，即它属于干式真空泵。

(2) 水环真空泵　水环真空泵的外壳呈圆形，其中有一叶轮偏心安装。水环泵工作时，泵内注入一定量的水，当叶轮旋转时，由于离心力的作用，将水甩至壳壁形成水环。此水环具有密封作用，使叶片间的空隙形成许多大小不同的密封室。由于叶轮的旋转运动，密封室由小变大形成真空，将气体从吸入口吸入；继而密封室由大变小，气体由压出口排出。

水环真空泵在吸气过程中可允许夹带少量液体，属于湿式真空泵，结构简单紧凑，最高

真空度可达85%。水环泵运转时，要不断地充水以维持泵内液封，同时也起到冷却的作用。水环真空泵可作为鼓风机用，所产生的风压不超过0.1 MPa(表压)。

(3) 液环真空泵　液环泵又称纳氏泵，在化工生产中应用很广泛。液环泵外壳呈椭圆形，其中装有叶轮，叶轮带有很多爪形叶片。当叶轮旋转时，液体在离心力作用下被甩向四周，沿壁形成一椭圆形液环。壳内充液量应使液环在椭圆短轴处充满泵壳与叶轮的间隙，而在长轴方向上形成两月牙形的工作腔。和水环泵一样，工作腔也是由一些大小不同的密封室组成的。但是，水环泵的工作腔只有一个，系由叶轮的偏心造成的，而液环泵的工作腔有两个，是由泵壳的椭圆形状形成的。

由于叶轮的旋转运动，每个工作腔内的密封室逐渐由小变大，从吸入口吸进气体，然后由大变小，将气体强行排出。

液环泵除用作真空泵外，也可用作压缩机，产生的压强可高达0.5～0.6 MPa(表压)。

尤须指出，液环泵在工作时，所输送的气体不与泵壳直接接触。因此，只要叶轮采用耐腐蚀材料制造，液环泵便可输送腐蚀性气体。当然，泵内所充液体，必须不与气体起化学反应。例如，当输送氯气时，壳内充以硫酸，而在输送空气时，泵内充水即可。

(4) 旋片真空泵　旋片真空泵是旋转式真空泵的一种，其主要部分浸没于真空油中，为的是密封各部件间隙，充填有害的余隙和得到润滑。此泵属于干式真空泵。如需抽吸含有少量可凝性气体的混合气时，泵上设有专门设计的气镇阀(能在一定压强下打开的单向阀)，把经控制的气流(通常是湿度不大的空气)引到泵的压缩腔内，以提高混合气的压强，使其中的可凝性气体在分压尚未达到泵腔温度下的饱和值时，即被排出泵外。

旋片泵可达较高的真空度(绝对压强约为0.67 Pa)，抽气速率比较小，适用于抽除干燥或含有少量可凝性蒸汽的气体。不适宜用于抽除含尘和对润滑油起化学作用的气体。

(5) 喷射真空泵　喷射泵是利用高速流体射流时压强能向动能转换所造成的真空，将气体吸入泵内，并在混合室通过碰撞、混合以提高吸入气体的机械能，气体和工作流体一并排出泵外。

喷射泵的工作流体可以是水蒸气也可以是水，前者称为蒸汽喷射泵，后者称为水喷射泵。

单级蒸汽喷射泵仅能达到90%的真空度。为获得更高的真空度可采用多级蒸汽喷射泵，工程上最多采用五级蒸汽喷射泵，其极限真空可达1.3 Pa(绝压)。

喷射泵的优点是工作压强范围广、抽气量大、结构简单、适应性强(可抽吸含有灰尘以及腐蚀性、易燃、易爆的气体等)，其缺点是效率很低，一般只有10%～25%。因此，喷射泵多用于抽真空，很少用于输送。

习　题

7-1　泵或风机的工作点是____________与____________的交点。

7-2　泵的扬程 H 的定义是：泵所输送的____________________增值。

7-3　泵和风机的全效率等于________、________及________的乘积。

7-4　什么是汽蚀现象？产生汽蚀现象的原因是什么？

7-5　为什么要考虑水泵的安装高度？什么情况下，必须使泵装设在吸水池水面以下？

7-6　试述泵与风机的工作原理。

7-7　流体流经泵或风机时,共包括哪些损失?

7-8　某工厂由冷冻站输送冷冻水到空气调节室的蓄水池,采用一台单吸单级离心式水泵。在吸入口测得流量为60 L/s,泵前真空计指示真空度为4 m,吸水口径为25 cm。泵本身向外泄漏流量约为吸水口流量的2%。泵出口压力表读数为3 kgf/cm^2,泵出口直径为0.2 m,压力表安装位置比真空计高0.3 m,求泵的扬程。

7-9　图7-24所示输水管路,用离心泵将水输送至常压高位槽。已知吸入管直径∅70 mm×3 mm,管长$L_{AB}=15$ m,压出管直径∅60 mm×3 mm,管长$L_{CD}=80$ m(管长均包括局部阻力的当量长度),摩擦系数λ均为0.03,$\Delta Z=12$ m,离心泵特性曲线为$H_e=30-6\times10^5Q^2$,式中H_e: m;Q: m^3/s。试求:

(1) 管路流量为多少(m^3/h)。

(2) 旱季江面下降3 m,与原流量相比,此时流量下降百分之几?

(3) 江面下降后,B处的真空表和C处的压力表读数各有什么变化(定性分析)?

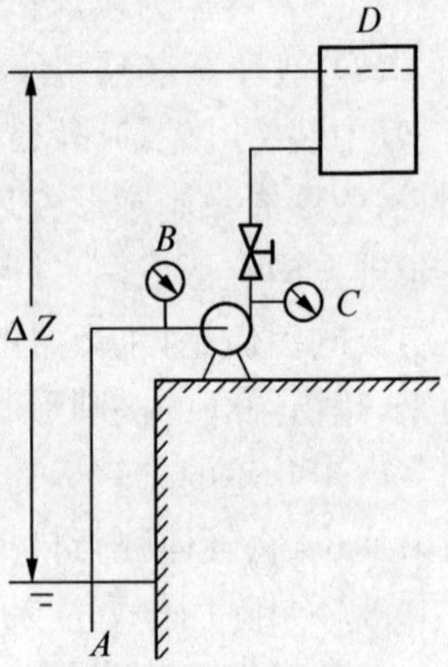

图7-24　题7-9图

第八章

流体力学实验研究和测试方法

以流体力学的基本原理及其所建立的微分方程为基础的理论分析方法，只是研究流体力学问题的手段之一；对于工程实际中的许多流体流动问题，由于其控制方程的非线性行为和问题本身的复杂性，理论解析是相当困难甚至是不可能的。对于这样的问题必须借助于实验。实验作为研究流体流动及其相关问题的基本手段，对于新现象的探索，尤其是对于目前仍未找到合适的数学模型描述的过程，如复杂湍流流动、燃烧与爆炸、非牛顿流体流动，以及复杂多相流等问题的探索研究，一直处于不可替代的地位。

本章首先介绍模型实验研究的理论基础——流动相似原理以及寻求相似准则的基本方法，讨论如何针对实际问题建立实验模型以及模型实验研究中需要考虑的问题。然后介绍本专业的科学研究和工程实践中经常用到的流动显示方法和测量仪器。通过本章的学习，应了解这些仪器的特点、基本原理和适用场合。

8.1 流动相似准则及其分析方法

8.1.1 流动相似原理

流体力学的实验研究方法有实物实验、比拟实验和模型实验三大类。实物实验是直接以原型系统为对象进行相关实验测试与分析，这对于较小的原型系统比较适用，对于大型系统诸如飞机、轮船、大坝等与流体间相互作用的研究就很难实施了。比拟实验是利用电场、磁场等来模拟流场，实施起来也受到诸多限制。模型实验是实验流体力学最常用的研究方法，实验中用的是将原型按一定规则缩小后的模型，实验中有可能需要改变流体性质和流动条件，以使得实验结果能满足科学研究和工程设计的需要。

在两个几何相似的空间流动系统中，若对应点的同名物理量之间有一定的比例关系，则这两个流动系统是相似的。只要找出这种比例关系，就可以通过了解一个系统的流场去认识另一个流动相似系统的流场。流动相似包括几何相似、运动相似和动力相似三个方面。

几何相似是指模型流动的边界形状与原型相似，即在流场中，模型与原型流动边界的对应边要成一定比例。自然界或工程实际中的流动系统称为原型，为进行实验研究所设计的流动系统称为模型。通常，模型尺度的选择依实验条件而定，越接近原型越能反映实际流动情况。

运动相似是指几何相似的两个流动系统中的对应流线形状也相似。由于流动边界将影响流线形状，故运动相似还意味着几何相似，反之则不然。若两个流动系统运动相似，则选定速度、长度和时间三个比尺中的任意两个，另一个比尺也就确定了，不能再选了。

动力相似是指在两个几何相似、运动相似的流动系统中，对应点处作用的相同性质的力的方向相同、大小成一定比例。显然，要使模型中的流动和原型相似，除了满足几何相似、运动相似和动力相似外，还必须使两个流动系统的边界条件和初始条件相似。例如，若原型是固定管束绕流，模型也应是固定管束绕流。

8.1.2 相似准则及其分析方法

流体力学实验研究的目的，就是找出流动的具体规律，即建立物理参数之间的具体关系式，也称实验关联式。在不引入相似数的情况下，要得出实验关联式就必须将具体问题所涉及的每一个物理量作为实验变量，一一进行实验测试。这样做的话，不仅实验工作量大，而且模型实验结果还不一定具有放大性。然而，利用相似理论及量纲分析将有关物理量组合成量纲为1的特征数(相似数)，就使实验工作转化为以相似数作为变量，因而实验中不必将相似数中包含的每一个物理量都作为实验测试变量，只需测量相似数中易于改变和测量的物理参数，以反映该相似数的变化就可以了。这不仅大大减少实验的次数，而且通过实验获得的量纲为1的特征数之间的关联式还可应用于生产实际。

相似原理说明两个系统流动相似必须在几何、运动和动力三个方面都要相似，然而，在采用模型实验模拟原型流动时，还需要建立相似准则才能解决问题。相似准则是流动相似的充分必要条件。建立相似准则一般有两种途径：对于已有流动微分方程描述的问题，可直接根据微分方程和相似条件导出相似准则；对于还没有建立流动微分方程的问题，只要知道影响流动过程的物理参数，就可以通过量纲分析法导出相似准则。

8.1.2.1 *微分方程分析法*

N－S方程所描述的黏性不可压缩流体流动的相似准则就可具体表述为：原型与模型系统中的这些相似数 Re、Eu、Fr、Sr 应分别相等。在此基础上，若两系统边界条件、初始条件相似，就能保证原型系统和模型系统的流动相似。

为了说明黏性不可压缩流动4个相似数的物理意义，在此先列出 z 方向的N－S方程

$$\underbrace{\rho\frac{\partial v_z}{\partial t}}_{\substack{\text{惯性力}(t)\\ \rho v/t}}+\underbrace{\rho\left(v_x\frac{\partial v_z}{\partial x}+v_y\frac{\partial v_z}{\partial y}+v_z\frac{\partial v_z}{\partial z}\right)}_{\substack{\text{惯性力}(v)\\ \rho v^2/L}}=\underbrace{-\rho g}_{\substack{\text{重力}\\ \rho g}}-\underbrace{\frac{\partial p}{\partial z}}_{\substack{\text{压力}\\ p/L}}+\underbrace{\mu\left(\frac{\partial^2 v_z}{\partial x^2}+\frac{\partial^2 v_z}{\partial y^2}+\frac{\partial^2 v_z}{\partial z^2}\right)}_{\substack{\text{黏性力}\\ \mu v/L^2}}$$

从力的角度看，该方程等号左边是单位体积流体质量(即密度)与流体加速度的乘积，因此表示的是惯性力，其中与时间变化相关的惯性力表示为 $\rho v/t$，与流体运动(空间变化)相关的惯性力表示为 $\rho v^2/L$；方程等号右边是单位体积流体受到的重力、压力(表面力)和黏性力，分别用 ρg、p/L、$\mu v/L^2$ 表示。明确N－S方程各项的意义后，不难说明上述4个相似数 Re、Eu、Fr、St 的物理意义。

雷诺数 $\boldsymbol{Re}$(Reynolds number)　雷诺数是与流体性有关的相似数，表示惯性力与黏性力之比，即

$$Re=\frac{F_{\text{惯性力}}}{F_{\text{黏性力}}}=\frac{\rho v^2/L}{\mu v/L^2}=\frac{\rho vL}{\mu}$$

Re 常用于分析黏性力不可忽略的流动，又称黏性阻力相似数。如果两种几何相似的流动在黏滞阻力作用下达到动力相似，则它们的雷诺数一定相等；反之，两种流动的雷诺数相等，则这两种流动一定在黏滞阻力作用下动力相似。在研究管道流动、飞行器的阻力、浸没在不可压缩流体中各种形状物体的阻力，以及边界层流动等问题时，必须考虑雷诺数。

欧拉数 *Eu*（Euler number）　欧拉数是与压力有关的相似数，因此也称为压力相似数，表示压力与惯性力之比

$$Eu=\frac{F_{\text{压力}}}{F_{\text{惯性力}}}=\frac{p/L}{\rho v^2/L}=\frac{p}{\rho v^2}$$

如果两种几何相似的流动在压力表面力作用下达到动力相似，则它们的欧拉数必然相等；反之，如果两种流动的欧拉数相等，则这两种流动在压力表面力作用下一定是动力相似的。欧拉数常用于描述压力对流速分布影响较大的流动，如管中的水击、空泡现象和空泡阻力问题就必须考虑。

弗劳德数 *Fr*（Froude number）　弗劳德数是与重力有关的相似数，亦称重力相似数，表示惯性力与重力之比

$$Fr=\frac{F_{\text{惯性力}}}{F_{\text{重力}}}=\frac{\rho v^2/L}{\rho g}=\frac{v^2}{Lg}\text{ 或 }Fr=\frac{v}{\sqrt{gL}}$$

如果两种几何相似的流动在重力作用下达到动力相似，则它们的弗劳德数必然相等；反之，如果两种流动的弗劳德数相等，则这两种流动在重力作用下一定是动力相似的。在水流状态中，有急流和缓流之分，其性质很不相同。缓流中干扰微波可往上游传播，急流中则不能。弗劳德数综合反映了水流运动的惯性力作用和重力作用。当 $Fr>1$ 时，水流性质为急流；当 $Fr<1$ 时，水流性质为缓流。

弗劳德数常用于描述有自由表面的流动。例如，对于水力学中的港口的潮汐流动、江河的流动、堰流、孔口管嘴泄流，以及流过水工建筑物等流动问题；对于液体表面的波动、船舶和水上飞机浮筒等水上运动物体的波浪阻力问题；对于在空气动力学中的具有加速度的运动物体的飞行等问题，弗劳德数都有显著的意义。但对于管道内流动可不考虑此数，因为这类流动的边界为固定固体壁，边界上的速度都已经给出，不会改变。

斯特劳哈尔数 *Sr*（Strouhal number）　斯特劳哈尔数是与时间变化相关的相似数，又称时间相似数，表示速度随时间变化引起的力与惯性力之比，即

$$Sr=\frac{F_{\text{惯性力}t}}{F_{\text{惯性力}v}}=\frac{\rho v/t}{\rho v^2/L}=\frac{L}{vt}$$

如果两种几何相似的流动在非定常流动下达到动力相似，则它们的斯特劳哈尔数必然相等；反之，如果两种流动的斯特劳哈尔数相等，则这两种流动在非定常流动下一定是动力相似的。在稳态流动时不考虑斯特劳哈尔数，但是有周期性流动时，如在研究叶片机械、螺旋桨式飞机和直升机旋翼的气动力性能时，在研究船用螺旋桨的水动力性能时，它是很重要的。需要指出的是，用时间相似准则来考虑非定常流动的模型实验，能比量纲为 1 的时间比尺更好地反映流动的本质。因为满足了斯特劳哈尔数，也就满足了运动相似和动力相似。

上述 Re、Eu、Fr、Sr 是 N－S 方程描述黏性不可压缩流体流动的相似数。理论上，模

型实验要有相似性,模型与原型两者对应的 4 个相似数应相等,但实践中会发现多数情况下要做到这点是很困难的,只能根据流动问题的特点,选择保证主要的相似数相等。

除了上述 Re、Eu、Fr、Sr 外,对于其他不同条件下的流动,还会有另外的相似数。例如,对于高速流动,密度随压力的变化较明显,必须考虑可压缩性的影响,此时**马赫数 $\boldsymbol{Ma}$**(Mach number)是重要的相似数。马赫数也称为弹性力相似数,表示惯性力与可压缩性有关的力(弹性力)之比,以 c 表示声速,则马赫数定义为

$$Ma=\sqrt{F_{惯性}/F_{压缩性}}=\sqrt{\rho v^2/L}\,/\sqrt{\rho v^2/L}=v/c$$

马赫准则表明,如果两种几何相似的气流在弹性力作用下达到动力相似,则它们的马赫数必然相等;反之,如果两种流动的马赫数相等,则这两种流动在弹性力作用下一定是动力相似的。通常,当气流速度大于 100 m/s 时,气体压缩性的影响将变得显著,如果不考虑分离或激波与边界层的相互干扰等问题,则要保证模型与原型流动动力相似,就必须保证两者马赫数相等。

当流动存在自由表面且表面张力是影响流动的重要因素时,则必须考虑**韦伯数 $\boldsymbol{We}$**(Weber number)。韦伯数 We 表示惯性力与表面张力之比,即

$$We=F_{惯性力}/F_{表面张力}=(\rho v^2/L)/(\sigma/L^2)=\rho v^2L/\sigma$$

此外,在以角速度 ω 旋转的参照系内研究流体流动时,流动微分方程中要出现柯氏力和离心惯性力,由此又可引出**罗斯比数 $\boldsymbol{Ro}$**(Rossby number)和**埃克曼数 $\boldsymbol{Eo}$**(Ekman number),$Ro=v/\omega L$ 表示柯氏力与离心惯性力之比,而 $Eo=\mu/\rho\omega L^2$ 则表示黏性力与离心惯性力之比。

8.1.2.2 量纲分析法

前面所讨论的是已知流动微分方程时,利用相似原理确定相似准则的方法。但工程实际中有很多问题是相当复杂的,无法建立流动微分方程,只能了解到影响流动过程的一些物理参数。对于这类问题则可通过量纲分析方法导出相似准则。

物理量的单位决定量度的数量,而量纲则指量度的性质。描述流体流动的物理量都是有量纲的量,即有单位的量。一个物理量的单位虽然可有多种,但其量纲是不变的。流体力学中最基本的物理量有长度、质量、时间、热力学温度,其量纲分别为 L、M、T、Θ 表示,而其他物理量的量纲则是这些基本量纲的组合,并依照习惯,用 $[A]$表示物理量 A 的量纲。如面积 S 的量纲为 $[S]=[\mathrm{L}^2]$,密度 ρ 的量纲为 $[\rho]=[\mathrm{ML}^{-3}]$,黏度 μ 的量纲为 $[\mu]=[\mathrm{ML}^{-1}\mathrm{T}^{-1}]$,速度 u 的量纲为 $[u]=[\mathrm{LT}^{-1}]$ 等。对于某一物理过程,用哪些量纲作为基本量纲,取决于该过程涉及的物理参数的量纲。

只有量纲相同的物理量才能相加减,所以正确的物理关系式中各加和项的量纲必须是相同的,等式两边的量纲也必然是相同的,这就是量纲和谐原理。实验过程中,利用量纲和谐原理,对影响物理过程的各有关变量进行量纲分析,可将这些变量组合成数目较少的量纲为 1 的特征数,然后通过实验确定这些量纲为 1 的特征数之间的关系,从而大大减少实验的次数,使问题的分析得以简化。这种量纲为 1 的特征数之间的实验关联式还可能将小模型上的实验数据放大应用于生产实际。

量纲分析方法包括瑞利(Rayleigh)方法和白金汉姆(Buckingham)方法,具体方法可见附录Ⅻ。在采用量纲分析法时,应结合问题本身特点对已得到的相似数进行预筛选,分析哪

些是主要的、哪些是次要的，既不遗漏对流动有重要影响的物理参数，也不要包括那些次要参数。当然，相似数的筛选必然要求研究者对问题本身有尽量全面的认识和了解，并借鉴前人研究工作所积累的经验。例如，在管道流动中，起决定作用的是雷诺数，而欧拉数可以忽略不计。但在研究空泡与空蚀现象时，欧拉数则是起决定作用的。

8.2 流动可视化技术

实验是研究流体流动问题最基本的方法，通过实验可以验证理论计算的结果，也可以探索新的流动现象。流体力学实验中，流动显示和流动测量技术一直应用非常广泛，并且这些技术也随着科技的发展而不断地进步。

大部分气态或液态的流体都是透明介质，它们的运动用人眼直接观察往往是不可见的。为了辨认流体的运动，必须提供一套使流动可视化的技术，这种技术称之为**流动显示技术**(flow visualization technique)。流动显示技术已有一百多年的历史，它是随着流体力学的发展而发展起来的。1883 年雷诺把染色液注入长的水平管道中的水流中，详细研究了从层流转变为湍流的情况，发现了相似规律并定义了雷诺数。1888 年马赫(Mach)对激波现象的观察。1912 年卡门通过观察水槽中圆柱体绕流提出了卡门涡街。1940 年普朗特用示踪粒子获得了水沿平板的流谱图，观察表明靠近壁面有一薄层，其速度比距离薄层较远处的速度显著减小，这一观察使他提出了边界层的概念，并用同样的流动显示技术进行了几种边界层控制的实验。20 世纪 60 年代脱体涡流型的研究，20 世纪 80 年代大迎角分离流的研究和分离流型的提出，以及近代对三维、非定常复杂流动显示与测量的研究等，这些研究以流动显示和测量为基础，从流动现象的观察，不但在流体力学发展中取得了一次又一次的学术上的重大突破，并且广泛应用于工程实际。

随着电子技术、光学技术、材料技术、自动控制技术和计算机技术等的发展，流动显示技术也有了长足的进步和发展。上述技术的发展不但对流体力学实验研究起到了“眼睛”的作用，而且为实验流场的分析提供了直观可靠的依据以及某些定量的实验结果，推动了流动显示技术和计算流体力学(CFD)技术的发展。

流动显示和测量技术通常需要加入示踪粒子。示踪粒子流动显示技术是一种往流体(液体或气体)中加入粒子，利用可见的粒子随流体运动来显示流动现象或通过测量粒子速度来确定流速的技术。示踪粒子流动显示技术应用十分广泛，近年来与数字图像处理技术相结合又发展了定量的全流场测量技术，如粒子成像测速(PIV)技术、激光多普勒动态粒子分析技术(PDA)和激光诱导荧光(LIF)技术。

8.2.1 氢气泡技术

氢气泡技术(hydrogen bubble technique)是在水槽或水洞中利用细小的气泡作为示踪粒子来显示和观察水中实验模型的绕流图像的一种实验技术。这种技术早在 20 世纪 50 年代就已经提出，经过多年的发展，现在氢气泡技术不但能够进行流动显示实验，而且能够应用于流场的定量测量。

产生氢气泡的简单方法是在水槽或水洞中放入合适的电极直接电解水，在阴极产生氢气泡,阳极产生氧气泡。由于氢气泡的尺寸比氧气泡小得多,所以人们往往利用很细的金属丝放在水中作为阴极,通电后在该细丝上形成的氢气泡随水流流动而成为显示流动的示踪粒子。通常用作阴极的材料有铂金丝、铜丝、不锈钢丝和钨丝等。实践证明,铂金丝产生的氢气泡密集均匀,跟随性好,性能稳定,因此通常选用铂金丝作为阴极。如果在金属丝上等间隔地涂上绝缘材料,通电以后可以形成一排排的气泡,由此可显示绕模型的流动。

若使金属丝垂直于流动方向放置并加上周期性脉冲电压,则沿金属丝形成一排排的气泡簇,每排气泡的间隔宽度与脉冲时间间隔、水流速度有关。图 8-1 所示为采用氢气泡流动显示技术显示的水槽中平板近壁湍流边界层流场,图 8-2 所示为该技术显示的卡门涡街。

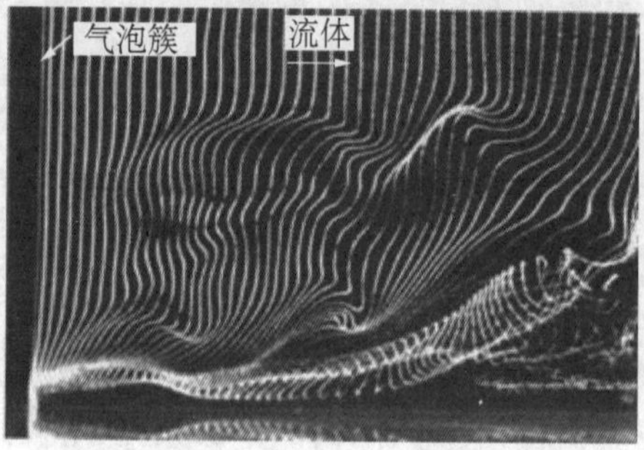

图 8-1 水槽中平板近壁湍流边界层流场

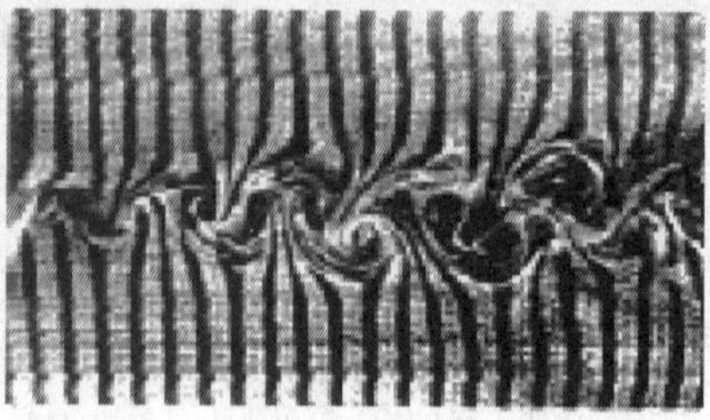

图 8-2 氢气泡流动显示的卡门涡街

8.2.2 空气泡技术

氢气泡法实验方便、快捷,但是它只能进行一个固定平面的流动显示,而实际中往往需要对全流场进行流动显示,这时,氢气泡法就存在一定的局限性。后来发展的空气泡法(air bubble method)弥补了这个不足。

空气泡法的关键是如何在水中注入均匀细密、充满整个流场的空气泡而又不破坏实验段流场品质,亦不使水成乳浊液状,引射注入法较好地解决了这个问题,依据这个方法研制的引射式回流水洞在实验中取得了很好的效果。而且,在进行空气泡法实验的同时又可以进行染色液实验,实验结果用彩色照片记录下来,照片中既有空气泡法显示的结果又有染色液法显示的结果,其信息比单纯的氢气泡法更加丰富。

图 8-3、图 8-4 是采用空气泡法进行流动显示实验获得的流场照片。由图 8-3(a)可见三角翼断面处涡核未破裂,由图 8-3(b)可见三角翼断面处涡核已经破裂,但涡破裂的部分仅在涡核部分,而外层涡仍有较明显的旋转。由图 8-4 可见机身前体侧涡断面流场出现不对称现象。

(a) (b)

图 8-3 三角翼脱体涡某两个横断面上的流场

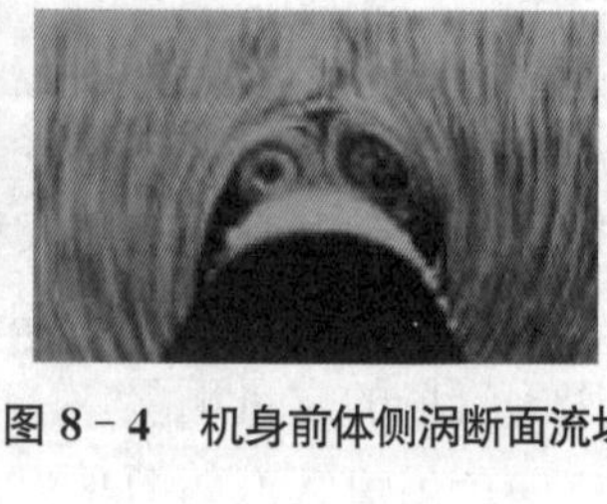

图 8-4 机身前体侧涡断面流场

8.2.3　烟线技术

烟线技术(smoke wire technique)是一种历史悠久的显示方法,最早可以追溯到1893年。经过一个多世纪的发展,这项技术已经成熟,尤其是近代发展起来的烟线法不但能显示定常的绕流图画,而且能应用于非定常流动的定性、定量显示与分析,是流动显示方法中十分重要的一种。

烟线法是在模型上游横放一根与来流垂直的细金属电阻丝,实验前,在电阻丝上涂上一层油,油层受表面张力作用形成一串油珠(油滴),附着在电阻丝上,实验时,接通电源使脉冲强电流通过电阻丝,电阻丝发热,油珠形成白色的烟,随气流向下游流去,一串油珠形成一排烟线,适时地启动闪光灯和摄像机,即可得到烟线绕模型流动的画面。烟线法在电气上的可控特性使得该方法不但能显示定常的绕流图画,而且可以应用于非定常流动的显示与分析,对设备的要求也大大降低。

由于烟线技术产生的烟量少、时间短,要获得理想的流动显示照片必须掌握好拍摄的时机,并对光源、相机及发烟装置进行正确的控制,使之同步。因此必须将摄影、光源及发烟装置作为一个整体来考虑,设计成烟线装置。烟线技术和氢气泡技术在显示原理上是完全相同的,只是前者是用加热电阻丝产生烟雾粒子作为气流的示踪粒子,而后者则是从阴极丝上产生氢气泡作为水流的示踪粒子。图8-5是文献中比较典型的圆射流、撞壁流和两股撞击流的烟线显示图片。

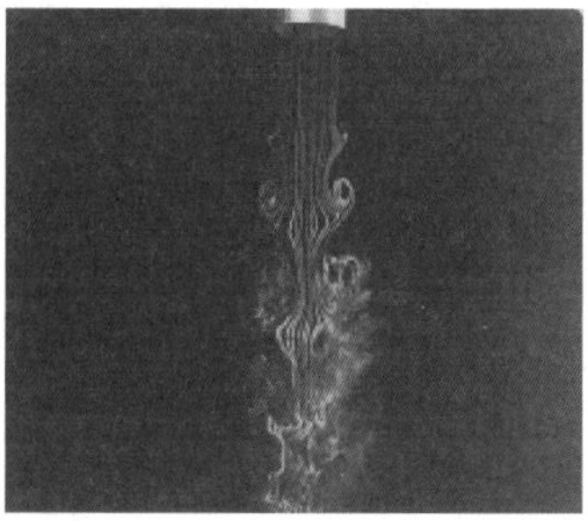

(a) 圆射流 ($Re=6\,000$, $D=47.2$ mm)

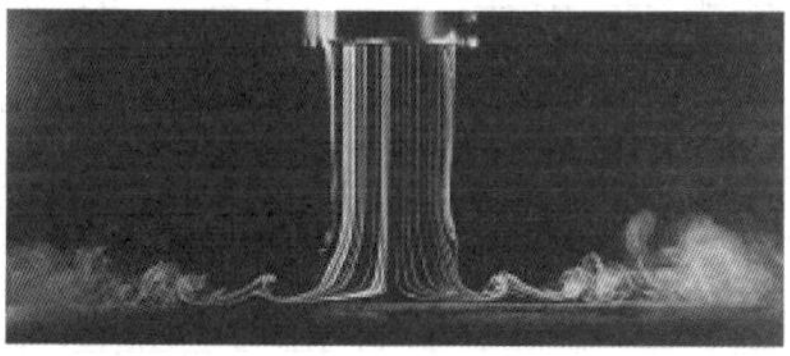

(b) 撞壁流 ($Re=6\,000$, $D=72.6$ mm)

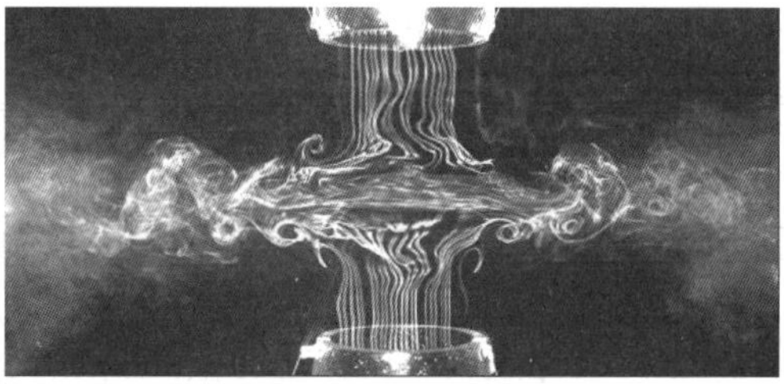

(c) 两股撞击流 ($D=30$ mm, $Re=2\,300$)

图8-5　烟线照片

8.2.4　高速摄像技术

高速摄像技术(high speed video technique)采用跟踪每一颗粒运动规律的方法,来求得流场中运动颗粒的位置、位移、速度和轨迹,而且不受流场中颗粒密度分布的影响,适合测量较低颗粒密度的流场颗粒运动,用于微观层次上捕捉流场的运动信息。高速摄像技术作为一种全新的高速瞬发过程的测试记录手段出现于 20 世纪 70 年代,一开始出现就引起了研究人员和潜在用户的高度重视。随着电子技术、计算机技术、微加工技术,以及新型传感器和大容量存储技术的发展,高速摄像系统的性能已有大幅度提高,有些高速摄像系统的拍摄速率可达 250 000 帧/秒以上,曝光时间可达 10^{-6} s,甚至更快。

利用高速摄像系统对全流场颗粒进行跟踪测量的方法,是通过摄像系统在一定的时间间隔下拍摄并获得颗粒运动的系列图像,通过同一颗粒在相邻两帧图像中的位差进行拍照取像。高速摄像系统通常由实验流场、普通光源、高速摄像机、图像卡,以及 PC 计算机记录系统构成,如图 8-6 所示。

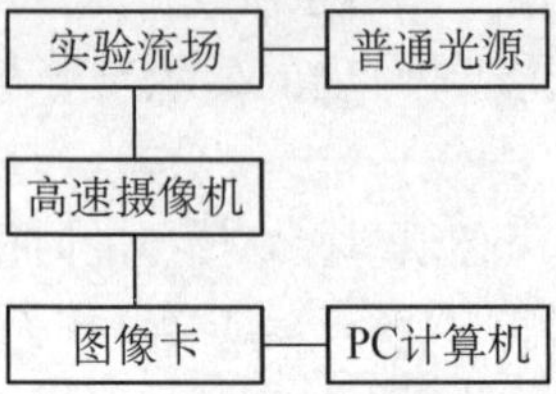

图 8-6　高速摄像系统示意图

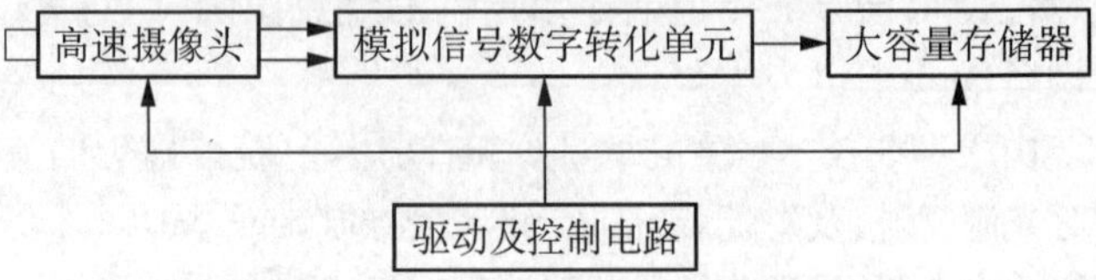

图 8-7　高速摄像机构成原理图

高速摄像机是高速摄像系统的核心硬件部分,高速摄像机通常由以下几部分构成(图 8-7)。① 高速摄像头:主要由图像传感器和光学系统组成。② 模拟信号数字转化单元:由 A/D 转换器及相应电路构成,功能是将图像传感器输出的模拟信号转换为数字信号,以便能够实现数字存储和计算机处理。③ 驱动及控制电路:由时序产生电路等构成,功能是为 CMOS 芯片提供正确的驱动脉冲,控制整个系统协调工作。④ 大容量存储器(高速记录系统):早期的存储器主要由高密度磁带或磁盘构成,现已基本由半导体随机存储器或海量外部存储设备等代替。

高速 CCD 摄像机通常由半导体动态随机存储器(DRAM)完成图像的记录,事后转存至易于长期存储的光盘、磁盘等存储介质。由于采用了半导体存储器,高速摄像记录系统可工作在开机等待状态。在此状态下,传感器以预置的拍摄频率连续不断地采集图像,并且持续地向存储器读入。而存储器的作用像一个循环缓冲器,不断用最新采集的图像覆盖存储器中最先存入的图像。高速摄像系统一旦接收到触发信号,便记录下写入 DRAM 的图像信息。触发形式可以通过手动,也可以通过开关、声音、辐射、电压变化等实现。采用 DRAM 作为存储介质,高速摄像机可实现多种记录控制模式,包括:记录模式、记录-停止模式、记录-触发模式、记录-再触发模式、外同步记录模式等。

需要指出的是,以上是基于动态随机存储器为记录介质的高速摄像机的主要记录控制模式,对于某一特定的摄像机系统,并不一定具备所有的记录方式。所以在选择高速摄像系统时,应根据使用要求选择具备合适记录方式的摄像机。

高速相机捕捉液滴破裂瞬间　图 8-8 为使用高速摄像仪拍摄的液柱(内通道)在不同气速的同轴气流(外环隙)下的破裂和雾化的过程,拍摄速度为 3 000 fps(帧/s),图像分辨率为 1 024×1 024。图 8-9 为甘油液滴(a)和水煤浆滴(b)的破裂模式对比,两者都是液滴的中心部分首先发生变形。不同的是,甘油-水溶液液滴会出现很薄的膜状结构,而水煤浆滴则没有明显的膜状结构出现。这是由于水煤浆中存在着大量的煤颗粒,导致浆膜迅速破裂。

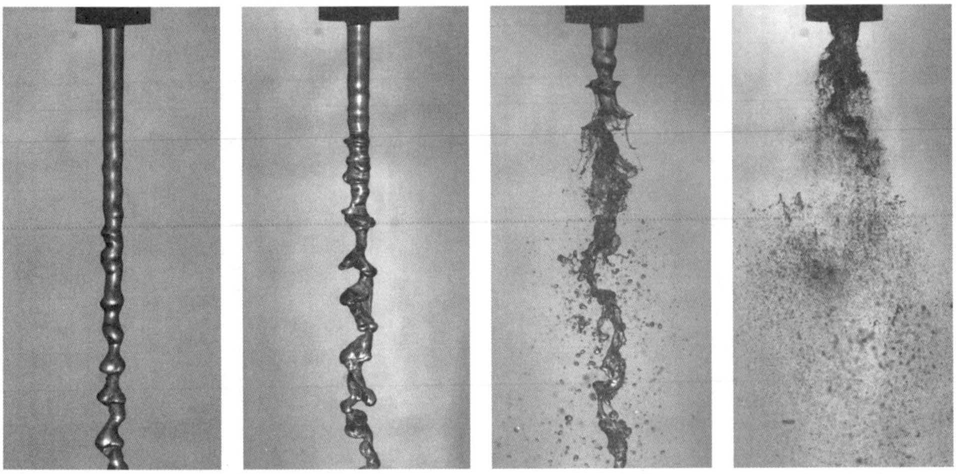

(a) $u = 14.94$ m/s　(b) $u = 18.67$ m/s　(c) $u = 29.88$ m/s　(d) $u = 85.90$ m/s

图 8-8　高速摄像仪拍摄的不同外环气速下气-液同轴射流照片

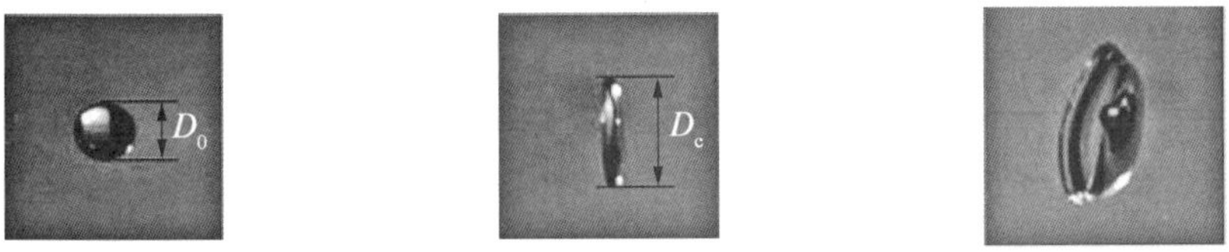

(a) 0 ms　(b) 20.3 ms　(c) 29.7 ms

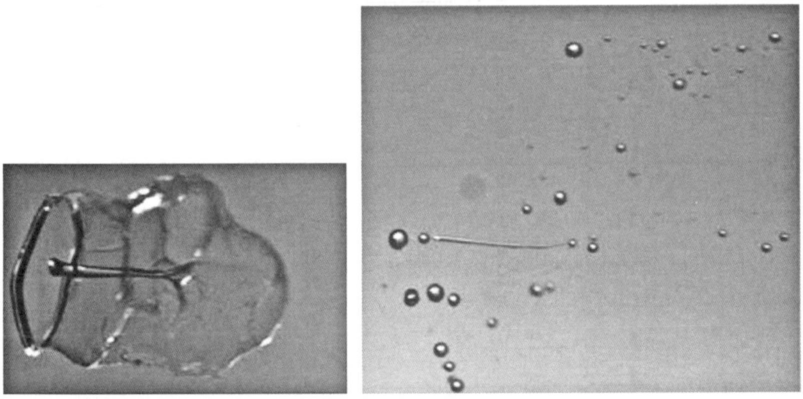

(d) 36.0 ms　(e) 62.0 ms

(a) 甘油溶液滴在水平气流中的破裂照片

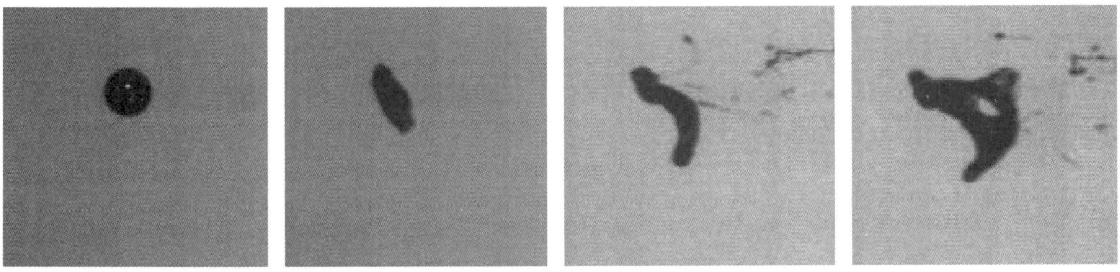

0 ms　3.7 ms　15.2 ms　16.0 ms

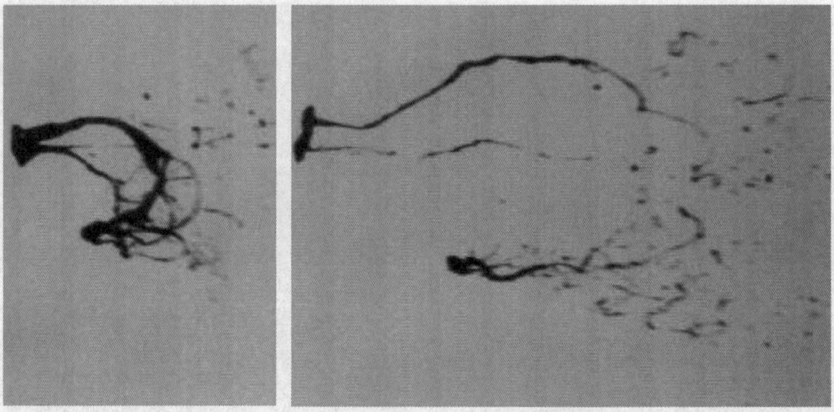

17.8 ms　　21.8 ms

(b) 水煤浆滴在水平气流中的破裂照片

图 8-9　气流作用下液滴破裂过程

8.3　流量测量技术

8.3.1　孔板流量计

孔板流量计(orifice flowmeter)又称为差压式流量计,由节流件、差压变送器和流量显示仪等组成,广泛应用于气体、蒸汽和液体的流量测量,具有结构简单、维修方便、性能稳定、使用可靠等特点。

孔板流量计见图 8-10,当流体通过孔板时,因流道缩小使流速增加,降低了势能,流体流过孔板后由于惯性,实际流道将继续缩小至截面 2(缩脉)为止。

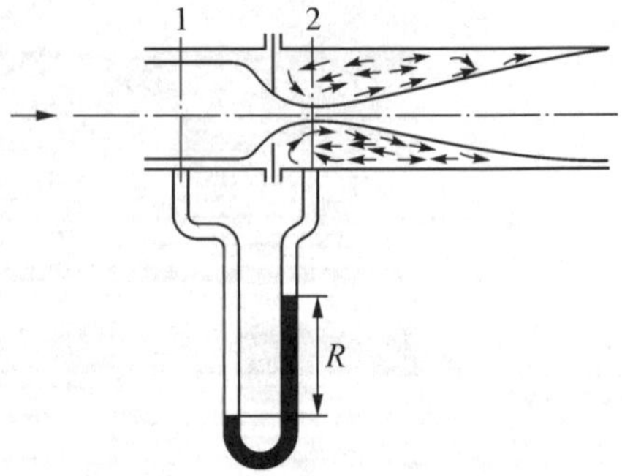

图 8-10　孔板流量计示意图

截面 1 和 2 可认为是均匀流,暂时不计阻力损失,在两截面间列伯努利方程可得

$$\frac{p_1}{\rho g}+Z_1+\frac{u_1^2}{2g}=\frac{p_2}{\rho g}+Z_2+\frac{u_2^2}{2g}$$

$$\sqrt{u_2^2-u_1^2}=\sqrt{\frac{2(p_1+\rho g Z_1-p_2-\rho g Z_2)}{\rho}}$$

由于缩脉的面积 A_2 无法知道,工程上以孔口速度 u_0 代替上式中的 u_2。同时,实际流体流过孔口时有阻力损失,且因为缩脉位置将随流动状况而变,所以实际所测势能差不会恰巧是 $\frac{(p_1+\rho g Z_1-p_2-\rho g Z_2)}{\rho}$。由于上述原因,故引入一校正系数 C,于是

$$\sqrt{u_0^2-u_1^2}=C\sqrt{\frac{2(p_1+\rho g Z_1-p_2-\rho g Z_2)}{\rho}} \tag{8-1}$$

按质量守恒
$$u_1A_1=u_0A_0$$

令
$$m=\frac{A_0}{A_1} \tag{8-2}$$

$$u_1=mu_0 \tag{8-3}$$

式中，m 为面积比。

由已学知识可知

$$p_1+\rho g z_1-p_2-\rho g z_2=Rg(\rho_i-\rho)$$

将此式和式(8－3)代入式(8－1)可得

$$u_0=\frac{C}{\sqrt{1-m^2}}\sqrt{\frac{2Rg(\rho_i-\rho)}{\rho}} \tag{8-4}$$

或
$$u_0=C_0\sqrt{\frac{2Rg(\rho_i-\rho)}{\rho}} \tag{8-5}$$

式中
$$C_0=\frac{C}{\sqrt{1-m^2}} \tag{8-6}$$

C_0 称为孔板的流量系数。于是，孔板的流量计算式为

$$Q=C_0A_0\sqrt{\frac{2Rg(\rho_i-\rho)}{\rho}} \tag{8-7}$$

C_0 主要取决于管路流动的雷诺数 Re_d 和面积比 m，其数值只能通过实验获得。

8.3.2　文丘里流量计

孔板流量计由于断面的突然缩小和突然扩大引起了过多的能耗。尤其是在突然扩大的情况下，这显然是不合理的，而如图 8－11 所示的渐缩渐扩管，避免了突然的缩小和突然的扩大，大大地降低了阻力损失。这种管称为**文丘里管**(venturi tube)，用于测量流量时，亦称为**文丘里流量计**(venturi flowmeter)。

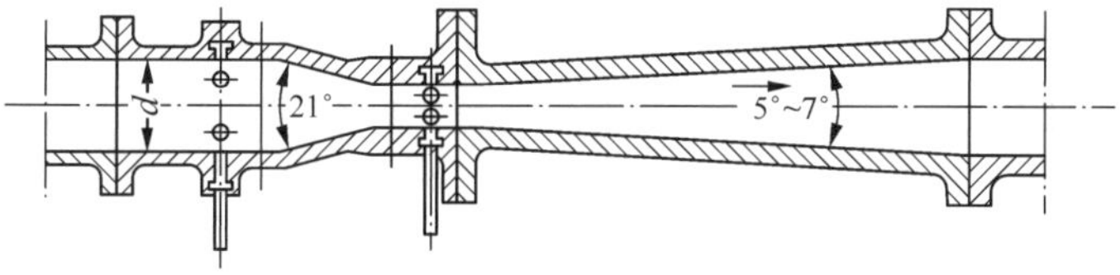

图 8－11　文丘里流量计

为了避免流量计长度过长，基于前述原因，收缩角可取得大些，通常为 15°～25°，扩大角则需取得小些，一般为 5°～7°。此时流量也用式(8－7)计算，但要以 C_V 代替 C_0。文丘里管的流量系数 C_V 为 0.98～0.99，显然文丘里管的能耗较少。

8.3.3 转子流量计

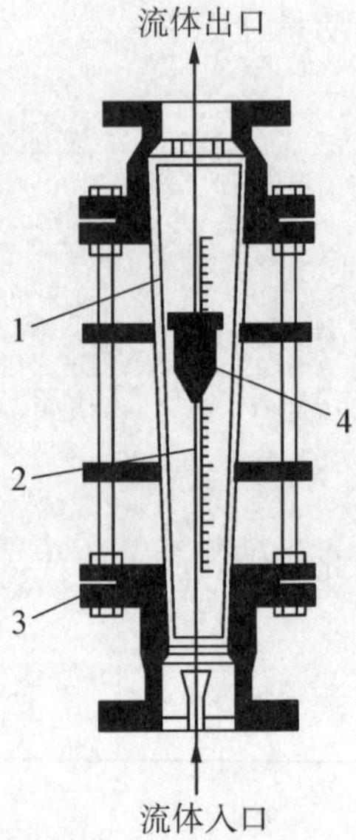

图 8-12 转子流量计

1—锥形硬玻璃管；2—刻度；3—突缘填函盖板；4—转子

转子流量计又称浮子流量计，是变面积式流量计的一种，由一个锥形管和一个置于锥形管内可以上下自由移动的转子(也称浮子)构成，锥形玻璃管锥角约为4°，下端截面积略小于上端结构，如图8-12所示。当流体自下而上流入锥管时，被转子截流，流体在环隙中的速度较大，压强减小，这样在转子上、下游之间产生压力差，转子在压力差的作用下上升。当转子上浮至某一定高度，转子上、下端压差造成的升力恰等于转子的重量时，转子不再上升，悬浮于该高度上。当流量增大，转子两端的压差也随之增大，转子在原来位置的力平衡被破坏，其将上升至另一高度，达到新的力平衡。

如图8-13所示，将转子简化为一圆柱体，当转子处于平衡位置时，流体作用于转子的力应与转子重力相等，即

$$(p_1-p_2)A_f=V_f\rho_f g \tag{8-8}$$

式中，V_f 为转子的体积；ρ_f 为转子的密度；A_f 为转子的截面积；p_2、p_1 为转子上、下两端平面处的流体压强。

为求取 p_1 与 p_2，以图8-13中1，2两截面列机械能守恒式，即

$$\frac{p_1}{\rho g}+Z_1+\frac{u_1^2}{2g}=\frac{p_2}{\rho g}+Z_2+\frac{u_2^2}{2g} \tag{8-9}$$

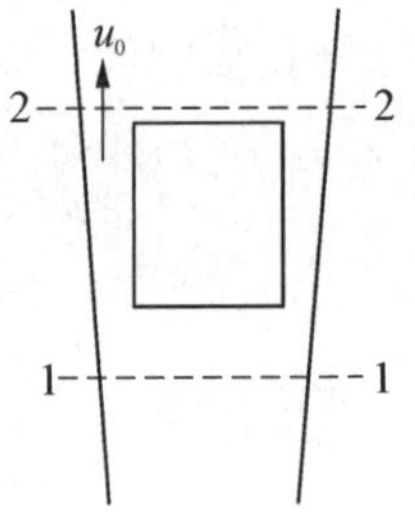

图 8-13 转子的受力平衡

仿照孔板流量计的原理，已将缩脉处截面2的流速用环隙流速 u_0 代替。该式可写成

$$p_1-p_2=(Z_2-Z_1)\rho g+\left(\frac{u_0^2}{2}-\frac{u_1^2}{2}\right)\rho \tag{8-10}$$

式(8-10)表明，形成转子上、下两端压差 (p_1-p_2) 有两个原因：一是两截面的位差，因位差形成的压差而作用于物体的力即为浮力；二是由于两端面存在动能差。将式(8-10)各项乘以转子截面积 A_f，得

$$(p_1-p_2)A_f=A_f(Z_2-Z_1)\rho g+A_f\left(\frac{u_0^2}{2}-\frac{u_1^2}{2}\right)\rho \tag{8-11}$$

式(8-11)左边是流体作用于转子的力；右边第一项为浮力，可写成一般形式 $V_f\rho g$。由质量守恒方程有

$$u_1=u_0\frac{A_0}{A_1}$$

式中，A_0 为环隙面积，则式(8-11)可写成

$$(p_1-p_2)A_f=V_f\rho g+A_f\rho\left[1-\left(\frac{A_0}{A_1}\right)^2\right]\times\frac{u_0^2}{2} \tag{8-12}$$

将式(8－12)代入式(8－8)得

$$u_0=\frac{1}{\sqrt{1-\left(\frac{A_0}{A_1}\right)^2}}\times\sqrt{\frac{2V_f(\rho_f-\rho)g}{A_f\rho}} \tag{8-13}$$

或

$$u_0=C_R\sqrt{\frac{2V_f(\rho_f-\rho)g}{A_f\rho}} \tag{8-14}$$

式中，C_R 为校正系数，C_R 与转子形状及流动阻力有关，特别地，当转子形状一定时，C_R 与 Re 有关。

转子流量计的体积流量为

$$Q=C_RA_0\sqrt{\frac{2V_f(\rho_f-\rho)g}{A_f\rho}} \tag{8-15}$$

因此，转子流量计所指示的流量一般是指转子最大截面处所指示的读数。

从式(8－15)可知，V_f、ρ_f、A_f、ρ 均为常数，对工程或实验时所使用的确定的流量计，C_R也是常数，因此不论流量大小，环隙速度 u_0为一常数。

流量不同时，力平衡式(8－8)并未改变，故转子上、下两端面的压差为常数，所变化的只是不同的平衡高度形成的不同的环隙面积。这就是转子流量计**恒流速**、**恒压差**的特点。与之相反，孔板流量计则是流动面积不变，压差随流量而变。

8.3.4　涡街流量计

涡街流量计是根据卡门涡街原理(Kármán vortex street)测量气体、蒸汽或液体的体积流量的流量计。其特点是压力损失小、量程范围大、精度高，在测量工况体积流量时几乎不受流体密度、压力、温度、黏度等参数的影响。

如图 8－14 所示，在流体中设置三角柱型旋涡发生体，则从旋涡发生体两侧交替地产生有规则的旋涡，这种旋涡称为卡门旋涡，旋涡列在旋涡发生体下游非对称地排列，旋涡的释放频率与流过旋涡发生体的流体平均速度及旋涡发生体特征宽度有关，可用下式表示

$$f=\frac{Sr\cdot u}{d}$$

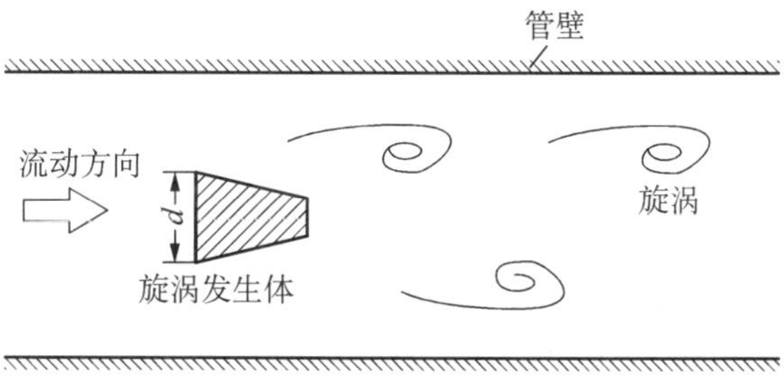

图 8－14　涡街流量计原理图

式中,f 为旋涡的释放频率,Hz;u 为流过旋涡发生体的流体平均速度,m/s;d 为旋涡发生体特征宽度,m;Sr 为斯特劳哈尔数(Strouhal number),量纲为 1,它的数值为 0.14~0.27。

Sr 是雷诺数的函数,$Sr=f\left(\frac{1}{Re}\right)$。当雷诺数 Re 在 10^2~10^5时,Sr 值约为 0.21。在测量中,要尽量满足流体的雷诺数在 10^2~10^5,此时旋涡频率 $f=\frac{0.21u}{d}$。由此,通过测量旋涡频率就可以计算出流过旋涡发生体的流体平均速度 u,进而可以求出流量。

8.4 流速测量技术

各种反应器、搅拌器、燃烧炉中流速分布的测量,是改进操作性能、开发新型设备的重要途径。迄今,已成功地研制出多种测量的方法,如热线测速仪、激光多普勒测速仪等。

8.4.1 皮托管

皮托管(pitot tube)测速装置如图 8-15 所示。考察图中从 A 点到 B 点的流线,由于 B 点速度为零,所以 B 点的总势能应等于 A 点的势能与动能之和。B 点称为**驻点**(stagnation point),利用驻点与 A 点的势能差可以测得管中的流速。

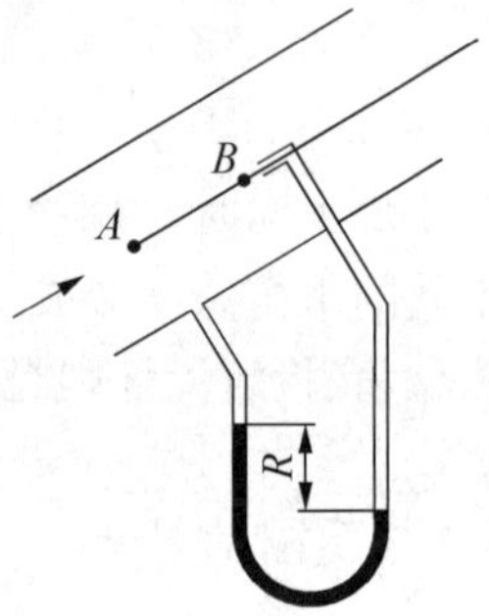

图 8-15 皮托管测速示意图

$$\frac{p_A}{\rho g}+Z_A+\frac{u_A^2}{2g}=\frac{p_B}{\rho g}+Z_B \tag{8-16}$$

于是

$$u_A=\sqrt{\frac{2(p_B+\rho g Z_B-p_A-\rho g Z_A)}{\rho}} \tag{8-17}$$

由已学知识可知,U 形管测得的压差为 A、B 两点的总势能之差 $(p_A+\rho g Z_A-p_B-\rho g Z_B)$,则有

$$u_A=\sqrt{\frac{2Rg(\rho_i-\rho)}{\rho}} \tag{8-18}$$

式中,ρ_i 为 U 形压差计中指示液的密度。

显然,皮托管测得的是点速度,利用皮托管可以测得沿截面的速度分布。为测得流量,必须先测出截面的速度分布,然后进行积分。对于圆管,速度分布规律为已知,因此,常用的方法是测量管中心的最大流速 u_{max}。然后根据最大速度与平均速度的关系,求出截面的平均流速,进而求出流量。实际使用时为便于安装,皮托管常制成如图 8-16 所示的形式。

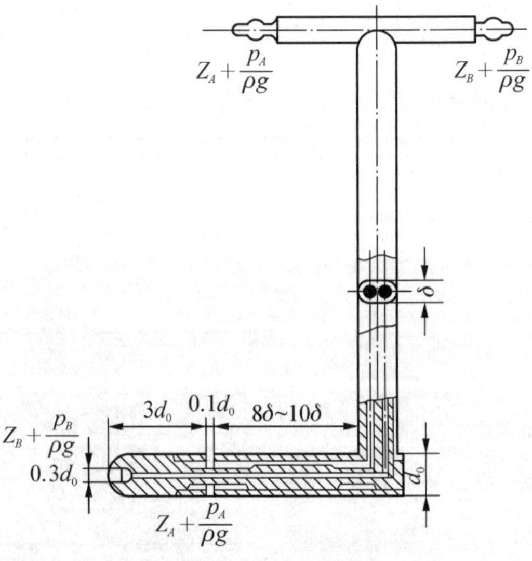

图 8-16 实际皮托管的结构

8.4.2　热线风速仪

热线风速仪(hot wire anemometry, HWA)是一种非常重要的测量流体的速度与方向的仪器,发展至今已经有八十多年的历史,它为流体速度的测量作出了巨大的贡献,并且从20世纪60年代以来几乎垄断了湍流脉动测速领域。

热线风速仪是根据热平衡原理制成的。当把一根热金属丝置于气流中时,由于热交换的原因,热丝的热量被气流带走,因而热丝的温度将发生变化。温度变化的大小与快慢取决于下列因素：一是气流的速度;二是热丝和气流间的温度差;三是气体物理性质;四是热丝的物理性质和几何尺寸。一般来说,后三项是可以预先知道或人为给定的,从而可以在热丝的温度和气流的速度之间建立起一个对应关系。如果用电流来加热热丝,则同样可以在通过热丝的电量和气流的速度之间建立起一个对应关系,从而可以通过测定金属丝上的电量来确定气流的速度。热丝在流场中,是通过三种途径损失其热量的,一是与运动流体间的对流热交换;二是与热线叉杆间的传热;三是热辐射。一般情况下,后两种热损失很小,常可忽略。因此,热丝被流体带走的热量 Q,可用牛顿冷却公式计算

$$Q_f = \alpha S(T_W - T_f) \tag{8-19}$$

式中,α 为对流热交换系数;S 为表面积;T_W为热丝表面温度;T_f为流体温度。

直接从基本方程出发求解对流热交换系数是非常困难的,一般是从实验关系式中去求得。其中最著名的有 King 公式

$$Nu = C + DRe^{0.5} \tag{8-20}$$

式中,$Nu = \alpha d/\lambda$,其中 d 为热线直径,λ 为热线导热系数;雷诺数 $Re = \rho ud/\mu$。由实验确定常数 C 和常数 D 即可求得对流传热系数 α。

热丝的一个重要特性是它的电阻会随温度变化,这是热丝作为感受元件的基础。电阻和温度的关系可用下式表示

$$R_W = R_0[1 + \alpha_0(T_W - T_0) + a_1(T_W - T)^2 + \cdots] \tag{8-21}$$

式中,R_W为金属丝的温度为 T_W时的电阻;R_0为金属丝在参考温度 T_0时的电阻;α_0 和 α_1 均为金属丝的电阻温度系数。在热线风速仪实际应用的温度范围内,系数 α_0 远大于 α_1,所以不考虑非线性项,则有下式

$$(T_W - T_0) = \frac{R_W - R_0}{\alpha_0 R_0} \tag{8-22}$$

当热线用于测量流体速度时,可得

$$Q_f = (R_W - R_f)(A + B\sqrt{u}) \tag{8-23}$$

式中,A 和 B 对一定的热线和流体,在给定的温度下使用时都是常数。

在稳态情况下,热线与周围流体间的热交换处于平衡状态,热线所发出的热量应等于流体所带走的热量。现若用电流 I_W加热热丝,则热线在单位时间内产生的热量和 Q_f相等。由此可导出

$$\frac{R_W I_W^2}{(R_W - R_f)} = A + B\sqrt{u} \tag{8-24}$$

从上式可知,在热交换处于平衡状态下,由于 R_f 是常数,若令加热电流 I_W 为常数,则热线电阻 R_W 和流速 u 间就有对应的函数关系;若令金属丝的电阻 R_W 为常数,则加热电流 I_W 就和流速 u 间有对应的函数关系。可见,当把一根用电流加热的细金属丝放置在待测气流中时,就可以通过测定金属丝的热电阻 R_W 或加热电流 I_W 来获得气流的速度 u。所以,热线测速有两种工作方式,即恒温式和恒流式。

关于两种热线风速仪的性能,就信噪比(signal noise ratio, SNR)而言,在原理上,当湍流强度小于0.1%时,恒流式热线工作系统的信噪比高,但在现代的恒温式热线工作系统中,都带有高通滤波器和低通滤波器,可除去超过频限要求的放大器噪声,所以这种系统的噪声水平也不大;就动态相应特性而言,恒温式工作热线的时间常数远小于恒流式工作热线的时间常数,而时间常数越小,动态相应特性就越好。正是由于恒温式热线风速仪具有诸多优点,所以被普遍使用。

恒温热线风速仪CTA(constant temperature anemometers)的测量系统主要由探头部分、CTA主体部分、A/D转换板及计算机组成,如图8-17所示。

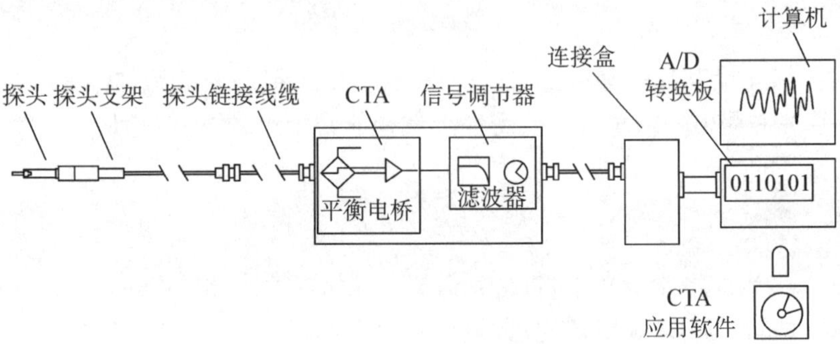

图8-17 CTA测量系统

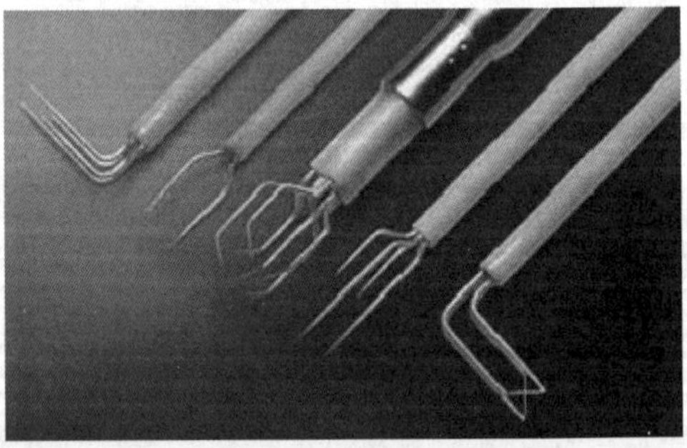

图8-18 不同功能的探头照片

热线风速仪使用中必须注意以下事项。(1) 探头选择:在实验测量以前,必须选择合适的探头。图8-18为不同功能的探头照片。探头的选择主要跟流体介质的种类,速度测量的内容和范围,流体的脉动频率和强度,流体温度的变化以及流体是否纯净等因素有关。根据探头感应元件的不同可以分为热丝型和热膜型,其中热丝型又有两种,即微型热丝和镀金热丝。根据测量流场空间的方向性可分为单丝、双丝以及三丝探头,它们分别用于测量一维、二维和三维流场。(2) 热线标定:选好探头以后,必须对探头进行标定。热线标定就是建立一个CTA的输出电压和流体速度之间的关系式,热线测量精度很大程度上取决于它的标定曲线。(3) 测量数据分析:热线测量时采集的是某一个时间序列完全随机的瞬时速度信号,因此必须用统计的方法对这些信号进行分析。通过统计处理这些完全随机的数据,可以得到平均速度、湍流强度、偏斜因子、平坦因子以及雷诺应力等所需的实验数据。(4) 热线测量的影响因素:热线风速仪对于测量流场的温度变化是十分敏感的，在实验过程中，标定温度与测量温度往往不一致，这会给测量结果带来误差，因此在非等温环境中使用必须进行温度修正。对于温度修正主要采用温度补偿经验公式

$$E_{corr}=\left(\frac{T_W-T_0}{T_W-T_a}\right)^{0.5}E_a \qquad (8-25)$$

式中，E_a为测量电压；T_W为热丝温度；T_0为初始环境温度；T_a为测量环境温度。

此外，热线测量对被测流体介质的纯度要求较高。流体介质中的颗粒杂质轻则黏附在热丝上，影响探头的灵敏度，重则由于颗粒高速撞击而打断热丝。所以，在热线使用过程中要尽量保证被测流体不含杂质，实验中常常通过在管道上添加金属滤网的方式来过滤颗粒杂质。

8.4.3　激光多普勒测速技术

激光多普勒技术(laser Doppler anemometry)是用激光作光源，照射随流体一同运动的微粒，利用微粒散射光的多普勒效应来测量流体速度的光学测量技术。自 20 世纪 60 年代首次应用以来，得到了迅速发展。

在任何形式的波传播过程中，由于波源、接收器、传播介质、中间反射器或散射体的相对运动，都会使其频率发生变化。1892 年多普勒首先研究了这种物理现象，因此称为多普勒效应，频率的变化称为多普勒频移。光是一种波动，激光是单色性很好的光源，其频率单一，能量集中，是作为多普勒测速仪理想的波源。用激光作波源的多普勒测速仪称为激光多普勒测速仪，得到广泛应用，图 8-19 所示为激光多普勒测速仪的照片及其原理示意图。

激光多普勒测速仪的光机系统分为发射光系统和接收光系统两大部分。发射光系统由激光器、分光单元、移频器件、聚光透镜等组成。接收光系统由接收透镜、孔径光阑、针孔光阑和光检测器等组成。按激光多普勒测速仪三种光学布置基本模式，相应有四种光机基本结构，分别是参考光模式基本光机结构、双光束双散射光机结构、单光束双散射光机结构和后向式接收光机系统。

8.4.4　粒子图像测速技术

粒子图像测速技术(particle image velocimetry, PIV)是光学测速技术的一种，它能获得视场内某一瞬时整个流动的信息，其精确度及分辨率与其他测量方法的测量结果相近。而对于高不稳定和随机流动，PIV 得到的信息是其他方法无法得到的。PIV 的出现是 20 世纪流体流动测量的重大进展，也是流动显示技术的重大进展，它把传统的模拟流动显示技术推进到数字式流动显示技术。PIV 出现后得到了迅速发展和推广应用。

如图 8-20 所示，PIV 测速系统主要由脉冲激光器、片光源、CCD 相机、同步器、图像分析系统、计算机等组成。PIV 测速的基本原理如图 8-21 所示，它是通过测量某时间间隔示踪粒子移动的距离来测量粒子的平均速度。脉冲激光束经柱面镜和球面镜组成的光学系统形成很薄的片光源。在时刻 t_1用它照射流动的流体形成很薄的明亮的流动平面，该流面内随流体一同运动的粒子散射光线，用垂直于该流面放置的照相机记录视场内流面上粒子的图像。经一段时间间隔 Δt 的时刻 t_2重复上述过程，得到该流面上第二张粒子图像。对比两

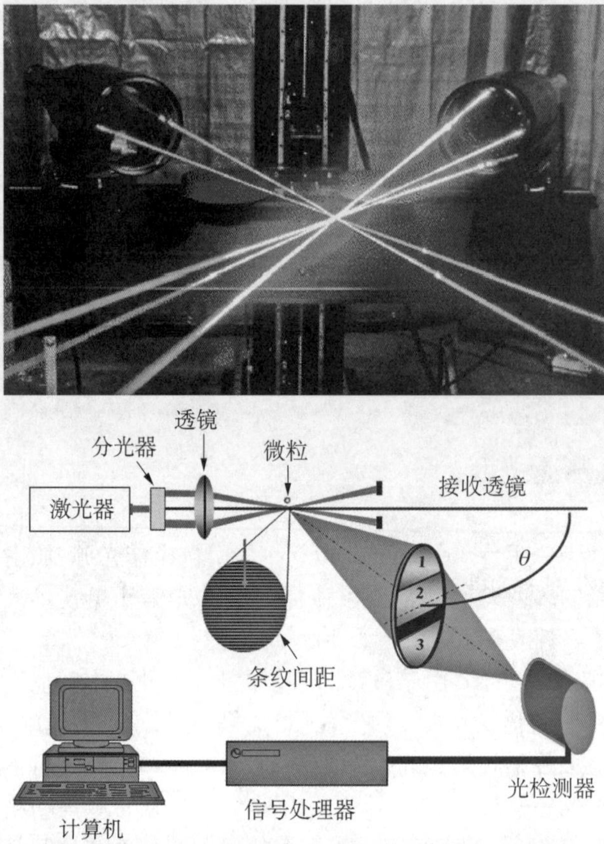

图 8-19　激光多普勒测速仪照片及其原理示意图

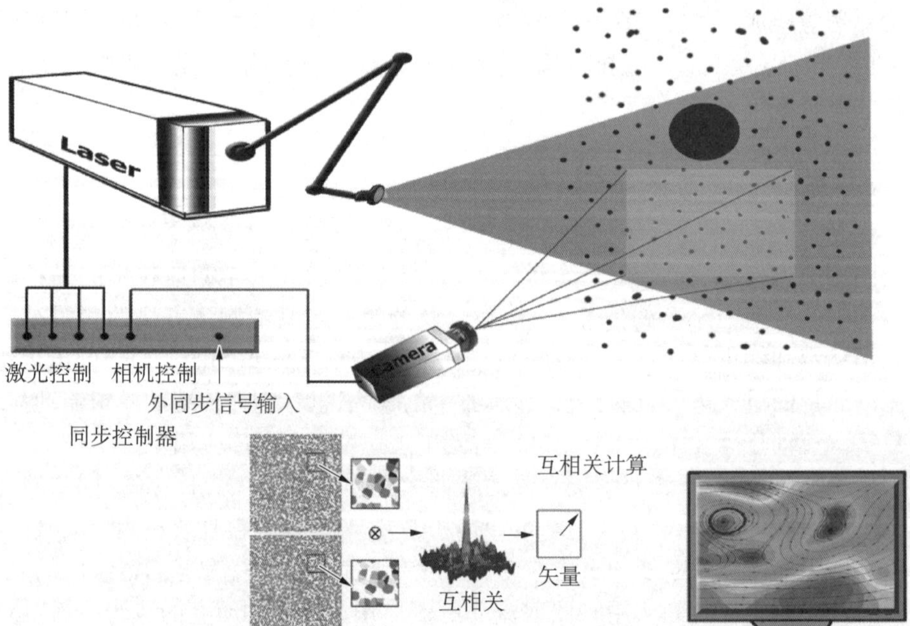

图 8-20　PIV 测速系统

张照片，识别出同一粒子在两张照片上的位置，测量出在该流面上粒子移动的距离，则 Δt 中粒子移动的平均速度为

$$u_x = \frac{x_2 - x_1}{t_2 - t_1}$$

$$u_y = \frac{y_2 - y_1}{t_2 - t_1}$$

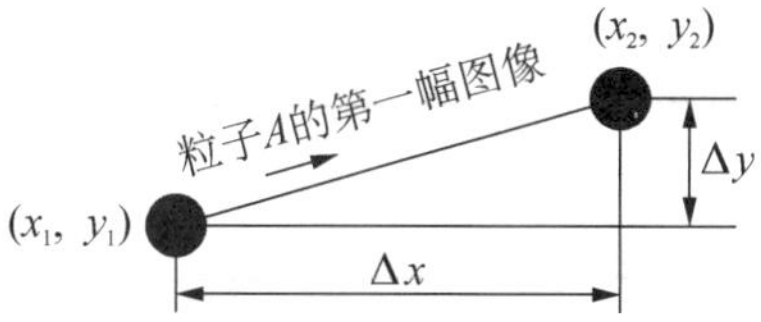

图 8-21　PIV 测速基本原理

对流面所有粒子进行识别、测量和计算，就能得到整个流面上的速度分布。

微通道 PIV 流场测量　图 8-22 为 PIV 测量得到的十字形通道受限撞击射流截面速度场。研究发现 $Re=38$ 时撞击面保持竖直，但是时均速度场表明腔室内出现一对 Dean 涡；随着雷诺数增大到 47 左右时，腔室内由单一的螺旋涡主导；进一步增大雷诺数至 83，中心螺旋涡两侧出现两个逆向旋转的卫星涡；对于雷诺数为 350 的流场，时均速度场显示腔室内由两个共旋涡主导。

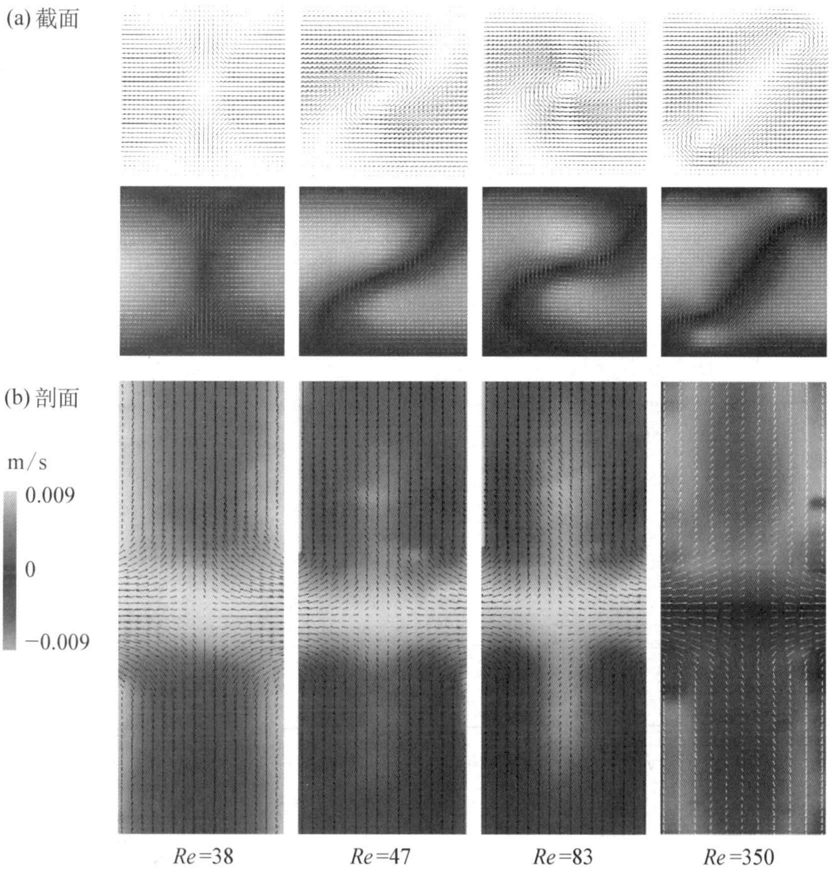

图 8-22　十字形通道流场 PIV 实验结果

8.4.5　激光诱导荧光技术

激光诱导荧光技术(laser induced fluorescence，LIF)的测试系统一般由激光器系统、光

学成像系统、荧光探测系统、控制系统组成。LIF 技术具有许多优于其他流场检测技术的特点：(1) 非接触测量，不干扰流场；(2) 时间分辨率和空间分辨率高；(3) 多点多参数同时测量；(4) 诊断信息丰富，可测量流场的多种温度、数密度、速度、压力等重要物理量。

激光诱导荧光技术的测试原理如下。(1) 在流体中溶解某种特定分子结构的荧光染料作为示踪剂；(2) 利用一定波长的激光照射流场测量区激发示踪剂分子，使其发射出荧光信号；(3) 通过相机等设备接收荧光信号，并利用计算机对其进行分析，从而得到流场中的标量输运信息。

LIF 技术在医学诊断、生物探测、燃烧过程研究等方面得到了广泛应用，是化学工程领域研究传质、传热过程的高级测试技术。近二十年来，大量研究者利用 LIF 技术成功地研究了搅拌釜式反应器、静态混合器、喷射反应器、微反应器等反应混合设备内的传质、传热过程，从微观尺度上定量、实时地显示了流体混合和反应过程的浓度、热量等标量的传递特性，考察了影响上述设备传递性能的各种因素，揭示了混合过程的微观机理，为此类设备的工程设计与工业放大提供了科学的依据。同时，通过 LIF 技术获得的实验结果还可以为计算流体力学(CFD)的理论预测提供实验验证，为计算流体力学模型的建立与完善奠定坚实的实验基础，实验结果与理论预测相互验证，有利于建立传质、传热过程的科学研究方法。

微通道 PLIF 流场可视化　图 8－23 为采用平面激光诱导荧光技术对十字形撞击流场进行可视化研究，腔室内流动结构随雷诺数增加发生显著变化。低雷诺数下腔室内呈现分离流特征；随着雷诺数增大到 46 左右，出现吞噬流，此时腔室内形成三涡特征；雷诺数增大至 200 时，腔室下游出现以涡环脱落为特征的高频振荡；雷诺数更高时，腔室内流动由旋涡

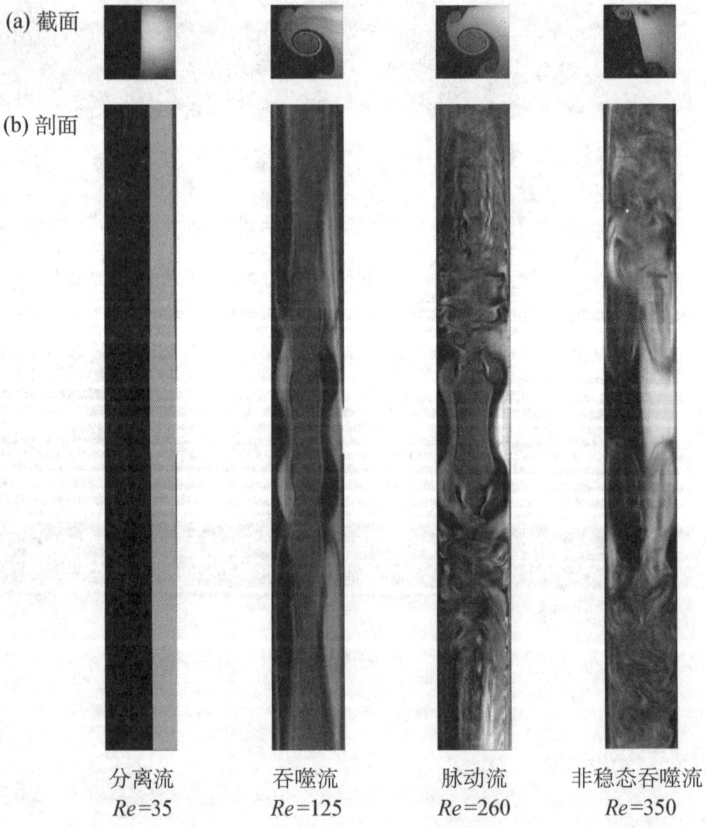

图 8－23　十字形通道流场 LIF 实验照片

合并和破碎过程主导。

该技术主要分为可见光激光诱导荧光和紫外激光诱导荧光两大类，分别用于液相和气相流体混合过程的测量。当温度恒定时，采用对温度不敏感的示踪剂，在示踪剂的浓度较低的情况下，通过相机捕获的荧光强度与示踪剂浓度成线性关系。因此，可以通过检测荧光强度的分布来测量物质传递过程中示踪剂的浓度场分布。

本章简要讲述了工程和科研中常用的流体测量和流场显示技术，在实际应用过程中，应该根据各自的特点结合具体研究对象加以灵活选用。

习　题

8-1　目前主要的流动显示技术方法有________、________、________、________和________。

8-2　简述烟线技术的基本原理。

8-3　试比较转子流量计、文丘里流量计和孔板流量计的原理和构造的差别。

8-4　简述热线风速仪的测量原理。

第九章 数值模拟方法及软件简介

近年来随着电子计算机的广泛应用，加上计算方法(如有限差分法、有限元法、有限体积法等)的发展，为在流体力学中使用数值方法奠定了基础，计算流体力学作为流体力学的新分支应运而生。在计算机上数值求解简化或未简化的流体力学基本方程，用数值模拟考察流动特性成了一种基本研究方法，与理论解析、实验观测并列的这种方法，在解决化工、能源等诸多流体力学问题方面，已经取得了显著成效，并将获得更加广泛的发展和应用。本章讲述了计算流体力学的基本原理和求解方法，并结合商业软件讲述了计算流体力学建模和求解的步骤和方法。

9.1 计算流体力学概述

计算流体力学(computational fluid dynamics, CFD)是通过计算机数值计算和图像显示，对包含流体流动和热传导等相关物理现象的系统所做的分析。CFD的基本思想可以归结为：把原来在时间域及空间域连续的物理量的场，如速度场和压力场，用一系列有限个离散点上的变量值的集合来代替，通过一定的原则和方式建立起关于这些离散点上场变量之间关系的代数方程组，然后求解代数方程组获得场变量的近似值。

CFD可以看作是在流动基本方程(质量守恒方程、动量守恒方程、能量守恒方程)控制下对流动的数值模拟。通过这种数值模拟，我们可以得到极其复杂问题的流场内各个位置上的基本物理量(如速度、压力、温度、浓度等)的分布，以及这些物理量随时间的变化情况，确定涡旋分布特性、空化特性。还可据此算出相关的其他物理量，如旋转式流体机械的转矩、水力损失和效率等。此外，与CAD联合，还可进行结构优化设计等。

CFD的优点是适应性强、应用面广。首先，流动问题的控制方程一般是非线性的，自变量多，计算域的几何形状和边界条件复杂，很难求得解析解，而用CFD方法则有可能找出满足工程需要的数值解。其次，可利用计算机进行各种数值实验，例如，选择不同流动参数进行物理方程中各项有效性和敏感性实验，从而进行方案比较。再者，它不受物理模型和实验模型的限制，省时省钱，有较多的灵活性，能给出详细和完整的资料，很容易模拟特殊尺寸、高温、有毒、易燃等真实条件和实验中只能接近而无法达到的物理条件。

CFD也存在一定的局限性。首先，数值方法是一种离散近似的计算方法，依赖于物理上合理、数学上适用、适合于在计算机上进行计算的离散的有限数学模型，且最终结果不能提供任何形式的解析表达式，只是有限个离散点上的数值解，并有一定的计算误差。其次，它不像物理模型实验一开始就能给出流动现象并定性描述，往往需要由原体观测或物理模型实验提供某些流动参数，并需要对建立的数学模型进行验证。最后，程序的编制及资料的收集、整理与正确利用，在很大程度上依赖于经验和技巧。此外，因数值处理方法等原因可能导致计算结果的不真实，例如产生数值黏性和频散等伪物理效应。当然，某些缺点或局限性可通过某种方式克服或弥补。此外 CFD 因为涉及大量数值计算，因此常需要较高的计算机硬件配置。

实验研究、理论分析方法和数值模拟是研究流体运动规律的三种基本方法，它们的发展是相互依赖、相互促进的。计算流体力学的兴起促进了流体力学的发展，改变了流体力学研究工作的状况，很多原来认为很难解决的问题，如超声速、高超声速钝体绕流、分离流以及湍流问题等，都有了不同程度的发展，且将为流体力学研究工作提供新的前景。

9.2　数值计算方法

数值计算是计算流体力学的重要手段。所有描述流体运动的理论模型，都需要通过一定的数值计算方法来获得物理场的数值结果。在对所建立的数学方程组进行封闭后，加上适当的初始条件和边界条件可构成一个适合的定解问题。如何选取合适的数值计算方法与格式来对定解问题进行数值求解是计算流体力学中的一个重要环节。目前，计算流体力学所采用的主要数值方法有：有限差分法、有限元法、有限体积法、谱方法、摄动法、蒙特-卡罗(Monte-Carlo)法、边界元法以及有限分析法等。本节主要介绍常用的有限差分、有限元与有限体积三种方法。

对于一般的偏微分方程，可根据偏微分方程理论，按方程组的数学性质将其分为椭圆型、抛物型和双曲型三种。但对于黏性流体基本方程组(N－S 方程)，它具有非常复杂的数学性质，在不同的条件下有不同数学性质的表现，不能用任何一类典型方程来类比与综合其性质，况且这些方程的数学性质，如解的存在性、唯一性、适定性等都还处于进一步研究当中，很难找到一般条件下方程的解析解或精确解。

很多数值方法的求解过程基本相同，主要包括将定解问题的计算区域用网格划分为有限个网格节点，将微分方程通过适当的方法转换成关于这些节点所对应的离散代数方程组。利用初始边界条件，通过对离散方程组进行计算求解，从而得到定解问题在计算求解域上的数值解。众多数值计算方法对同一定解问题的求解区别，主要在于子区域的划分与节点的确定、离散方程的建立及其求解这几个步骤上。

在选用数值计算方法，对定解问题进行离散求解时，不管采用哪种方法，对构造离散方程的格式要求具有相容性和稳定性，其数值解具有收敛性。所谓相容性是指在求解区域的任意点上，离散方程与原微分方程的近似程度。若当定解问题在求解域内的时间与空间步长趋于零时，离散方程充分逼近原微分方程，则称离散方程是相容的。而稳定性则是指求解离散方程时，由某些计算步骤引入的误差在对其后计算过程中的离散误差的影响。如果影响是有界的，则认为离散格式是稳定的。解的收敛性则是指差分方程的解在网格无限小时趋于原微分方程的精确解。

因而在应用计算流体力学进行数值模拟过程中，需在保证相容性的前提条件下，通过选用适当的数值方法对定解问题控制方程组进行离散，对经离散得到的代数方程组还需采取合适的计算方法进行求解，且在求解过程中需满足稳定性条件。计算流体力学中常用的离散方程的求解方法通常可分为两类。一类是直接求解法。当计算无舍入误差影响时,经有限步运算即可求得方程组精确解的方法。如高斯消去法、矩阵分解法等。由于误差的存在,因此直接法得到的解仍是近似的。另一类为迭代法,是一种逐次逼近求解的方法,它把方程组的解作为某种迭代过程的极限。如雅可比(Jacobi)迭代法、高斯(Gauss)-赛德尔(Seidel)迭代法等。

(1) **有限差分法** 用求解域内网格节点上相应的差分,代替定解问题中数学方程组中的微商,即用差分方程来逼近微分方程,通过求解这些差分的代数方程组来获得所需的数值解。有限差分法是计算数学中十分简便和有效的一种方法,其主要缺点是对不规则区域的适应性较差。

(2) **有限元法** 有限元法首先由一些飞机结构工程师在20世纪50年代提出,最初主要应用于固体力学中结构的应力分析,20世纪60年代中期开始在流体力学、电磁场等领域中应用,是应用数学的一个重要分支。其优点是对不规则几何区域的适应性好,对事先未知的自由边界或求解区域内部不同介质的交界面,较容易处理,因而比较适用于求解复杂计算区域的流体流动问题。

有限元法将计算区域连续划分成许多离散的网格单元,在网格单元内,将微分方程中的变量,改写成由各变量或其导数的节点值与所选用的插值函数组成的线性表达式,借助于加权余量法或变分原理,将控制微分方程离散成代数方程组进行计算求解。因而有限元法的离散主要由两部分组成:首先是选择恰当的插值函数将局部解离散成与节点值相关联的有限单元,然后利用加权余量法或变分原理建立节点近似解的离散代数方程组。

(3) **有限体积法** 有限差分法是从微分方程出发来构造离散方程,有限体积法则是以守恒型控制方程为出发点,把计算域分成许多控制容积,并对每个控制容积进行积分来构造离散方程。因而其离散方程能保证整个计算域内质量、动量及能量的守恒性得到精确满足,便于模拟具有复杂边界区域的流体流动,是目前流体工程领域中应用最普遍的一种数值方法。

9.3 湍流数值模拟

流体流动要受物理守恒定律的支配,基本的守恒定律包括:质量守恒方程、动量守恒方程、能量守恒方程。如果流动包含不同成分的混合或相互作用,系统还要遵守组分守恒定律。实际中的流动绝大部分为湍流流动,因此系统还要遵守附加的湍流输运方程。由于湍流流动的复杂性,为了揭示它的流动规律,人们从不同的角度对其进行研究,形成了不同的理论和模拟方法。

9.3.1 湍流理论简介

(1) **直接数值模拟**(direct numerical simulation, DNS) 其基本观点是包括脉动在内的湍流瞬时运动也服从N-S方程,直接求解N-S方程可以得到湍流的解。由此希望在不引入任何湍流模型的条件下,用计算机数值求解完整的三维非定常N-S方程,对湍流的瞬时运动进行直接的数值模拟。湍流脉动中包含不同尺度的旋涡运动,为了模拟湍流,一方面需要计算区域的尺寸应大到足以包含最大尺度的旋涡;另一方面要求计算网格的尺度应小到足以分辨最小旋涡的运动,这对计算机的内存空间和运算速度提出了非常高的要求,目前的计算机能力还远不能满足这样的要求,只能计算简单边界条件下低雷诺数的湍流流动。

(2) **湍流统计理论**　该理论基于湍流的剧烈随机运动,像统计物理学中研究气体分子运动那样,将经典的流体力学与统计方法结合起来研究湍流。所提出的基本概念一个是关联函数,以表征不同时间-空间点的脉动量之间的相关程度;另一个基本概念是湍谱分析,认为湍流运动是由许多不同尺度的旋涡运动叠加而成的,因此可分解成由许多具有不同波长或频率的简谐波叠加而成。关联函数和湍谱分析是互相平行和完全等价的两种处理方法,用以揭示湍流的规律。尽管湍流统计理论的实际应用可能性非常有限,但其所建立起来的基本概念与方法,至今在湍流的探索中仍然被广泛使用。

(3) **湍流的模式理论**　湍流模式理论就是以雷诺平均运动方程与脉动运动方程为基础,依靠理论与经验的结合,引进一系列模型假设,使描写湍流平均量的方程组封闭的一种理论计算方法。引入不同的假设使雷诺平均运动方程组封闭,会得到不同的湍流模型,诸如普朗特混合长模型、k(湍动能)方程模型、$k-\varepsilon$(湍动能耗散率)模型、代数应力模型和雷诺应力模型等。湍流模式理论在解决工程实际问题中已经发挥了很大的作用,然而它存在着两个重大的缺陷:一是它通过平均运算将脉动运动的全部行为细节一律抹平,丢失了包含在脉动运动中的大量有重要意义的信息;二是各种湍流模型都有一定的局限性,对经验数据依赖性强和预报程度较差等。

(4) **大涡模拟**(large eddy simulation, LES)　大涡模拟既克服了湍流模式理论缺少普适性、时均化时会丢失瞬时信息、计算的精度受到限制等不足,又克服了由于计算机条件的限制,直接数值模拟(DNS)仅限于低雷诺数简单问题的缺陷。它采取了一种折中的办法,即把包括脉动运动在内的湍流瞬时运动,通过某种滤波方法分解成大涡运动和小涡运动两部分。大涡运动可通过直接数值模拟求得,小涡运动对大涡运动的影响将在运动方程中表现为类似于雷诺应力一样的应力项,称为亚格子雷诺应力,它们将通过建立模型来模拟。所以在一定的意义上,大涡模拟是介于直接数值模拟与湍流模式理论之间的折中物。大涡模拟是求解有大涡运动存在的湍流流动(如大气与环境科学领域的流动)最有前景的理论。大涡模拟对实际工程应用的最重要的贡献可能是用其来检验、改进和构造湍流模型。

(5) **湍流的混沌理论**　大量的研究表明在非线性动力学系统中,运动状态可以通过各种分叉现象发生质的变化。分叉就是指系统原有的某种稳定状态在控制参数变化到某个临界值时发生失稳而产生其他的稳定状态,又称混沌现象,是非线性系统的一种固有特性。混沌理论的任务就是对湍流这种非线性系统中出现的各种混沌现象进行研究,发现其运动规律。目前在这方面所取得的研究成果大都限于低维的常微分方程组或差分方程组,并且只能部分地解释从层流向湍流过渡的某些现象。混沌理论用于湍流的研究目前才刚刚开始。

9.3.2　湍流模式理论

湍流模式理论包括应用广泛的普朗特(Prandtl)混合长度理论、泰勒(Taylor)的涡量转移理论和冯·卡门(Von Kármán)的相似性理论等。其基本思想都是建立关于雷诺应力的模型假设,使雷诺平均运动方程组得以封闭。本节先介绍雷诺平均运动方程,然后介绍湍流模式理论和常用湍流模型。

9.3.2.1 雷诺方程

基于非定常 N－S 方程可以描述湍流流动而工程上又特别关心流动参数时均值的观点，可将 N－S 方程进行时均化处理，得到以时均值表示的 N－S 方程——雷诺平均运动方程，简称雷诺方程。

设瞬时速度 $u=\bar{u}+u'$，$\bar{u}$ 为时间平均速度(时均速度)，u' 为脉动速度，其中

$$\bar{u}=\frac{1}{\Delta t}\int_t^{t+\Delta t}u\,\mathrm{d}t，且\ \overline{u'}=\frac{1}{\Delta t}\int_t^{t+\Delta t}u'\mathrm{d}t=0$$

由此可得**时间平均(时均化)运算的基本法则**如下。

(1) 瞬时值之和的平均值等于其平均值之和，即：$\overline{u_1+u_2}=\overline{u_1}+\overline{u_2}$。

(2) 平均值的平均等于其本身，即：$\bar{\bar{u}}=\overline{u-u'}=\bar{u}-\overline{u'}=\bar{u}$。

(3) 平均值与瞬时值乘积的平均值，等于两平均值之积，即：$\overline{\overline{u_1}\,u_2}=\overline{u_1}\,\overline{u_2}$。

(4) 两脉动值乘积的平均值一般不等于零，即：$\overline{u'_1u'_2}\neq 0$。

(5) 导数的平均值等于平均值的导数，即：

$$\overline{\frac{\partial u}{\partial x}}=\frac{1}{\Delta t}\int_t^{t+\Delta t}\frac{\partial u}{\partial x}\mathrm{d}t=\frac{\partial}{\partial x}\left[\frac{1}{\Delta t}\int_t^{t+\Delta t}u\,\mathrm{d}t\right]=\frac{\partial\bar{u}}{\partial x}，类似的有：\overline{\frac{\partial u}{\partial t}}=\frac{\partial\bar{u}}{\partial t}$$

按照上述法则，对连续方程和 N－S 方程进行时间平均化处理，可得到湍流运动中各物理量平均值所满足的微分方程组，即**雷诺方程**。

不可压缩流体的连续方程和 N－S 方程(忽略体积力)可表示为

$$\left.\begin{aligned}&\frac{\partial v_x}{\partial x}+\frac{\partial v_y}{\partial y}+\frac{\partial v_z}{\partial z}=0\\&\rho\frac{Dv_x}{Dt}=-\frac{\partial p}{\partial x}+\mu\nabla^2v_x，\rho\frac{Dv_y}{Dt}=-\frac{\partial p}{\partial y}+\mu\nabla^2v_y，\rho\frac{Dv_z}{Dt}=-\frac{\partial p}{\partial z}+\mu\nabla^2v_z\end{aligned}\right\}\quad(9-1)$$

其中

$$\frac{D}{Dt}=\frac{\partial}{\partial t}+v_x\frac{\partial}{\partial x}+v_y\frac{\partial}{\partial y}+v_z\frac{\partial}{\partial z}，\nabla^2=\frac{\partial^2}{\partial x^2}+\frac{\partial^2}{\partial y^2}+\frac{\partial^2}{\partial z^2}$$

将方程展开，把所有物理量表示为时均值与脉动值之和的形式，例如，$v_x=\bar{v}_x+v'_x$，…，$p=\bar{p}+p'$ 等，然后进行时均化处理，得到微分方程组，即雷诺方程为

$$\left.\begin{aligned}&\frac{\partial\bar{v}_x}{\partial x}+\frac{\partial\bar{v}_y}{\partial y}+\frac{\partial\bar{v}_z}{\partial z}=0\\&\rho\frac{D\bar{v}_x}{Dt}=-\frac{\partial\bar{p}}{\partial x}+\mu\nabla^2\bar{v}_x+\frac{\partial(-\rho\overline{v_x'^2})}{\partial x}+\frac{\partial(-\rho\overline{v'_xv'_y})}{\partial y}+\frac{\partial(-\rho\overline{v'_xv'_z})}{\partial z}\\&\rho\frac{D\bar{v}_y}{Dt}=-\frac{\partial\bar{p}}{\partial y}+\mu\nabla^2\bar{v}_y+\frac{\partial(-\rho\overline{v'_xv'_y})}{\partial x}+\frac{\partial(-\rho\overline{v_y'^2})}{\partial y}+\frac{\partial(-\rho\overline{v'_yv'_z})}{\partial z}\\&\rho\frac{D\bar{v}_z}{Dt}=-\frac{\partial\bar{p}}{\partial z}+\mu\nabla^2\bar{v}_z+\frac{\partial(-\rho\overline{v'_xv'_z})}{\partial x}+\frac{\partial(-\rho\overline{v'_yv'_z})}{\partial y}+\frac{\partial(-\rho\overline{v_z'^2})}{\partial z}\end{aligned}\right\}\quad(9-2)$$

比较雷诺方程与原 N－S 方程可知，用时均值表达的运动方程比原 N－S 方程多出 6 个独立附加量，即

$$-\rho\overline{v_x'^2},\ -\rho\overline{v_y'^2},\ -\rho\overline{v_z'^2},\ -\rho\overline{v_x'v_y'},\ -\rho\overline{v_x'v_z'},\ -\rho\overline{v_y'v_z'} \tag{9-3}$$

这些附加量具有应力的性质，称为湍流应力或雷诺应力。雷诺应力反映了湍流脉动对平均运动附加的影响。

由于雷诺应力的引入，原封闭的 N－S 方程变为不封闭(4 个方程，但有 10 个变量，即平均压力、3 个平均速度分量和 6 个雷诺应力分量)。为了使方程组封闭，必须建立补充关系式。湍流半经验理论就是根据一些假设和实验结果，建立雷诺应力与平均速度之间的关系式，即湍流模型问题。

9.3.2.2　湍流模式理论

模式理论的思想可以追溯到 1872 年 Boussinesq 引入的湍流黏性系数 μ'，由此得到雷诺应力为

$$-\rho\overline{u'v'}=\mu'\frac{d\bar{u}}{dy} \tag{9-4}$$

在这之后许多学者给出 μ' 与流场时均量的关系，根据所补充偏微分方程数目的不同而称为零方程、一方程和二方程模式以及两流体模型等。上述这一类以 Boussinesq 假设为基础的湍流模式，都假设湍流雷诺应力正比于时均应变率，这类湍流模式称为一阶封闭模型。对于某些流动，例如湍动引起的二次流等，就需要更精细地模拟雷诺应力的各个分量。各向同性湍流黏性系数的概念和由此提出的 $k-\varepsilon$ 方程就过于粗糙，而 Boussinesq 假设本身也是未经过证实的，为了模拟各向异性的湍流而提出了二阶封闭模型，如 Reynolds-Stress 模型、代数应力模型。

工程上，$-\rho\overline{u_i'u_j'}$ 主要有两种计算方法，即 Boussinesq 逼近和 RSM 雷诺应力模型。对于具体湍流模型，雷诺平均逼近要求 $k-\varepsilon$ 方程的雷诺应力可以被精确地模拟。一般的方法是利用 Boussinesq 假设把雷诺应力和平均速度梯度联系起来

$$-\rho\overline{u_i'u_j'}=\mu_t\left(\frac{\partial u_i}{\partial x_j}+\frac{\partial u_j}{\partial x_i}\right)-\frac{2}{3}\left(\rho k+\mu_t\frac{\partial u_i}{\partial x_i}\right)\delta_{ij} \tag{9-5}$$

湍流模式理论在解决工程问题中发挥了很大的作用，但是各种模式理论都有一定的局限性，这是因为在构造模型时许多未知项知之甚少，有的根本没有直接的测量数据可供参考，另外一些参数则往往取自某些特定的实验，没有普适性。相比较而言，采用基于各向异性的二阶封闭模型可以得到更好的收敛结果。对于一个简单的边界层计算，采用 Reynolds-Stress 模型、二方程模型和一方程模型得到收敛所需的 CPU 时间之比为 10∶3∶1。因此，在实际应用中，只有简单封闭模式得不到可靠预测结果时才采用较为复杂的封闭模式。

9.3.2.3　常用湍流模型

目前湍流的数值模拟主要有三种方法：**直接数值模拟**(direct numerical simulation, DNS)、**大涡模拟**(large eddy simulation, LES)和**雷诺平均数值模拟**(Reynolds average numerical simulation, RANS)。

常用的湍流模型包括**Spalart-Allmaras 模型**、**k-ε 模型**、**k-ω 模型**、**雷诺应力模型**(Reynolds stress model, RSM)以及大涡模拟中的**亚格子模型**(sub-grid scale model)等。其中应用最为广泛的是 k-ε 两方程模型,它又可分为 Standard k-ε 模型、RNG k-ε 模型和 Realizable k-ε 模型。Standard k-ε 模型是最简单的两方程模型,具有适应范围广、计算量小的特点。RNG k-ε 模型在 ε 方程中加了一个条件,考虑到了湍流漩涡,使得它比 Standard k-ε 模型有更高的可信度和精度。Realizable k-ε 模型为湍流黏性增加了一个公式,为耗散率增加了新的传输方程,其好处是对平板和圆柱射流的发散比率的预测更精确,而且它对旋转流动、强逆压梯度的边界层流动、流动分离和二次流也有很好的表现。

在 Spalart-Allmaras 模型、k-ε 模型和 k-ω 模型中使用 Boussinesq 假设。这种逼近方法的好处是对计算机的要求不高。在 Spalart-Allmaras 模型中只有一个额外的方程要解。k-ε 模型和 k-ω 模型中有两个方程要解。Boussinesq 假设的不足之处是假设 μ' 是个等方性标量,这是不严格的。

RSM 是制作最精细的模型,它放弃等方性边界速度假设,使得雷诺平均 N-S 方程封闭,从而可求解方程中的雷诺压力和耗散速率。这意味着在二维流动中加入了五个方程,而在三维流动中加入了七个方程。由于 RSM 比单方程和双方程模型更加严格地考虑了流线型弯曲、旋涡、旋转和张力快速变化,它对于复杂流动有更高的精度预测的潜力。但是这种预测仅仅限于与雷诺应力有关的方程,应力张力和耗散速率被认为是使 RSM 模型预测精度降低的主要因素。

9.4 CFD 的求解过程

为了进行 CFD 计算,用户可借助商用软件来完成所需要的任务,也可自己直接编写计算程序。两种方法的基本工作过程是相同的,本节将介绍基本计算思路。无论是流动问题还是传热问题,无论是稳态问题还是瞬态问题,其求解过程都可用图 9-1 表示。

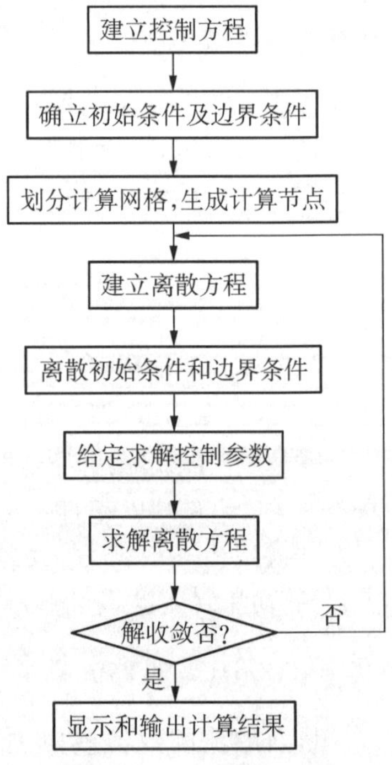

图 9-1 CFD 求解过程

如果所求解的问题是瞬态问题,则可将上图的过程理解为一个时间步的计算过程,循环这一过程求解下个时间步的解。下面对各求解步骤作一简单介绍。

(1) 建立控制方程

建立控制方程,是求解任何问题前都必须首先进行的。一般来讲,这一步是比较简单的,因为对于一般的流体流动而言,可直接写出其控制方程。例如,对于水流在水轮机内的流动分析问题,若假定没有热交换发生,则可直接将连续方程与动量方程作为控制方程使用。当然,由于水轮机内的流动大多是处于湍流范围,因此,一般情况下,需要增加湍流方程。

(2) 确立初始条件和边界条件

初始条件与边界条件是控制方程有确定解的前提。控制方程与相应的初始条件、边界条件的组合构成对一个物理过程完整的数学描述。

初始条件是所研究对象在过程开始时刻各个求解变量的空间分布情况。对于瞬态问题,必须给定初始条件。对于稳态问题,则不需要初始条件。

边界条件是在求解区域的边界上所求解的变量或其导数随地点和时间的变化规律。对于任何问题,都需要给定边界条件。例如,在锥管内的流动,在锥口进口断面上,我们可给定速度、压力沿半径方向的分布,而在管壁上,对速度取无滑移边界条件。

(3) 划分计算网格

采用数值方法求解控制方程时,都是想办法将控制方程在空间区域上进行离散,然后求解得到的离散方程组。要想在空间域上进行离散,必须使用网格。现已发展出多种对各种区域进行离散以生成网格的方法,统称为网格生成技术。

不同的问题采用不同数值解法时,所需要的网格形式是有一定区别的,但生成网格的基本方法是一致的。目前,网格分结构网格和非结构网格两大类。简单地讲,结构网格在空间上比较规范,如对一个四边形区域,网格往往是成行成列分布的,行线和列线比较明显。而对非结构网格在空间分布上没有明显的行线和列线。

对于二维问题,常用的网格单元有三角形和四边形等形式;对于三维问题,常用的网格单元有四面体、六面体、三棱体等形式。在整个计算域上,网格通过节点联系在一起。

目前各种 CFD 软件都配有专用的网格生成工具,多数 CFD 软件可接收其他 CAD 或 CFD/FEM 软件产生的网格模型。

(4) 建立离散方程

对于在求解域内所建立的偏微分方程,理论上是有真解(或称精确解或解析解)的,但由于所处理的问题自身的复杂性,一般很难获得方程的真解。因此,就需要通过数值方法把计算域内有限数量位置(网格节点或网格中心点)上的因变量当作基本未知量来处理,从而建立一组关于这些未知量的代数方程组,然后通过求解代数方程组来得到这些节点值,而计算域内其他位置上的值则根据节点位置上的值来确定。

由于所引进的应变量在节点之间的分布假设及推导离散化的方程不同,就形成了有限差分法、有限元法、有限体积法等不同类型的离散化方法。

(5) 离散初始条件和边界条件

前面所给定的初始条件和边界条件是连续性的,如在静止壁面上速度为 0,现在需要针对所生成的网格,将连续型的初始条件和边界条件转化为特定节点上的值,如静止壁面上共有 90 个节点,则这些节点上的速度值应均为 0。

在商用 CFD 软件中,往往在前处理阶段完成了网格划分后,直接在边界上指定初始条件和边界条件,然后由前处理软件自动将这些初始条件和边界条件按离散的方式分配到相应的节点上去。

(6) 给定求解控制参数

在离散空间上建立离散化的代数方程组,在施加离散化的初始条件和边界条件后,还需要给定流体的物理参数和湍流模型的经验系数等。此外,还要给定迭代计算的控制精度、瞬态问题的时间步长和输出频率等。

(7) 求解离散方程

在进行了上述设置后,生成了具有定解条件的代数方程组。对于这些方程组,数学上已有相应的解法,如线性方程组可采用 Gauss 消去法或 Gauss-Seidel 迭代法求解,而对于非线性方程组,可采用 Newton-Raphson 方法。在商用 CFD 软件中,往往提供多种不同的解法,以适应不同类型的问题。

(8) 判断解的收敛性

对于稳态问题的解,或是瞬态问题在某个特定时间步上的解,往往需要通过多次迭代才能得到。有时,因网格形式或网格太小、对流项的离散插值格式等原因,可能导致解的发散。对于瞬态问题,若采用显示格式进行时间域上的积分,当时间步长过大时,也可能造成解的振荡或发散。因此,在迭代过程中,要对解的收敛性随时进行监视,并在系统达到指定精度后,结束迭代过程。

(9) 显示和输出计算结果并进行后处理

通过上述求解过程得出了各计算节点上的解后,需要通过适当的手段将整个计算域上的结果表示出来。这时,我们可以采用线值图、矢量图、等值线图、流线图、云图等方式对计算结果进行表示。所谓线值图,是指在二维或三维空间上,将横坐标取为空间长度或时间历程,将纵坐标取为某一物理量,然后用光滑曲线或曲面在坐标系内绘制出某一物理量沿空间或时间的变化情况。矢量图是直接给出二维或三维空间里矢量(如速度)的方向及大小,一般用不同颜色和长度的箭头表示速度矢量。矢量图可以比较清楚地让用户发现其中存在的涡旋区。等值线图是用不同颜色的线条表示相等物理量(如温度)的一条线。流线图是用不同颜色线条表示质点运动轨迹。云图是使用渲染的方式,将流场某个截面上的物理量(如压力或温度)用连续变化的颜色块表示其分布。

9.5 常用的 CFD 商业软件应用示例

为了完成 CFD 计算,过去多是用户自己编写计算程序,但由于 CFD 的复杂性及计算机软硬件条件的多样性,使得用户各自的应用程序往往缺乏通用性,因此,制成通用的商业软件尤为重要。自 1981 年以来,出现了如 PHOENICS、CFX、STAR-CD、STAR-CCM+、COMSOL、NUMECA、Fluent 等多个常用的商业 CFD 软件。

9.5.1 冷热水混合案例

下面以 Fluent 为例,简要说明 CFD 软件的建模和求解过程。该示例涉及一个冷、热水混合器的内部流动与热量交换的问题:温度为 350 K 的热水自上部的热水小管嘴流入,与自下部右侧小管嘴流入的温度为 290K 的冷水在混合器内进行热量与动量交换后,自下部左侧的小管嘴流出混合气结构,如图 9-2 所示,指定直线 AB、EF 为速度进口,CD 为出口。下面利用 Gambit 建立计算模型和利用 Fluent-2D 求解器进行求解。

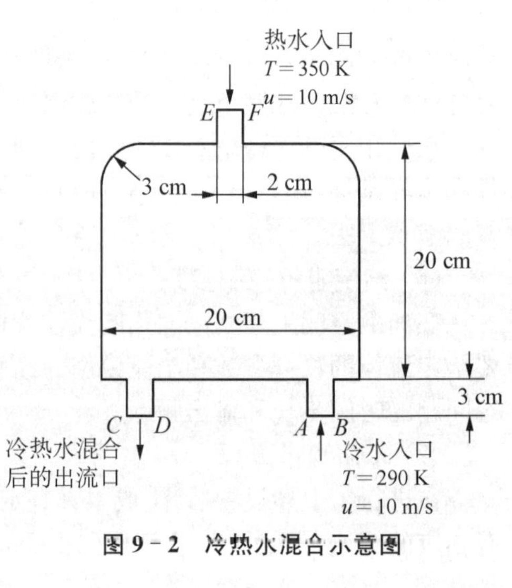

图 9-2 冷热水混合示意图

9.5.1.1 建立计算模型

对于一个给定的 CFD 问题,可利用 Gambit,

按如下 3 个步骤生成网格文件。

(1) 构造几何模型　这个环节既可以利用 Gambit 提供的功能完成也可在其他 CAD 软件中生成集合模型后导入 Gambit 之中。在生成几何模型后可将该模型以默认的 dbs 格式或其他 CAD 格式保存到磁盘上。

(2) 划分网格　这个环节需要输入一系列参数，如单元类型、网格类型及相关选项，这是生成网格过程中最关键的环节。对于简单的 CFD 问题，这个过程只是操作几次鼠标的问题，而对于复杂的问题特别是三围问题，这一过程需要精心策划细心实施。这个环节结束后，一个与求解域完全对应的网格模型便制作出来了，用户可从多个视角观察这个网格。

(3) 指定边界类型和区域类型　因 CFD 求解器定义了多种不同的边界，如壁面边界、进口边界、对称边界等，因此在 Gambit 中需要先指定所使用的求解器名称(如 Fluent5/6)，再指定网格模型中各边界的类型。如果模型中包含多个区域，如同时有流体区域和固体区域，或者是在动静联合计算中两个流体区域的运动不同，那么必须指定区域的类型和边界，将各区域区分开来。

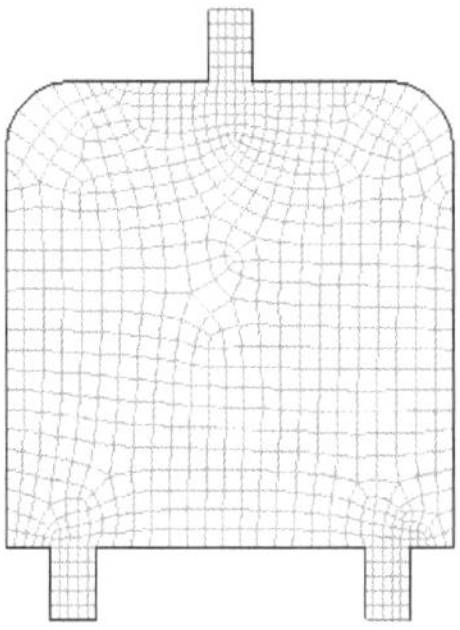

图 9-3　计算网格

本例计算网格如图 9-3 所示。

9.5.1.2　利用 Fluent 进行求解计算

(1) Fluent 不能自己生成网格，需要导入来自 Gambit 等前处理软件生成的网格，导入网格后，可以在 Fluent 中对网格进行修改。导入 Gambit 画好的计算网格，然后对网格进行检查，以便确认是否可直接用于 CFD 求解。如果 Fluent 发现有错误存在，需要对网格进行修改。网格无误后修改网格单位，由于 Gambit 软件中使用的是 mm，所以要核对单位是否需要修改，单位设置界面如图 9-4 所示。

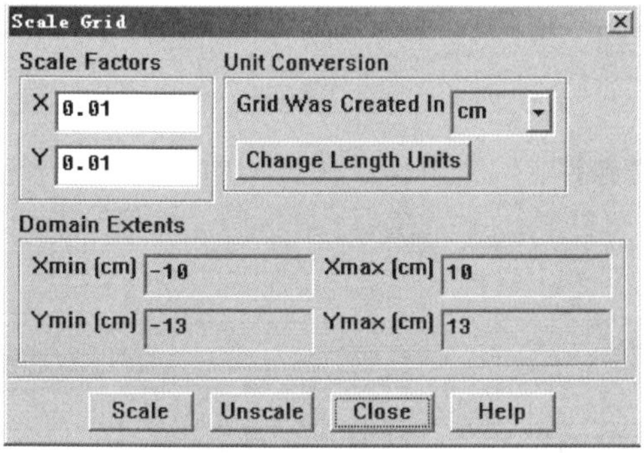

图 9-4　设置单位

(2) 准备好网格后，就需要确定采用什么样的求解器及采用什么样的工作模式。本例采用的是分离式求解器。选择了求解器的格式后，就需要决定采用什么样的计算模型，即通知 Fluent 是否考虑传热，流动是无黏层流还是湍流，是否多相流，是否包含相变等，求解器选择界面如图 9-5 所示。

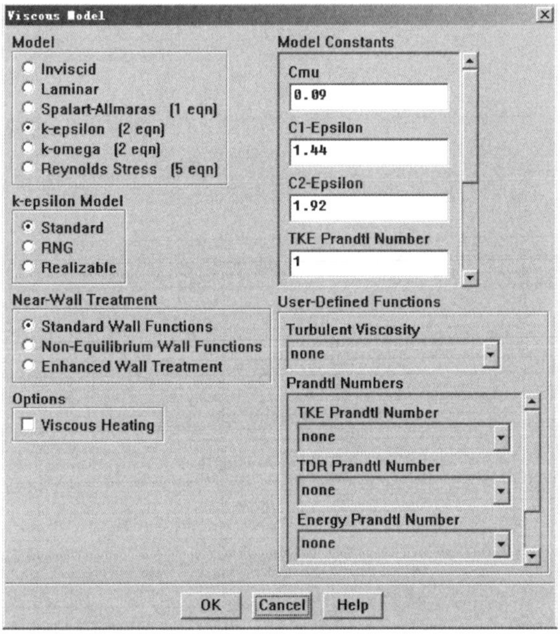

图 9-5　选择求解器

本例采用标准 $k-\varepsilon$ 湍流模型,选择能量方程。

(3) 设置好湍流模型后,定义材料属性,Fluent 要求为每个参与计算的区域指定一种材料,然后设置边界条件,如图 9-6 所示。

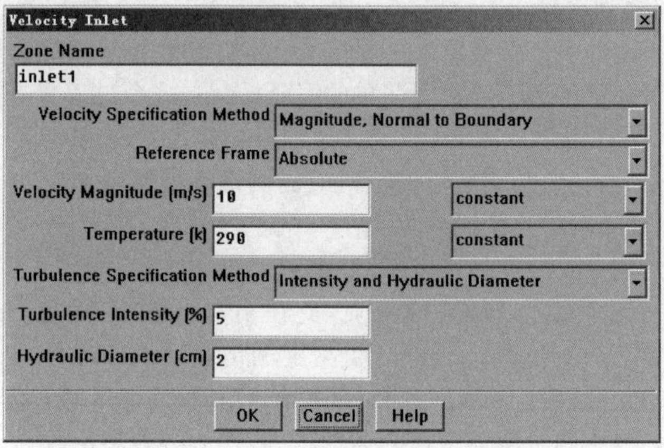

(a)

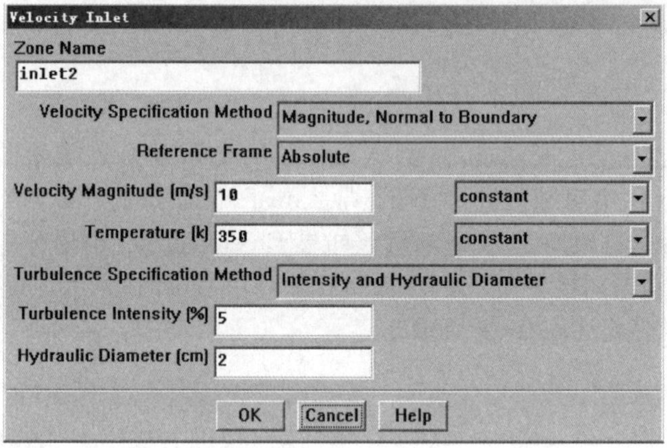

(b)

图 9-6　设置边界条件

(4) 设置求解过程的监视参数,初始化流场进行迭代计算,如图 9-7 所示。

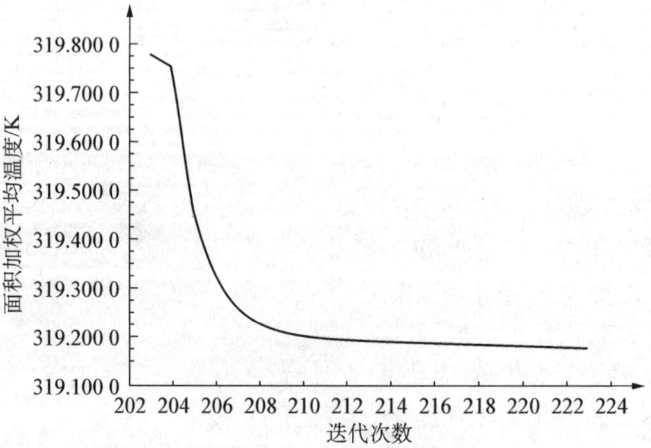

图 9-7　监视参数

9.5.1.3　显示计算结果

利用不同颜色显示速度分布、温度分布、速度矢量图，分别如图 9－8、图 9－9、图 9－10 所示。

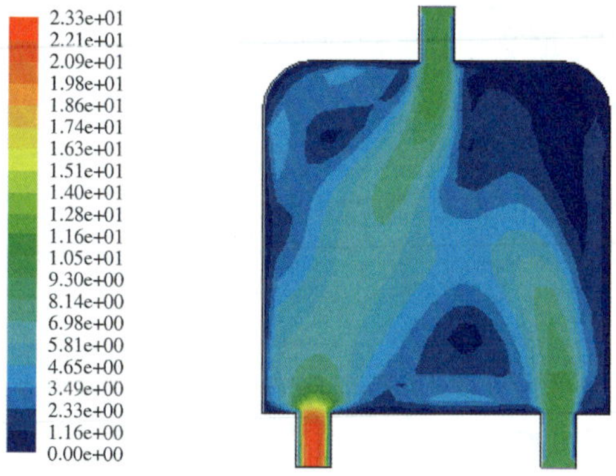

图 9－8　速度等高线图

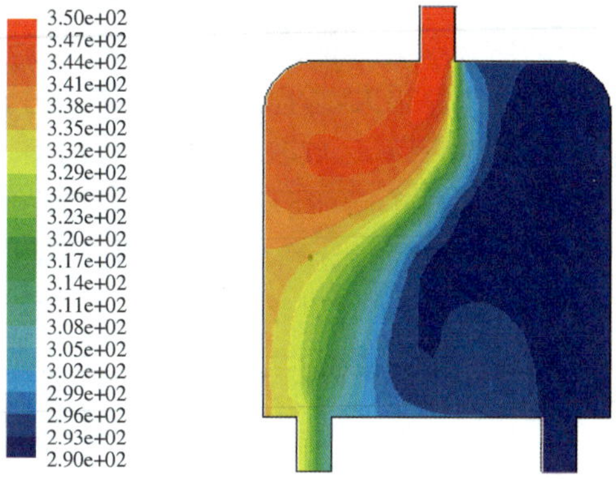

图 9－9　温度分布图

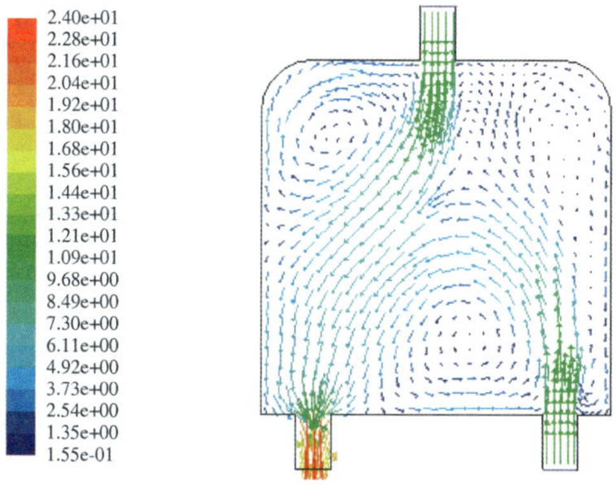

图 9－10　速度矢量图

9.5.2　煤气化湍流多相反应案例

9.5.2.1　气化模型

气流床煤气化过程涉及高温、高压、非均相条件下的流体流动和复杂的化学反应，包括流体湍流流动、对流和辐射传热、颗粒弥散运动、煤浆雾化、液滴蒸发、煤颗粒脱挥发份、颗粒表面化学反应、气相化学反应等过程。由于受实验成本和苛刻条件的限制，常常采用数值模拟的方法对气化炉内反应与流动进行研究。

气相控制方程综合考虑计算量与精度的关系，选用 Realizable $k-\varepsilon$ 模型对雷诺平均后的 N－S 方程进行封闭。对于水煤浆流股，假设在喷嘴出口附近充分雾化，雾化粒径分布满足 R－R 分布，平均粒径为 100 μm，范围为 50～140 μm。颗粒弥散运动选用离散相模型，脱挥发份过程选用 2 步竞争模型，颗粒表面化学反应模型选用未反应核缩芯模型，气化化学反应选用涡耗散概念模型(Eddy-Dissipation Concept Model, EDC),炉内辐射过程选用 P-1 辐射模型。

9.5.2.2　计算网格

多喷嘴对置式水煤浆气化炉的特点是在炉体中上部设置四个对置喷嘴。由于喷嘴与气化炉炉体的尺寸相差很大,考虑到计算量与气化炉几何结构的对称性,计算区域取 1/4 的几何模型。计算区域与网格如图 9-11 所示,其中在喷嘴平面附近进行局部加密。通过计算分析网格数目对模拟结果的影响,最终取计算网格约 160 000。喷嘴入口均采用质量入口,气化炉出口采用压力出口,切面采用对称性边界条件;其中壁面热损失按气化炉进口煤热值的 0.5%计算。对于离散相,颗粒跟踪数目为 4 800 个;除喷嘴壁面外,颗粒与壁面接触按捕获处理。

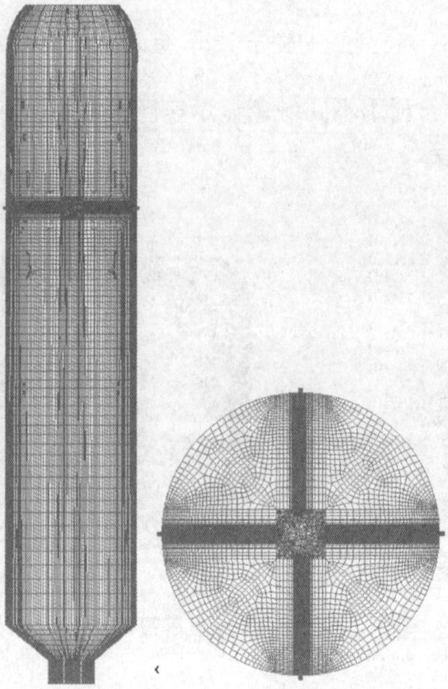

图 9-11　多喷嘴对置式水煤浆气化炉计算网格

9.5.2.3　初始条件

操作条件和煤样分析如表 9-1 和 9-2 所示。

表 9-1　气化炉操作条件(流量为单个喷嘴)

变　量	参　数	变　量	参　数
气化压力/MPa	4.0	煤浆密度/(kg/m^3)	1 185.6
煤浆流量/(m^3/h)	15.13	氧气流量/(Nm^3/h)	6 466.24
煤浆浓度/(质量分数/%)	60.41	氧气浓度	0.999

表 9-2　煤质分析数据

工业分析(空气干燥基质量分数/%)				元素分析(干燥基质量分数/%)					热值(干燥基)/(MJ/kg)
水分	灰分	挥发分	固定碳	C	H	O	N	S	
3.14	12.21	35.64	49.01	68.98	4.77	7.87	1.29	7.87	28.64

9.5.2.4　结果与讨论

(1) 气化炉出口气体组成与温度

表 9-3 给出了多喷嘴对置式水煤浆气化炉出口气体组成与温度的工业数据与模拟数据,二者吻合良好。

表 9-3　气化炉出口气体组成与温度

	CO 的体积分数/%	CO_2 的体积分数/%	H_2 的体积分数/%	H_2S 的体积分数/%	N_2 的体积分数/%	碳转化率/%	T/K
工业数据	47.84	15.54	36.16	1.10	0.44	98.90	1 562
模拟数据	48.76	14.23	36.08	0.59	0.34	98.82	1 602

（2）气化炉内流场分布

图 9－12 和 9－13 分别给出了四喷嘴水煤浆气化内的速度矢量图和湍流强度分布图，可以看出炉内存在射流区、撞击区、折射流区、回流区和管流区。在撞击区内由于流体撞击作用，导致撞击区内的湍流强度大，流体间的混合程度高。

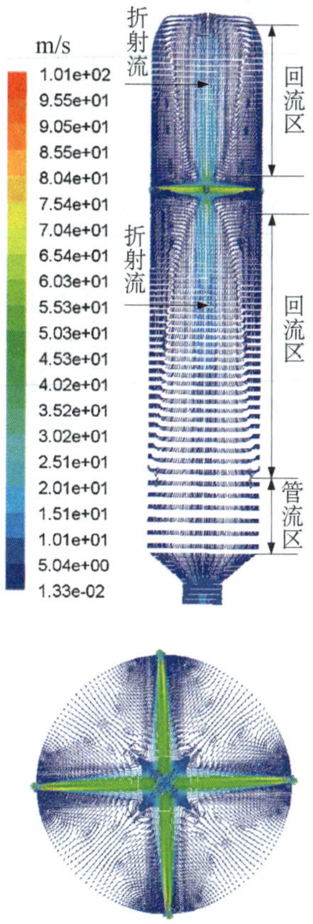

图 9－12　速度矢量图(m/s)

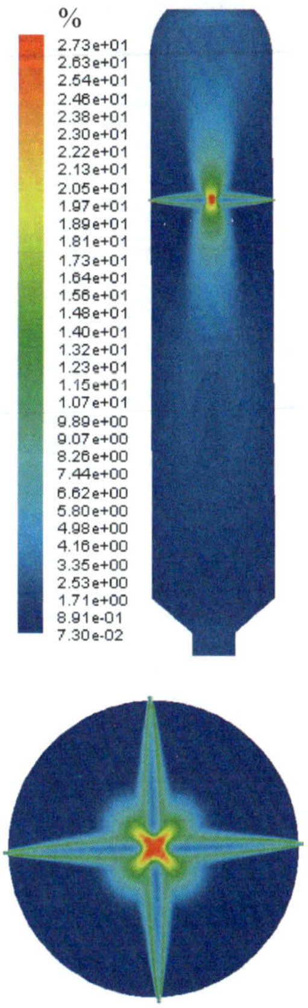

图 9－13　湍流强度分布(%)

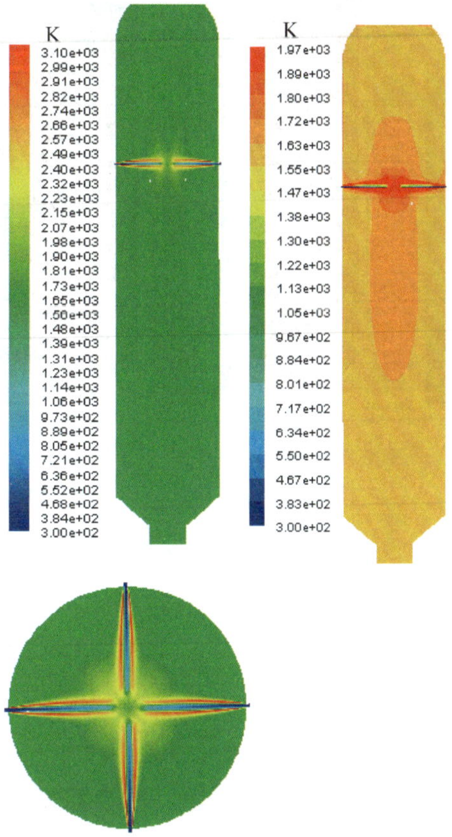

图 9－14　温度分布(K)

（3）气化炉内温度分布

图 9－14 给出了气化炉内的温度分布，在喷嘴附近的射流边界层内温度最高；撞击区和折射流的初始阶段是一个高温区，但不是气化炉内温度最高的部位；在多喷嘴对置式水煤浆气化炉内，炉内高温区域主要集中在射流区、撞击区和折射流的初始区域，气化炉其他空间位置和炉壁附近温度都比较均匀。多喷嘴对置式水煤浆气化炉内的高温区域主要集中在气化炉炉膛中心位置，因此对气化炉壁面热腐蚀较小。但从图 9－14 可以看出，在进行气化炉设计时，要注意喷嘴上部空间的高度，如果顶部空间过低，会影响封头顶部耐火砖的使用寿命。

（4）气化炉内气体组分浓度分布

图 9－15 给出了气化炉内主要气体的浓度分布，从图中可以看出，在射流区内富含氧气和水蒸气，而在撞击区附近富含 CO_2 和水蒸气；除射流区、撞击区和折射流的初始阶段外，炉内的气体分布较为均匀。

通过本章的学习可知，CFD 有自己的原理、方法和特点。数值计算与理论分析、实验观测相互联系、相互促进，但不能完全替代，三者各有各的使用场合。在实际工作中，需要注意将三者有机地结合，争取做到取长补短。

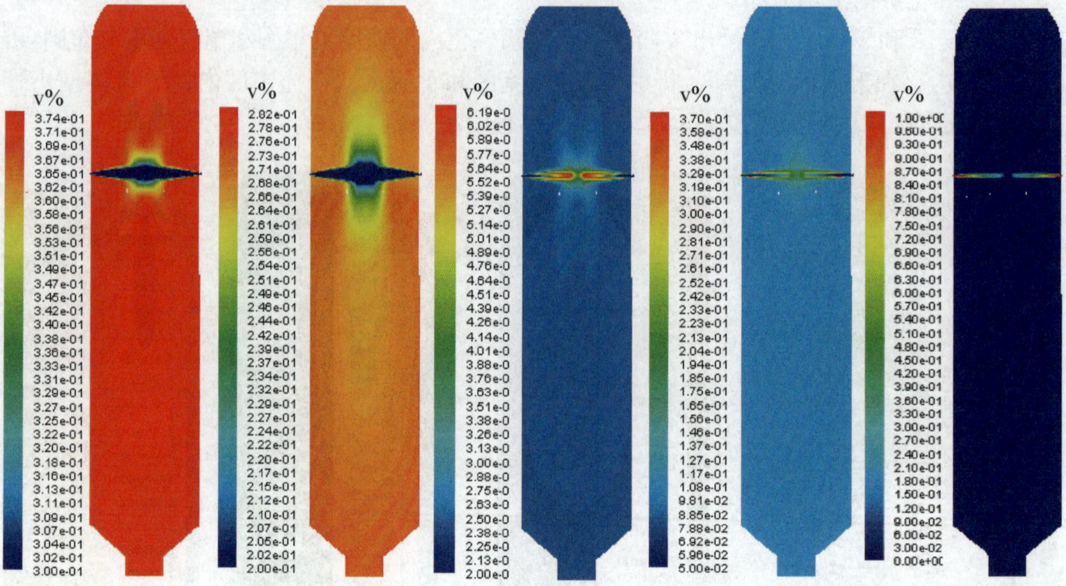

(a) CO (b) H_2 (c) H_2O (d) CO_2 (e) O_2

图 9-15 气化炉内气体组分浓度分布

习 题

9-1 计算流体力学方法相对于传统的理论分析法和实验研究法有何优缺点?

9-2 流体流动要受物理守恒定律的支配,基本的守恒定律包括:________、________和________。

9-3 目前湍流的数值模拟主要有________、________和________三种方法。

9-4 常用的 CFD 软件提供的湍流模型包括________、________、________、________、________和________。

9-5 CFD 中何为初始条件?何为边界条件?

9-6 简述 CFD 的求解过程。

附　　录

Ⅰ　水的物理性质

温度 t/℃	压强 p/kPa	密度 ρ/(kg/m^3)	动力黏度 μ/(μPa·s)	运动黏度 $\nu\times10^6$/(m^2/s)	体积膨胀系数 $\beta\times10^3$/K^{-1}	表面张力 σ/(mN/m)	普朗特数 Pr
0	101	999.9	1 788	1.789	−0.063	75.61	13.67
10	101	999.7	1 305	1.306	+0.070	74.14	9.52
20	101	998.2	1 004	1.006	0.182	72.67	7.02
30	101	995.7	801.2	0.805	0.321	71.20	5.42
40	101	992.2	653.2	0.659	0.387	69.63	4.31
50	101	988.1	549.2	0.556	0.449	67.67	3.54
60	101	983.2	469.8	0.478	0.511	66.20	2.98
70	101	977.8	406.0	0.415	0.570	64.33	2.55
80	101	971.8	355	0.365	0.632	62.57	2.21
90	101	965.3	314.8	0.326	0.695	60.71	1.95
100	101	958.4	284.4	0.295	0.752	58.84	1.75
110	143	951.0	258.9	0.272	0.808	56.88	1.60
120	199	943.1	237.3	0.252	0.864	54.82	1.47
130	270	934.8	217.7	0.233	0.917	52.86	1.36
140	362	926.1	201.0	0.217	0.972	50.70	1.26
150	476	917.0	186.3	0.203	1.03	48.64	1.17
160	618	907.4	173.6	0.191	1.07	46.58	1.10
170	792	897.3	162.8	0.181	1.13	44.33	1.05
180	1 003	886.9	153.0	0.173	1.19	42.27	1.00
190	1 255	876.0	144.2	0.165	1.26	40.01	0.96
200	1 555	863.0	136.3	0.158	1.33	37.66	0.93
210	1 908	852.8	130.4	0.153	1.41	35.40	0.91
220	2 320	840.3	124.6	0.148	1.48	33.15	0.89
230	2 798	827.3	119.7	0.145	1.59	30.99	0.88
240	3 348	813.6	114.7	0.141	1.68	28.54	0.87
250	3 978	799.0	109.8	0.137	1.81	26.19	0.86
260	4 695	784.0	105.9	0.135	1.97	23.73	0.87
270	5 506	767.9	102.0	0.133	2.16	21.48	0.88
280	6 420	750.7	98.1	0.131	2.37	19.12	0.90
290	7 446	732.3	94.2	0.129	2.62	16.87	0.93
300	8 592	712.5	91.2	0.128	2.92	14.42	0.97
310	9 870	691.1	88.3	0.128	3.29	12.06	1.03
320	11 290	667.1	58.3	0.128	3.82	9.81	1.11
330	12 865	640.2	81.4	0.127	4.33	7.67	1.22
340	14 609	610.1	77.5	0.127	5.34	5.67	1.39
350	16 538	574.4	72.6	0.126	6.68	3.82	1.60
360	18 675	528.0	66.7	0.126	10.9	2.02	2.35
370	21 054	450.5	56.9	0.126	26.4	0.47	6.79

Ⅱ 干空气的物理性质

温度/℃	密度 ρ/(kg/m³)	比热容 c_p/[kJ/(kg·K)]	热导率 λ/[mW/(m·K)]	导热系数 $A\times10^6$/(m²/s)	动力黏度 μ/(μPa·s)	运动黏度 $\nu\times10^6$/(m²/s)	普朗特数 Pr
−50	1.584	1.013	20.34	12.7	14.6	9.23	0.728
−40	1.515	1.013	21.15	13.8	15.2	10.04	0.728
−30	1.453	1.013	21.96	14.9	15.7	10.80	0.723
−20	1.395	1.009	22.78	16.2	16.2	11.60	0.716
−10	1.342	1.009	23.59	17.4	16.7	12.43	0.712
0	1.293	1.005	24.40	18.8	17.2	13.28	0.707
10	1.247	1.005	25.10	20.1	17.7	14.16	0.705
20	1.205	1.005	25.91	21.4	18.1	15.06	0.703
30	1.165	1.005	26.73	22.9	18.6	16.00	0.701
40	1.128	1.005	27.54	24.3	19.1	16.96	0.699
50	1.093	1.005	28.24	25.7	19.6	17.95	0.698
60	1.060	1.005	28.93	27.2	20.1	18.97	0.696
70	1.029	1.009	29.63	28.6	20.6	20.02	0.694
80	1.000	1.009	30.44	30.2	21.1	21.09	0.692
90	0.972	1.009	31.26	31.9	21.5	22.10	0.690
100	0.946	1.009	32.07	33.6	21.9	23.13	0.688
120	0.898	1.009	33.35	36.8	22.9	25.45	0.686
140	0.854	1.013	31.86	40.3	23.7	27.80	0.684
160	0.815	1.017	36.37	43.9	24.5	30.09	0.682
180	0.779	1.022	37.77	47.5	25.3	32.49	0.681
200	0.746	1.026	39.28	51.4	26.0	34.85	0.68
250	0.674	1.038	46.25	61.0	27.4	40.61	0.677
300	0.615	1.047	46.02	71.6	29.7	48.33	0.674
350	0.566	1.059	49.04	81.9	31.4	55.46	0.676
400	0.524	1.068	52.06	93.1	33.1	63.09	0.678
500	0.456	1.093	57.40	115.3	36.2	79.38	0.687
600	0.404	1.114	62.17	138.3	39.1	96.89	0.699
700	0.362	1.135	67.00	163.4	41.8	115.4	0.706
800	0.329	1.156	71.70	188.8	44.3	134.8	0.713
900	0.301	1.172	76.23	216.2	46.7	155.1	0.717
1 000	0.277	1.185	80.64	245.9	49.0	177.1	0.719
1 100	0.257	1.197	84.94	276.3	51.2	199.3	0.722
1 200	0.239	1.210	91.45	316.5	53.5	233.7	0.724

Ⅲ　压强国际单位与工程单位换算关系

压强名称	Pa (N/m^2)	kPa ($10^3N/m^2$)	bar ($10^5N/m^2$)	mmH_2O (kgf/m^2)	at ($10^4kgf/m^2$)	标准大气压 ($1.033\times10^4kgf/m^2$)	mmHg
换算关系	9.807	9.807×10^{-3}	9.807×10^{-5}	1	10^{-4}	9.678×10^{-5}	0.073 6
	9.807×10^4	9.807×10	9.807×10^{-1}	10^4	1	9.678×10^{-1}	735.6
	101 325	101.325	1.013 25	10 332.3	1.033	1	760
	133.3	0.133 3	1.333×10^{-3}	13.60	1.360×10^{-3}	1.316×10^{-3}	1

Ⅳ　工业管道的当量粗糙度

管　道　材　料	粗糙度 ε/mm	管　道　材　料	粗糙度 ε/mm
铸铁管	0.26	钢板制风管	0.15
镀锌管	0.15	塑料制风管	0.01
涂沥青铸铁管	0.12	矿渣石膏板风管	1.0
钢　管	0.046	表面光滑砖风道	4.0
铜　管	0.015	矿渣混凝土板风道	1.5
玻璃，塑料(PVC)	≈0	胶合板风道	1.0
混凝土管	0.3～3.0	钢丝网抹灰风道	10～15

Ⅴ　管件和阀件的局部阻力系数

管件和阀件名称	ζ值										
标准弯头	40°，$\zeta=0.35$						90°，$\zeta=0.75$				
90°方形弯头	1.3										
180°方形弯头	1.5										
活管接	0.4										
弯管 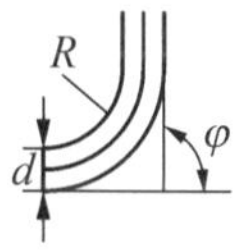	R/d　φ				30°	45°	60°	75°	90°	105°	120°
	1.5				0.08	0.11	0.14	0.16	0.175	0.19	0.20
	2.0				0.07	0.10	0.12	0.14	0.15	0.16	0.17
突然扩大 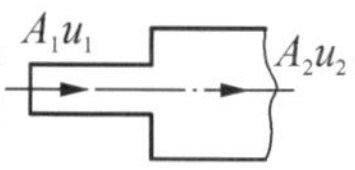	$\zeta=(1-A_1/A_2)^2$　　$h_m=\zeta\cdot u_1^2/(2g)$										
	A_1/A_2	0	0.1	0.2	0.3	0.4	0.5	0.6	0.7	0.8	0.9	1.0
	ζ	1	0.81	0.64	0.49	0.36	0.25	0.16	0.09	0.04	0.01	0
突然缩小 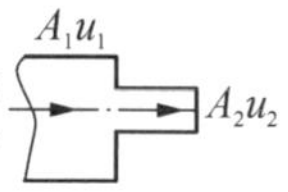	$\zeta=0.5(1-A_2/A_1)$　　$h_m=\zeta\cdot u_2^2/(2g)$										
	A_2/A_1	0	0.1	0.2	0.3	0.4	0.5	0.6	0.7	0.8	0.9	1.0
	ζ	0.5	0.45	0.40	0.35	0.30	0.25	0.20	0.15	0.10	0.05	0
流入大容器的出口	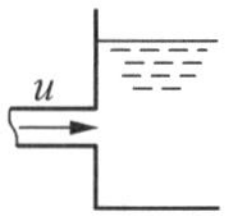 $\zeta=1$(用管中流速)										

（续表）

入管口(容器→管)	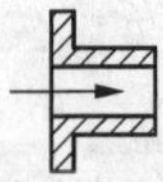 $\zeta=0.5$									
水泵进口 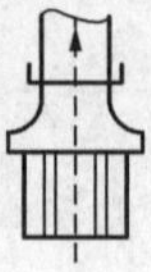	没有底阀	2~3								
	有底阀	d/mm	40	50	75	100	150	200	250	300
		ζ	12	10	8.5	7.0	6.0	5.2	4.4	3.7
闸　阀	全开	3/4 开	1/2 开	1/4 开						
	0.17	0.9	4.5	24						
标准截止阀(球心阀)	全开 $\zeta=6.4$	1/2 开 $\zeta=9.5$								
碟阀 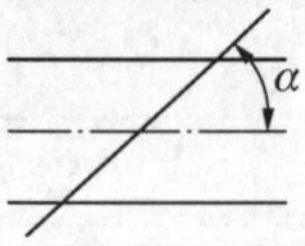	α	5°	10°	20°	30°	40°	45°	50°	60°	70°
	ζ	0.24	0.52	1.54	3.91	10.8	18.7	30.6	118	751
旋塞 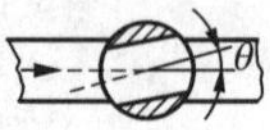	θ	5°	10°	20°	40°	60°				
	ζ	0.05	0.29	1.56	17.3	206				
角阀(90°)	5									
单向阀	摇摆式 $\zeta=2$	球形单向阀 $\zeta=70$								
水表(盘形)	7									

Ⅵ　某些流体在管道中的常用流速范围

流体种类及状况	速度范围/(m/s)	流体种类及状况	速度范围/(m/s)
水及一般流体	1~3	压强较高的气体	15~25
黏度较大的液体	0.5~1	饱和水蒸气：0.8 MPa 以下	40~60
低压气体	8~15	0.3 MPa 以下	20~40
易燃、易爆的低压气体	<8	过热水蒸气	30~50

Ⅶ　IS 型单级单吸离心泵性能表

型　号	转速 n/(r/min)	流　量		扬程 H/m	效率 η/%	功率/kW		$(NPSH)_r$/m
		m^3/h	L/s			轴功率	电机功率	
IS50—32—125	2 900	7.5	2.08	22	47	0.96	2.2	2.0
		12.5	3.47	20	60	1.13		2.0
		15	4.17	18.5	60	1.26		2.5
	1 450	3.75	1.04	5.4	43	0.13	0.55	2.0
		6.3	1.74	5	54	0.16		2.0
		7.5	2.08	4.6	55	0.17		2.5
IS50—32—160	2 900	7.5	2.08	34.3	44	1.59	3	2.0
		12.5	3.47	32	54	2.02		2.0
		15	4.17	29.6	56	2.16		2.5

（续表）

型 号	转速 n/(r/min)	流 量		扬程 H/m	效率 η/%	功率/kW		$(NPSH)_r$/m
		m^3/h	L/s			轴功率	电机功率	
IS50—32—160	1 450	3.75 6.3 7.5	1.04 1.74 2.08	8.5 8 7.5	35 4.8 49	0.25 0.29 0.31	0.55	2.0 2.0 2.5
IS50—32—200	2 900	7.5 12.5 15	2.08 3.47 4.17	52.5 50 48	38 48 51	2.82 3.54 3.95	5.5	2.0 2.0 2.5
	1 450	3.75 6.3 7.5	1.04 1.74 2.08	13.1 12.5 12	33 42 44	0.41 0.51 0.56	0.75	2.0 2.0 2.5
IS50—32—250	2 900	7.5 12.5 15	2.08 3.47 4.17	82 80 78.5	23.5 38 41	5.87 7.16 7.83	11	2.0 2.0 2.5
	1 450	3.75 6.3 7.5	1.04 1.74 2.08	20.5 20 19.5	23 32 35	0.91 1.07 1.14	1.5	2.0 2.0 3.0
IS65—50—125	2 900	15 25 30	4.17 6.94 8.33	21.8 20 18.5	58 69 68	1.54 1.97 2.22	3	2.0 2.5 3.0
	1 450	7.5 12.5 15	2.08 3.47 4.17	5.35 5 4.7	53 64 65	0.21 0.27 0.30	0.55	2.0 2.0 2.5
IS65—50—160	2 900	15 25 30	4.17 6.94 8.33	35 32 30	54 65 66	2.65 3.35 3.71	5.5	2.0 2.0 2.5
	1 450	7.5 12.5 15	2.08 3.47 4.17	8.8 8.0 7.2	50 60 60	0.36 0.45 0.49	0.75	2.0 2.0 2.5
IS65—40—200	2 900	15 25 30	4.17 6.94 8.33	53 50 47	49 60 60	4.42 5.67 6.29	7.5	2.0 2.0 2.5
	1 450	7.5 12.5 15	2.08 3.47 4.17	13.2 12.5 11.8	43 55 57	0.63 0.77 0.85	1.1	2.0 2.0 2.5
IS65—40—250	2 900	15 25 30	4.17 6.94 8.33	82 80 78	37 50 53	9.05 10.89 12.02	15	2.0 2.0 2.5
	1 450	7.5 12.5 15	2.08 3.47 4.17	21 20 19.4	35 46 48	1.23 1.48 1.65	2.2	2.0 2.0 2.5
IS65—40—315	2 900	15 25 30	4.17 6.94 8.33	127 125 123	28 40 44	18.5 21.3 22.8	30	2.5 2.5 3.0
	1 450	7.5 12.5 15	2.08 3.47 4.17	32.2 32.0 31.7	25 37 41	6.63 2.94 3.16	4	2.5 2.5 3.0

(续表)

型　号	转速 n/(r/min)	流　量		扬程 H/m	效率 η/%	功率/kW		$(NPSH)_r$/m
		m³/h	L/s			轴功率	电机功率	
IS80—65—125	2 900	30 50 60	8.33 13.9 16.7	22.5 20 18	64 75 74	2.87 3.63 3.98	5.5	3.0 3.0 3.5
	1 450	15 25 30	4.17 6.94 8.33	5.6 5 4.5	55 71 72	0.42 0.48 0.51	0.75	2.5 2.5 3.0
IS80—65—160	2 900	30 50 60	8.33 13.9 16.7	36 32 29	61 73 72	4.82 5.97 6.59	7.5	2.5 2.5 3.0
	1 450	15 25 30	4.17 6.94 8.33	9 8 7.2	55 69 68	0.67 0.79 0.86	1.5	2.5 2.5 3.0
IS80—50—200	2 900	30 50 60	8.33 13.9 16.7	53 50 47	55 69 71	7.87 9.87 10.8	15	2.5 2.5 3.0
	1 450	15 25 30	4.17 6.94 8.33	13.2 12.5 11.8	51 65 67	1.06 1.31 1.44	2.2	2.5 2.5 3.0
IS80—50—250	2 900	30 50 60	8.33 13.9 16.7	84 80 75	52 63 64	13.2 17.3 19.2	22	2.5 2.5 3.0
	1 450	15 25 30	4.17 6.94 8.33	21 20 18.8	49 60 61	1.75 2.27 2.52	3	2.5 2.5 3.0
IS80—50—315	2 900	30 50 60	8.33 13.9 16.7	128 125 123	41 54 57	25.5 31.5 35.3	37	2.5 2.5 3.0
	1 450	15 25 30	4.17 6.94 8.33	32.5 32 31.5	39 52 56	3.4 4.19 4.6	5.5	2.5 2.5 3.049
IS100—80—125	2 900	60 100 120	16.7 27.8 33.3	24 20 16.5	67 78 74	5.86 7.00 7.28	11	4.0 4.5 5.0
	1 450	30 50 60	8.33 13.9 16.7	6 5 4	64 75 71	0.77 0.91 0.92	1	2.5 2.5 3.0
IS100—80—160	2 900	60 100 120	16.7 27.8 33.3	36 32 28	70 78 75	8.42 11.2 12.2	15	3.5 4.0 5.0
	1 450	30 50 60	8.33 13.9 16.7	9.2 8.0 6.8	67 75 71	1.12 1.45 1.57	2.2	2.0 2.5 3.5
IS100—65—200	2 900	60 100 120	16.7 27.8 33.3	54 50 47	65 76 77	13.6 17.9 19.9	22	3.0 3.6 4.8

（续表）

型　号	转速 n/(r/min)	流　量		扬程 H/m	效率 η/%	功率/kW		$(NPSH)_r$/m
		m^3/h	L/s			轴功率	电机功率	
IS100—65—200	1 450	30 50 60	8.33 13.9 16.7	13.5 12.5 11.8	60 73 74	1.84 2.33 2.61	4	2.0 2.0 2.5
IS100—65—250	2 900	60 100 120	16.7 27.8 33.3	87 80 74.5	61 72 73	23.4 30.0 33.3	37	3.5 3.8 4.8
	1 450	30 50 60	8.33 13.9 16.7	21.3 20 19	55 68 70	3.16 4.00 4.44	5.5	2.0 2.0 2.5
IS100—65—315	2 900	60 100 120	16.7 27.8 33.3	133 125 118	55 66 67	39.6 51.6 57.5	75	3.0 3.6 4.2
	1 450	30 50 60	8.33 13.9 16.7	34 32 30	51 63 64	5.44 6.92 7.67	11	2.0 2.0 2.5
IS125—100—200	2 900	120 200 240	33.3 55.6 66.7	57.5 50 44.5	67 81 80	28.0 33.6 36.4	45	4.5 4.5 5.0
	1 450	60 100 120	16.7 27.8 33.3	14.5 12.5 11.0	62 76 75	3.83 4.48 4.79	7.5	2.0 2.0 2.5
IS125—100—250	2 900	120 200 240	33.3 55.6 66.7	87 80 72	66 78 75	43.0 55.9 62.8	75	3.8 4.2 5.0
	1 450	60 100 120	16.7 27.8 33.3	21.5 20 18.5	63 76 77	5.59 7.17 7.84	11	2.0 2.0 2.5
IS125—100—315	2 900	120 200 240	33.3 55.6 66.7	132.5 125 120	60 75 77	72.1 90.8 101.9	110	4.0 4.5 5.0
	1 450	60 100 120	16.7 27.8 33.3	33.5 32 30.5	58 73 74	9.4 11.9 13.5	15	2.0 2.0 2.5
IS125—100—400	1 450	60 100 120	16.7 27.8 33.3	52 50 48.5	53 65 67	16.1 21.0 23.6	30	2.0 2.0 2.5
IS150—125—250	1 450	120 200 240	33.3 55.6 66.7	22.5 20 17.5	71 81 78	10.4 13.5 14.7	18.5	3.0 3.0 3.5
150—125—315	1 450	120 200 240	33.3 55.6 66.7	34 32 29	70 79 80	15.9 22.1 23.7	30	2.0 2.0 2.5
IS150—125—400	1 450	120 200 240	33.3 55.6 66.7	53 50 46	62 75 74	27.9 36.3 40.6	45	2.0 2.8 3.5

(续表)

型号	转速 n/(r/min)	流量		扬程 H/m	效率 η/%	功率/kW		$(NPSH)_r$/m
		m³/h	L/s			轴功率	电机功率	
IS200—150—250	1 450	240 400 460	66.7 111.1 127.8	20	82	26.6	37	
IS200—150—315	1 450	240 400 460	66.7 111.1 127.8	37 32 28.5	70 82 80	34.6 42.5 44.6	55	3.0 3.5 4.0
IS200—150—400	1 450	240 400 460	66.7 111.1 127.8	55 50 48	74 81 76	48.6 67.2 74.2	90	3.0 3.8 4.5

Ⅷ 饱和水蒸气(以温度为准)

t/℃	绝对压强/kPa	蒸汽的比体积/(m³/kg)	蒸汽的密度/(kg/m³)	焓(液体)/(kJ/kg)	焓(蒸汽)/(kJ/kg)	汽化热/(kJ/kg)
0	0.608 2	206.5	0.004 84	0	2 491.3	2 491.3
5	0.873 0	147.1	0.006 8	20.94	2 500.9	2 480.0
10	1.226 2	106.4	0.009 40	41.87	2 510.5	2 468.6
15	1.706 8	77.9	0.012 83	62.81	2 520.6	2 457.8
20	2.334 6	57.8	0.017 19	83.74	2 530.1	2 446.3
25	3.168 4	43.40	0.023 04	104.68	2 538.6	2 433.9
30	4.247 4	32.93	0.030 36	125.60	2 549.5	2 423.7
35	5.620 7	25.25	0.039 60	146.55	2 559.1	2 412.6
40	7.376 6	19.55	0.051 14	167.47	2 568.7	2 401.1
45	9.583 7	15.28	0.065 43	188.42	2 577.9	2 389.5
50	12.340	12.054	0.083 0	209.34	2 587.6	2 738.1
55	15.744	9.589	0.104 3	230.29	2 596.8	2 366.5
60	19.923	7.687	0.130 1	251.21	2 606.3	2 355.1
65	25.014	6.209	0.161 1	272.16	2 615.6	2 343.4
70	31.164	5.052	0.197 9	293.08	2 624.4	2 331.2
75	38.551	4.139	0.241 6	314.03	2 629.7	2 315.7
80	47.379	3.414	0.292 9	334.94	2 642.4	2 307.3
85	57.875	2.832	0.353 1	355.90	2 651.2	2 295.3
90	70.136	2.365	0.422 9	376.81	2 660.0	2 283.1
95	84.556	1.985	0.503 9	397.77	2 668.8	2 271.0
100	101.33	1.675	0.597 0	418.68	2 677.2	2 258.4
105	120.85	1.421	0.703 6	439.64	2 685.1	2 245.5
110	143.31	1.212	0.825 4	460.97	2 693.5	2 232.4
115	169.11	1.038	0.963 5	481.51	2 702.5	2 221.0
120	198.64	0.893	1.119 9	503.67	2 708.9	2 205.2

（续表）

t/℃	绝对压强/kPa	蒸汽的比体积/(m^3/kg)	蒸汽的密度/(kg/m^3)	焓(液体)/(kJ/kg)	焓(蒸汽)/(kJ/kg)	汽化热/(kJ/kg)
125	232.19	0.771 5	1.296	523.38	2 716.5	2 193.1
130	270.25	0.669 3	1.494	546.38	2 723.9	2 177.6
135	313.11	0.583 1	1.715	565.25	2 731.2	2 166.0
140	361.47	0.509 6	1.962	589.08	2 737.8	2 148.7
145	415.72	0.446 9	2.238	607.12	2 744.6	2 137.5
150	476.24	0.393 3	2.543	632.21	2 750.7	2 118.5
160	618.28	0.307 5	3.252	675.75	2 762.9	2 087.1
170	792.59	0.243 1	4.113	719.29	2 773.3	2 054.0
180	1 003.5	0.194 4	5.145	763.25	2 782.6	2 019.3
190	1 255.6	0.156 8	6.378	807.63	2 790.1	1 982.5
200	1 554.8	0.127 6	7.840	852.01	2 795.5	1 943.5
210	1 917.7	0.104 5	9.567	897.23	2 799.3	1 902.1
220	2 320.9	0.086 2	11.600	942.45	2 801.0	1 858.5
230	2 798.6	0.071 55	13.98	988.50	2 800.1	1 811.6
240	3 347.9	0.059 67	16.76	1 034.56	2 796.8	1 762.2
250	3 977.7	0.049 98	20.01	1 081.45	2 790.1	1 708.6
260	4 693.7	0.041 99	23.82	1 128.76	2 780.9	1 652.1
270	5 504.0	0.035 38	28.27	1 176.91	2 760.3	1 591.4
280	6 417.2	0.029 88	33.47	1 225.48	2 752.0	1 526.5
290	7 443.3	0.025 25	39.60	1 274.46	2 732.3	1 457.8
300	8 592.9	0.021 31	46.93	1 325.54	2 708.0	1 382.5
310	9 878.0	0.017 99	55.59	1 378.71	2 680.0	1 301.3
320	11 300	0.015 16	65.95	1 436.07	2 648.2	1 212.1
330	12 880	0.012 73	78.53	1 446.78	2 610.5	1 113.7
340	14 616	0.010 64	93.98	1 562.93	2 568.6	1 005.7
350	16 538	0.008 84	113.2	1 632.2	2 516.7	880.5
360	18 667	0.007 16	139.6	1 729.15	2 442.6	713.4
370	21 041	0.005 85	171.0	1 888.25	2 301.9	411.1
374	22 071	0.003 10	322.6	2 098.0	2 098.0	0

Ⅸ　饱和水蒸气(以压强为准)

绝对压强/kPa	温度/℃	蒸汽的比体积/(m^3/kg)	蒸汽的密度/(kg/m^3)	焓(液体)/(kJ/kg)	焓(蒸汽)/(kJ/kg)	汽化热/(kJ/kg)
1	6.3	129.37	0.007 73	26.48	2 503.1	2 476.8
1.5	12.5	88.26	0.011 33	52.26	2 515.3	2 463.0
2	17.0	67.29	0.014 86	71.21	2 524.2	2 452.9
2.5	20.9	54.47	0.018 36	87.45	2 531.8	2 444.3
3	23.5	45.52	0.021 79	98.38	2 536.8	2 438.4

(续表)

绝对压强/kPa	温度/℃	蒸汽的比体积/(m^3/kg)	蒸汽的密度/(kg/m^3)	焓(液体)/(kJ/kg)	焓(蒸汽)/(kJ/kg)	汽化热/(kJ/kg)
3.5	26.1	39.45	0.025 23	109.30	2 541.8	2 432.5
4	28.7	34.88	0.028 67	120.23	2 546.8	2 426.6
4.5	30.8	33.06	0.032 05	129.00	2 550.9	2 421.9
5	32.4	28.27	0.035 37	135.69	2 554.0	2 418.3
6	35.6	23.81	0.042 00	149.06	2 560.1	2 411.0
7	38.8	20.56	0.048 64	162.44	2 566.3	2 403.8
8	41.3	18.13	0.055 14	172.73	2 571.0	2 398.2
9	43.3	16.24	0.061 56	181.16	2 574.8	2 393.6
10	45.3	14.71	0.067 98	189.59	2 578.5	2 388.9
15	53.5	10.04	0.099 56	224.03	2 594.0	2 370.0
20	60.1	7.65	0.130 68	251.51	2 606.4	2 354.9
30	66.5	5.24	0.190 93	288.77	2 622.4	2 333.7
40	75.0	4.00	0.249 75	315.93	2 634.1	2 312.2
50	81.2	3.25	0.307 99	339.80	2 644.3	2 304.5
60	85.6	2.74	0.365 14	358.21	2 652.1	2 293.9
70	89.9	2.37	0.422 29	376.61	2 659.8	2 283.2
80	93.2	2.09	0.478 07	390.08	2 665.3	2 275.3
90	96.4	1.87	0.533 84	403.49	2 670.8	2 267.4
100	99.6	1.70	0.589 61	416.90	2 676.3	2 259.5
120	104.5	1.43	0.698 68	437.51	2 684.3	2 246.8
140	109.2	1.24	0.807 58	457.67	2 692.1	2 234.4
160	113.0	1.21	0.829 81	473.88	2 698.1	2 224.2
180	116.6	0.988	1.020 9	489.32	2 703.7	2 214.3
200	120.2	0.887	1.127 3	493.71	2 709.2	2 204.6
250	127.2	0.719	1.390 4	534.39	2 719.7	2 185.4
300	133.3	0.606	1.650 1	560.38	2 728.5	2 168.1
350	138.8	0.524	1.907 4	583.76	2 736.1	2 152.3
400	143.4	0.463	2.161 8	603.61	2 742.1	2 138.5
450	147.7	0.414	2.415 2	622.42	2 747.8	2 125.4
500	151.7	0.375	2.667 3	639.59	2 752.8	2 113.2
600	158.7	0.316	3.168 6	670.22	2 761.4	2 091.1
700	164.7	0.273	3.665 7	696.27	2 767.8	2 071.5
800	170.4	0.240	4.161 4	720.96	2 773.7	2 052.7
900	175.1	0.215	4.652 5	741.82	2 778.1	2 036.2
1 000	179.9	0.194	5.143 2	762.68	2 782.5	2 019.7
1 100	180.2	0.177	5.633 9	780.34	2 785.5	2 005.1
1 200	187.8	0.166	6.124 1	797.92	2 788.5	1 990.6
1 300	191.5	0.155	6.614 1	814.25	2 790.9	1 976.7
1 400	194.8	0.141	7.103 8	829.06	2 792.4	1 963.7
1 500	198.2	0.132	7.593 5	843.86	2 794.5	1 950.7

（续表）

绝对压强/kPa	温度/℃	蒸汽的比体积/(m^3/kg)	蒸汽的密度/(kg/m^3)	焓(液体)/(kJ/kg)	焓(蒸汽)/(kJ/kg)	汽化热/(kJ/kg)
1 600	201.3	0.124	8.081 4	857.77	2 796.0	1 938.2
1 700	204.1	0.117	8.567 4	870.58	2 797.1	1 926.5
1 800	206.9	0.110	9.053 3	883.39	2 798.1	1 914.8
1 900	209.8	0.105	9.539 2	896.21	2 799.2	1 903.0
2 000	212.2	0.099 7	10.033 8	907.32	2 799.7	1 892.4
3 000	233.7	0.066 6	15.007 5	1 005.4	2 798.9	1 793.5
4 000	250.3	0.049 8	20.096 9	1 082.9	2 789.8	1 706.8
5 000	263.8	0.039 4	25.366 3	1 146.9	2 776.2	1 629.2
6 000	275.4	0.032 4	30.849 4	1 203.2	2 759.5	1 556.3
7 000	285.7	0.027 3	36.574 4	1 253.2	2 740.8	1 487.6
8 000	294.8	0.023 5	42.576 8	1 299.2	2 720.5	1 403.7
9 000	303.2	0.020 5	48.894 5	1 343.4	2 699.1	1 356.6
10 000	310.9	0.018 0	55.540 7	1 384.0	2 677.1	1 293.1
12 000	324.5	0.014 2	70.307 5	1 463.4	2 631.2	1 167.7
14 000	336.5	0.011 5	87.302	1 567.9	2 583.2	1 043.4
16 000	347.2	0.009 27	107.801	1 615.8	2 531.1	915.4
18 000	356.9	0.007 44	134.481 3	1 699.8	2 466.0	766.1
20 000	365.6	0.005 66	176.596 1	1 817.8	2 364.2	544.9
22 070	374.0	0.003 10	362.6	2 098.0	2 098.0	0

X $Re \approx 10^5$时二元物体的总阻力系数

形状	C_D	形状	C_D 层流	C_D 湍流
长平壁 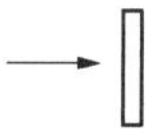	2.0	圆柱 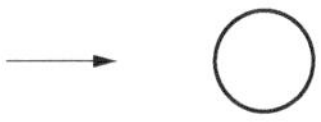	1.2	0.3
半圆柱 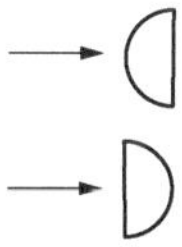	1.2 1.7	椭圆柱		
		2∶1 	0.6	0.2
半管壁 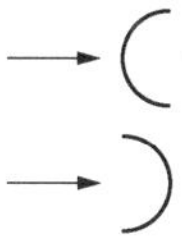	1.2 2.3	4∶1 	0.35	0.1
		8∶1 	0.28	0.1
正方形 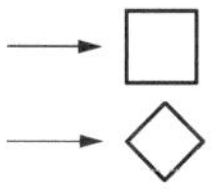	2.1 1.6	矩形板 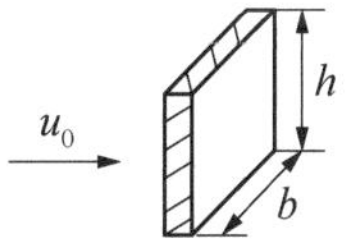 $h/d=1/1$ $h/d=1/5$ $h/d=1/10$ $h/d=1/20$	1.18 1.2 1.3 1.5	
正三菱柱 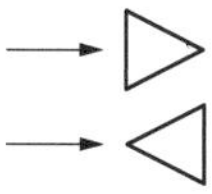	2.0 1.6			

Ⅺ 三维物体的总阻力系数

形状	C_D	形状	C_D	
			层流	湍流
圆碟	1.7	60°圆锥	0.49	
半球体	0.38 / 1.17	球体	0.47	0.27
半球形罩	0.38 / 1.42	旋转椭球体 2 : 1	0.27	0.06
正立方体	1.05 / 0.8	4 : 1	0.20	0.06
		8 : 1	0.25	0.13

Ⅻ 量纲分析方法

瑞利方法 瑞利方法的前提条件是影响流动现象的变量之间的函数关系是幂函数乘积的形式,求解这个函数关系式的具体步骤是:

(1) 确定影响流动的重要物理参数(必须是独立的),并假定它们之间的函数关系可表示为幂函数乘积形式。

(2) 根据量纲和谐原理,建立各物理参数指数的联立方程组。

(3) 解方程组求得各物理参数的指数值,代入所假定的函数关系式,得到量纲为 1 的特征数(相似数)之间的函数关系式。

(4) 通过模型实验,确定关系式中的待定常数,从而得到描述该流动问题的具体的经验公式。

例 1 颗粒在流体中的沉降速度

直径为 d_s 的固体球形颗粒在无限大静止流体中自由沉降,已知流体黏度和密度分别为 μ 和 ρ,颗粒与流体的密度差为 $\Delta\rho$,求颗粒的沉降速度 u_s。

解 影响颗粒沉降运动的主要物理参数有颗粒直径 d_s,重力加速度 g,流体黏度 μ,流体密度 ρ,固体与流体的密度差 $\Delta\rho$,故有

$$u_s = f(d_s,\ g,\ \mu,\ \rho,\ \Delta\rho)$$

根据瑞利方法,设

$$u_s = K d_s^a g^b \mu^c \rho^d \Delta\rho^e \tag{a}$$

式中，K 为常数。以质量 M、长度 L、时间 T 作为基本量纲，则上式的量纲方程为

$$[M^0L^1T^{-1}]=[L^a][L^bT^{-2b}][M^cL^{-c}T^{-c}][M^dL^{-3d}][M^eL^{-3e}]$$

根据量纲和谐原理：方程两边量纲 M、L、T 的方次应该相等，于是有

$$\begin{cases}0=c+d+e\\1=a+b-c-3d-3e\\-1=-2b-c\end{cases}$$

解方程组，可得

$$a=\frac{1}{2}+\frac{3}{2}(d+e),\ b=\frac{1}{2}+\frac{1}{2}(d+e),\ c=-(d+e)$$

将上式代入式(a)得

$$u_s=Kd_s^{\frac{1}{2}+\frac{3}{2}(d+e)}g^{\frac{1}{2}+\frac{1}{2}(d+e)}\mu^{-(d+e)}\rho^d\Delta\rho^e$$

整理可得

$$Re=\frac{d_su_s\rho}{\mu}=KGa^h\left(\frac{\Delta\rho}{\rho}\right)^e \tag{b}$$

式中，$Ga=d_s^3\rho^2g/\mu^2$ 称为伽利略数(Gallileo number)。

按式(b)设计实验，将测得的实验数据整理，可求出 K、指数 h 和 e，最后求得颗粒雷诺数与伽利略数和量纲为 1 的 $\Delta\rho/\rho$ 之间的定量关联式。

用瑞利方法进行量纲分析时，最重要的是第一步，既不要遗漏对流动有重要影响的物理参数，也不应包括那些次要参数，否则要么所得的关联式误差较大，要么因变量太多难以求得函数关系式。一般而言，瑞利方法适用于影响因素较少的简单流动问题。

白金汉姆方法(π 定理) π 定理的基本原理是：若某一物理过程需要 n 个物理参数来描述，且这些物理参数涉及 r 个基本量纲，则此物理过程可用 $n-r$ 个量纲为 1 的特征数来描述，这些量纲为 1 的特征数称为 π 项。其数学表达式为

$$f(\pi_1,\ \pi_2,\ \cdots,\ \pi_{n-r})=0$$

式中每一个 π 项都是一个独立的量纲为 1 的特征数，每个量纲为 1 的特征数可由若干物理参数组合而成。π 项的基本物理参数的选取原则是：

(1) 从 n 个物理参数中选择 r 个基本物理参数，这 r 个基本物理参数的量纲必须包含 r 个基本量纲。

(2) 所选择的 r 个基本物理参数至少应包含一个几何特征参数、一个流体性质参数和一个流动特征参数。

(3) 非独立变量不能作为基本物理参数。

(4) 每一 π 项由 r 个基本物理参数和剩余的 $n-r$ 个物理量中的一个构成，共有 $n-r$ 个 π 项。

例 2 圆管内不可压缩流动的压降 Δp

已知流动所涉及的物理参数包括压力降 Δp，圆管长 L，圆管直径 D，管内壁表面粗糙度 ε，流速 u，流体密度 ρ 和流体黏度 μ，试分析压力降 Δp 的相关影响因素。

解 根据题意，有

$$f_1=(\Delta p,\ u,\ L,\ D,\ \varepsilon,\ \rho,\ \mu)=0$$

上式中 $n=7$，因所涉及的基本量纲为 M、L、T，故 $r=3$，$n-r=4$，可得

$$f_2(\pi_1,\ \pi_2,\ \pi_3,\ \pi_4)=0$$

现选取 D、u、ρ 作为基本物理参数，则有

$$\pi_1=\Delta p D^{a1}u^{b1}\rho^{c1},\ \pi_2=LD^{a2}u^{b2}\rho^{c2},\ \pi_3=eD^{a3}u^{b3}\rho^{c3},\ \pi_4=\mu D^{a4}u^{b4}\rho^{c4}$$

根据量纲和谐原理，以上各式等号左、右的 M、L、T 的指数对应相等，故有

$$\begin{cases}0=1+c_1\\0=-1+a_1+b_1-3c_1,\\0=-2-b_1\end{cases}\begin{cases}0=c_2\\0=1+a_2+b_2-3c_2,\\0=-b_2\end{cases}$$

$$\begin{cases}0=c_3\\0=1+a_3+b_3-3c_3,\\0=-b_3\end{cases}\begin{cases}0=1+c_4\\0=-1+a_4+b_4-3c_4\\0=-1-b_4\end{cases}$$

解这些方程组，可得

$$\begin{cases}a_1=0\\b_1=-2,\\c_1=-1\end{cases}\begin{cases}a_2=-1\\b_2=0\\c_2=0\end{cases},\begin{cases}a_3=-1\\b_3=0\\c_3=0\end{cases},\begin{cases}a_4=-1\\b_4=-1\\c_4=-1\end{cases}$$

故有：

$$\pi_1=\frac{\Delta p}{\rho u^2}=Eu,\ \pi_2=\frac{L}{D},\ \pi_3=\frac{\varepsilon}{D},\ \pi_4=\frac{\mu}{Du\rho}=\frac{1}{Re}$$

至此，可以写出压力降的影响因素表达式

$$Eu=\frac{\Delta p}{\rho u^2}=f_3\left(Re,\ \frac{L}{D},\ \frac{\varepsilon}{D}\right)$$

π 定理只能求出影响流动的量纲为 1 的特征数，不像瑞利法那样可确定量纲为 1 的特征数之间的幂函数乘积的关系式。要确定具体的函数关联式，必须通过模型实验来解决。

XIII 习题简要参考答案

第一章

1-1～1-5 D C B B C　1-6 （略）　1-7 9.81 N/m^2　1-8 $\mu=0.105$　1-9 973 Pa　1-10 5.9 mm

第二章

2-1～2-4 B C C C　2-5 0.022 m　2-6 2.61×10^5 Pa，1.96 m

2-7 -1.57×10^4 Pa 或 -1.6 mH_2O　2-8 4.5828×10^4 Pa

2-9 水静压力 $P=59$ kN，作用点在闸门的中心位置

2-10 水平分压力为 588.42 kN，铅直分力为 9.24×10^5 N

第三章

3-1　A　3-2　C　3-3　$2.8\times10^{-3}\ \mathrm{m^3/s}$

3-4　$u_2=[A_0u_0+(A_2-A_0)u_1]/A_2$；$p_2-p_1=\rho[A_0u_0^2+(A_2-A_0)u_1^2-A_2u_2^2]/A_2$

3-5　(1) $0.004\,91\ \mathrm{m^3/s}$，$4.91\ \mathrm{kg/s}$　(2) $u_1=0.625\ \mathrm{m/s}$，$u_2=2.5\ \mathrm{m/s}$

3-6　流向 $A\rightarrow B$，$h_f=2.82\ \mathrm{m}$　3-7　$d_0=0.12\ \mathrm{m}$

3-8　$u=3.85\ \mathrm{m/s}$，$u'=4.34\ \mathrm{m/s}$　3-9　$p=79.1\ \mathrm{kPa}$

3-10　$Q=0.008\,15\ \mathrm{m^3/s}$，$h=395\ \mathrm{mm}$

第四章

4-1　C　4-2　D　4-3　(略)

4-4　(1) 层流　(2) $v=7.92\times10^{-5}\ \mathrm{m^2/s}$　(3) 读数不变。

4-5　$d=0.055\ \mathrm{m}$，$h_{\max}=4.98\ \mathrm{m}$

4-6　(1) $Q=0.019\,7\ \mathrm{m^3/s}=70.8\ \mathrm{m^3/h}$　(2) $Q=0.023\,8\ \mathrm{m^3/s}=85.5\ \mathrm{m^3/h}$

4-7　(1) $Q=Q_3=u_3\cdot\dfrac{\pi}{4}d_3^2=0.058\ \mathrm{m^3/s}$　(2) $\xi=255$

4-8　(1) $H=\dfrac{d}{\lambda}$　(2) $H<\dfrac{d}{\lambda}$　(3) $H>\dfrac{d}{\lambda}$

4-9　$\lambda=0.014\,5$

4-10　(略)

4-11　(1) 43 m　(2) $\rho_{烟}<\rho_{外}$　(3) (略)

第五章

5-1　线变形速度为 $\theta_x=1,\theta_y=1$；角变形速度为 $\varepsilon_z=\dfrac{3}{2}$；旋转角速度为 $\omega_z=\dfrac{1}{2}$

5-2　旋转角速度为 $\omega_z=\dfrac{1}{2}$，$\omega_y=-1$，$\omega_x=\dfrac{1}{2}$；

角变形速度为 $\varepsilon_z=\dfrac{5}{2}$，$\varepsilon_y=1$，$\varepsilon_x=\dfrac{5}{2}$；

涡线方程为 $\begin{cases}y=-2x+c_1\\z=x+c_2\end{cases}$

5-3　(1) 满足　(2) 满足　5-4　$a_x=3$，$a_y=-1$

5-5　$p_A+\rho g y_A\sin\beta=p_B+\rho g y_B\sin\beta$

5-6　$u_z=\dfrac{1}{2\mu}\dfrac{\mathrm{d}p}{\mathrm{d}z}x^2-\dfrac{1}{2\mu}\dfrac{\mathrm{d}p}{\mathrm{d}z}h^2$

5-7　(1) $u(y)=\dfrac{g}{2v}(2h-y)y\sin\theta$；(2) $p(y)=\rho g(h-y)\cos\theta$；

(3) $\tau(y)=\rho g(h-y)\sin\theta$；(4) $Q=\dfrac{gh^3}{3v}\sin\theta$

第六章

6-1　形状阻力，摩擦阻力　6-2　开始，过渡，基本　6-3　7 955 W　6-4　反，反

6-5　$u_m=5.17\ \mathrm{m/s}$　6-6　$u_m=3.99\ \mathrm{m/s}$　6-7～6-8　(略)

第七章

7-1　管路特性曲线，泵或风机的特性曲线

7-2 单位重量液体从泵进口断面至出口断面所获得的能量

7-3 机械效率、容积效率、水力效率

7-4～7-6 (略)

7-7 水力损失，容积损失，机械损失

7-8 $H=34.4\ m$

7-9 (1) $Q_1=14.8\ m^3/h$ (2) 8.8% (3) 真空表读数上升，压力表读数下降

第八章

8-1 氢气泡技术，空气泡技术，烟线技术，高速摄像技术，激光诱导荧光技术

8-2～8-4 (略)

第九章

略

参 考 文 献

[1] 陈卓如，王洪杰，刘全忠，等.工程流体力学[M].3 版.北京：高等教育出版社，2013.

[2] 蔡增基，龙天渝.流体力学泵与风机[M].5 版.北京：中国建筑工业出版社，2020.

[3] 戴干策，陈敏恒.化工流体力学[M].2 版.北京：化学工业出版社，2005.

[4] 于遵宏.化工过程开发[M].上海：华东理工大学出版社，1996.

[5] Finnemore E J，Franzini J B.流体力学及其工程应用[M].10 版.钱翼穗，周玉文，等译.北京：机械工业出版社，2005.

[6] 陈敏恒，丛德滋，齐鸣斋，等.化工原理[M].5 版.北京：化学工业出版社，2020.

[7] 刘宏升，孙文策.工程流体力学[M].5 版.大连：大连理工大学出版社，2015.

[8] 赵琴，杨小林，严敬.工程流体力学[M].2 版.重庆：重庆大学出版社，2014.

[9] 莫乃榕.工程流体力学[M].2 版.武汉：华中科技大学出版社，2009.

[10] 唐晓寅.工程流体力学[M].2 版.重庆：重庆大学出版社，2007.

[11] 赵孝保，周欣.工程流体力学[M].3 版.南京：东南大学出版社，2012.

[12] 曹显奎.气流式雾化喷嘴雾化机理与雾化性能的实验研究[D].上海：华东理工大学，2008.

[13] 许建良.气流床气化炉内多相湍流反应流动的实验研究与数值模拟[D].上海：华东理工大学，2008.

[14] Tamir A.撞击流反应器——原理和应用[M].伍沅，译.北京：化学工业出版社，1996.

[15] 李伟锋.撞击流流动特征的应用基础研究[D].上海：华东理工大学，2008.

[16] 赵辉.同轴气流式雾化机理研究[D].上海：华东理工大学，2012.

[17] 张经纬.撞击流反应器内复杂流动模式及混合机理[D].上海：华东理工大学，2020.

[18] 杨祖清，郭隆德，胡成行.流动显示技术[M].北京：国防工业出版社，2002.

[19] 王福军.计算流体动力学分析(CFD 软件原理与应用)[M].北京：清华大学出版社，2004.

[20] 黄卫星，伍勇.工程流体力学[M].3 版.北京：化学工业出版社，2018.

[21] 归柯庭，汪军，王秋颖.工程流体力学[M].3 版.北京：科学出版社，2020.

[22] 李家春.释疑“湍流”[J].知识就是力量，2017(3)：54－55.

[23] Chou P Y，Chou R L. 50 years of turbulence research in China[J]. Annual Review of Fluid Mechanics，1995，27：1－16.

[24] 黄永念.中国湍流研究的发展史Ⅰ：中国科学家早期湍流研究的回顾[C].第二届全国力学史与方法论学术研讨会论文集，上海，2005，15－25.

[25] White F. Fluid Mechanics[M]. 7ed. New York：McGraw-Hill Education ，2010.

[26] Kundu P K，Cohen I M，Dowling D R. Fluid mechanics[M]. 5ed. New York：Academic Press，2011.

[27] Potter M C，Wiggert D C. Schaum's Outline of Fluid Mechanics[M]. New York：McGraw-Hill Education，2007.

[28] Pope S B. Turbulent flows[M]. Cambridge：Cambridge University Press，2000.

[29] Davidson P A. Turbulence：an introduction for scientists and engineers[M]. 2 ed. Oxford：Oxford University Press，2015.

[30] Devlin K.千年难题：七个悬赏 1000000 美元的数学问题[M].沈崇圣，译.上海：上海科技教育出版社，2019.